mare

Gunter Scholtz

PHILOSOPHIE DES MEERES

mare

3. Auflage 2024

Einbandgestaltung Nadja Zobel / Petra Koßmann, mareverlag, Hamburg
Einbandillustration Eva Hartmann, Hamburg
Typografie Farnschläder & Mahlstedt, Hamburg
Schrift Minion Pro
Druck und Bindung CPI Clausen & Bosse, Leck
Printed in Germany
ISBN 978-3-86648-249-4

FSC www.fsc.org
MIX
Papier | Fördert gute Waldnutzung
FSC® C083411

www.mare.de

INHALT

EINLEITUNG

Eine Kreuzfahrt im Meer der Philosophie

Was hier Philosophie des Meeres genannt wird, will keine neue Spezialphilosophie sein und sich neben die Philosophie des Geistes, der Religion, der Kunst usw. stellen, etwa als Unterabteilung der Naturphilosophie. Vielmehr gilt sie ganz im Gegenteil der allgemeinen Philosophie. Sie orientiert sich nur an einer Leitfrage, an der Frage nach dem Verhältnis des philosophischen Denkens zum Meer. Das hat den Vorteil, dass man etwas Anschauliches als Geländer benutzen kann für den Gang in das trockene Gelände der Begriffe.

Das Meer ist kein unbedeutender Gegenstand, und deshalb wurde auch schon über sein Verhältnis zur Philosophie geschrieben.[1] Schließlich sind fast drei Viertel der Erde mit Wasser bedeckt. Der Mensch aber ist ein zweibeiniges Landtier. Das Meer ist für ihn das Unvertraute, Gefährliche – wo das Meer beginnt, dort hört der Lebensraum der Landtiere auf. Gerade am Verhältnis zu diesem fremden Bereich zeigt sich daher, wer der Mensch ist. Er kann sich nur aufgrund seiner erfinderischen Fähigkeiten weit in das für ihn gefährliche Milieu hineinwagen, durch den Bau von Flößen, Booten, Schiffen und Tauchgeräten. Nur als *homo faber*, als Techniker und Kulturwesen, gewinnt der Mensch genauere Kenntnis vom Meer, und sein Verhältnis zum Meer zeigt die jeweilige Situation seiner Kultur. Die Philosophie ist ein Teil von ihr und reflektiert sie zugleich.

Alles, was der Mensch denkt, sagt und schreibt, geschieht aus der Perspektive des Landbewohners. Wäre er ein Seetier, mit Kiemen und Flossen, er würde die Welt ganz anders wahrnehmen, hätte ein anderes Denken und eine andere Philosophie. Die Antwort auf die Frage, wie er sich dann zum Land und zum Trockenen verhielte, würde zu seiner genaueren Charakterisierung führen. Vermutlich dächte er voller Angst und Neugier viel über die Möglichkeit von leerem Raum und trockenem Land nach, über die Möglichkeit, jenseits der Wasseroberfläche zu leben. Und damit zeigte er, dass er ein Seetier ist, ja erst dadurch wüsste er überhaupt, was es heißt, im Wasser zu leben, ein Seetier zu sein. Denn nur durch das ungewohnt Feuchte wissen wir etwas vom normal Trockenen und umgekehrt, so wie wir nur durch die Erfahrung der Nacht einen Begriff des Tages haben.

Wenn also der Mensch wissen will, wer er ist, muss er vor allem wissen, wer er *nicht* ist. Traditionell begreift er sich deshalb als Nicht-Gott und zugleich – wenngleich Landtier – auch nicht bloß als Tier, sondern als ein besonderes Tier, als *zoon logon echon*, wie Aristoteles sagte, als ein Tier, das sprechen und denken kann und das sich dadurch von den anderen unterscheidet. Will man Näheres über den Menschen wissen, ist es nützlich zu erfahren, *wie* er denkt und spricht. Denn er tut es in sehr verschiedener Weise. Der Dichter denkt und spricht über das Meer anders als der Chemiker. Eine besondere Weise des Denkens und Sprechens ist die Philosophie. Und diese soll hier betrachtet werden. Eine ihrer Besonderheiten liegt darin, dass sie über Gegenstände nachdenkend und sprechend zumeist auch vom Menschen handelt. Sie hat immer auch denjenigen im Visier, der da denkt und spricht. Man nennt das in der Neuzeit Reflexion oder Selbstbesinnung. So wie sich der Geist zur Natur verhält, zu Land und Meer, so ist er.

Die Philosophie ist deshalb immer auch eine Philosophie des Menschen – in doppeltem Sinn: Der Mensch ist der Denkende und zugleich das Gedachte. Dasselbe gilt für die Philosophie des Meeres. Dabei unterscheidet sie sich von der Ozeanologie. Zwar muss diese heute neben den geologischen auch zivilisatorische Faktoren bedenken, und insofern spielt der Mensch für sie ebenfalls eine Rolle. Aber es ist der Mensch mit seinen Einwirkungen auf das Meer, nicht der Mensch schlechthin. Von diesem aber kann die Philosophie des Meeres nicht absehen.

Wie eine Kreuzfahrt, bei der die Reisenden nur die Städte zu sehen bekommen, die nicht weit im Binnenland liegen, wird sich auch die bevorstehende Gedankenreise auf bestimmte Orte beschränken müssen. Es sollen hier nur Philosophien in Betracht gezogen werden, in denen das Meer eine besondere Rolle spielt. Dadurch wird viel Wichtiges weggelassen. Aber das ist vielleicht kein Nachteil, da die Philosophie in ihrer Gesamtheit den Besucher ebenso überfordern würde wie eine Besichtigung aller Städte dieser Welt. Auch innerhalb der bereisten Gebiete wird so manches unbeachtet bleiben müssen. Bei Landgängen einer Kreuzfahrt ist es kaum möglich, *alles* Bemerkenswerte zu besichtigen und zu verstehen, und genauso hätten alle im Folgenden erwähnten Philosophien ausführlichere Erörterungen verdient, als man sie in diesem Rahmen bieten kann. Dennoch können Kreuzfahrten unseren Horizont erweitern. Sie machen mit Neuem bekannt, ermöglichen Rundblicke und provozieren Vergleiche.

So wie ein Fremdenführer bemüht ist, nicht nur über Sehenswürdigkeiten zu sprechen, sondern sie auch zu zeigen, wird hier ebenfalls verfahren werden, durch Anführung von Originalzitaten. Es wird also nicht nur der Reiseleiter zu Wort kommen, sondern die Texte dürfen für sich selbst sprechen. Die Philosophensprache mag zuweilen ungewohnt klingen, doch hat ihr oft fremdartiger Charakter einen eigenen Reiz, ähnlich wie der Stil eines Bauwerkes.

Teilt eine Reise im Reich des Geistes mit dem Besichtigungstourismus die Pflicht zur Auswahl und Begrenzung, so bietet sie doch einen unübersehbaren Vorteil. Denn wenn wir mit dem Schiff einen Hafen verlassen haben, existiert er für uns nur noch in unserer Erinnerung. Hingegen kann man bei einer Gedankenreise jederzeit schnell zurückkehren, und man kann überhaupt viel kühner kreuzen und zwischen sehr entfernt liegenden Positionen wechseln, sich z. B. problemlos von der antiken zur modernen Philosophie und wieder zurück begeben. Das bietet sich schon deshalb gelegentlich an, weil scheinbar weit voneinander entfernte Bereiche eng verbunden sein können oder weil ihr Charakter im Kontrast zueinander deutlicher wird.

Außerdem ist die Grenzziehung zwischen philosophischen Disziplinen oft schwierig. Wer ein wenig mit der einschlägigen Literatur vertraut ist, wird vielleicht schon aufgrund des Inhaltsverzeichnisses vermuten, dass hier sehr verschiedene Gebiete berührt werden sollen, nämlich Metaphysik und Naturphilosophie, Ethik und Ästhetik, politische und Sozialphilosophie, Rechts- und Geschichtsphilosophie. Während man bei einer Kreuzfahrt jeweils sicher wissen kann, ob man an einer italienischen oder einer griechischen Küste entlangfährt, sind die Disziplinen der Philosophie keineswegs scharf voneinander abgegrenzt. In Platons Schrift über den Staat finden sich z. B. Metaphysik, Erkenntnistheorie, Ethik, Politik, Pädagogik, Kunstphilosophie usw., und zwar alles eng miteinander verknüpft. Diese Verkettung gehört zur Natur der Philosophie. Sie ist ein Wissensgebiet, das über Grenzen hinwegblickt und sich der Einengung auf Spezialgebiete widersetzt. Insofern ist sie im Zeitalter der sich immer weiter spezialisierenden Wissenschaften unzeitgemäß – eine Spezialdisziplin für das Nicht-Spezielle, für das Allgemeine. Und deshalb ist sie unmodern. Oder vielleicht gerade deshalb modern? Die Welt, in der wir leben, ist in verschiedener Weise gegliedert, in Stadt und Land, in Privat- und öffentlichen Raum, Sommer und Winter usw. Aber sie lässt sich nicht in wissenschaftliche Fächer wie Physik und Chemie, Soziologie und Psychologie einteilen. Insofern steht die Philosophie unserem täglich vollzogenen Leben näher, als die Spezialdisziplinen es tun.

Schon der Philosoph Hegel hat sein Fach mit dem Meer verglichen. In seiner Antrittsrede, die er 1818 zu Beginn seiner Lehrveranstaltungen in Berlin hielt, stimmte er seine Hörer auf das Abenteuer des Philosophierens ein und sagte – vermutlich zum Schock für die Studenten –, die Welt der Philosophie sei die der Gedanken, und deshalb müsse einem das Hören und Sehen im wörtlichen Sinne vergangen sein:

> *Der Entschluss zu philosophieren wirft sich rein in Denken* (– das Denken ist einsam bei sich selbst), – er wirft sich *wie in einen uferlosen Ozean*; alle die bunten Farben, alle Stützpunkte sind verschwunden, alle sonstigen freundlichen Lichter ausgelöscht. Nur der *eine* Stern, der innere Stern des Geistes leuchtet; er ist der *Polarstern.* Aber es ist natürlich, dass den Geist in seinem Alleinsein mit sich *gleichsam ein Grauen befällt; man weiß noch nicht, wo es hinauswolle, wohin man hinkomme.*[2]

Das sollte aber niemanden besorgt oder gar ängstlich stimmen. Als Teilnehmer einer Kreuzfahrt muss man ja nicht selbst navigieren und auch nicht schwimmen – wenn alles gut geht.

1.

Wasser als Grundprinzip

Alles ist eins

Die Wiege der Philosophie stand am Meer, und ihr Grundprinzip war das Wasser. Als erster Philosoph galt schon in der griechischen Antike Thales von Milet, der um 600 v. Chr. lebte. Seine Vaterstadt, das antike Miletos, war ein mächtiges griechisches Handelszentrum im Westen Kleinasiens, gelegen auf einer Landzunge, die in einen Golf hineinragte.

Nichts Schriftliches hat Thales hinterlassen, und nichts von dem, was in den erhaltenen Quellen von ihm berichtet wird, kann als ganz gesichert gelten. Gewiss und völlig unbestritten ist nur, dass Aristoteles im 4. Jahrhundert v. Chr. Thales zum ersten Philosophen erklärte, der die gesamte Welt auf ein einziges Prinzip gegründet sah: auf das Wasser; und zwar sogar in doppeltem Sinn. Das Wasser war für Thales nach dem Bericht des Aristoteles sowohl der tragende Grund, auf dem das gesamte Festland wie ein Stück Holz oder ein schwimmendes Schiff aufliegt, als auch der Quellgrund, der Ursprung, aus dem alle Dinge hervorgehen und in den sie auch wieder zurücksinken.

Es ist sicher kein Zufall, dass sich gerade in einer Handelsmetropole mit Häfen und vielfältigen Auslandskontakten philosophisches Denken herausbildete. Wer in einer solchen Stadt lebt, erlangt Kenntnisse von anderen Sprachen und Denkweisen, von fremden Sitten und Religionen, und durch die Erfahrung der Verschiedenheit von Überzeugungen und Wissensformen verlieren die Denkweisen der eigenen Herkunft ihre Selbstverständlichkeit. Einen größeren Anreiz zum selbstständigen Nachdenken kann man sich kaum vorstellen. Wenn etwa über den Ursprung der Welt ganz verschiedene Geschichten erzählt werden, drängt sich die Frage, welche denn die richtige und was die Wahrheit ist, geradezu auf. Die Meinungsvielfalt ist ein ständiger Stachel, der verunsichert und den Gebrauch des eigenen Verstandes herausfordert. Schließlich erweckt die Erzählung von fremden Völkern auch Neugier. Thales, so wird berichtet, reiste sogar nach Ägypten, um sich mit dem dortigen Wissen vertraut zu machen.

Auch wenn es also folgerichtig scheint, dass die Küstenstadt Milet um 600 v. Chr. der Entstehung der Philosophie einen günstigen Boden bereitete, bleibt das Grundprinzip des Thales befremdlich. Denn Wasser mag zwar die wichtigste Grundlage für die Existenz von Leben sein, doch ist es nur eine notwendige, aber keine hinreichende Bedingung dafür. Deshalb scheint es abwegig, alles, was wir wahrnehmen, die gesamte Welt, aus dem Wasser hervorgehen zu lassen. Dennoch liegt in der Suche und Benennung eines einzigen Prinzips das eigentlich Philosophische. So sah es auch schon Aristoteles, und das muss man etwas erläutern.

Aristoteles berichtet über das Prinzip des Thales innerhalb seines wichtigsten Werkes, des Zentrums seines gesamten Denkens. Er selbst nannte es die *Erste Philosophie*, hätte es auch die *Höchste* nennen können, aber durch seine Schüler erhielt das Buch – und zwar als erstes seiner Art – den Titel *Metaphysik*. Es ist ein Werk, das sich mit den Grundlagen allen Seins und Denkens befasst und eine »Wissenschaft der Grundursachen« enthält, wie Aristoteles sagt. Bei der Erörterung der verschiedenen Ursachen möchte er auch diejenigen Philosophen zurate ziehen, die schon früher über allgemeine Prinzipien und Ursachen nachgedacht haben. Die Skizze, die Aristoteles vom Denken der ältesten Philosophen zeichnet, ist zwar knapp, aber von großem Gewicht. Denn mit der Erzählung des Anfangs der Philosophie wird zugleich ihr Wesen bestimmt.

Die ersten Philosophen – so Aristoteles – kannten nur stoffliche Prinzipien. Diese waren gedacht als das, woraus alles entsteht und in das alle Dinge auch wieder zurückkehren. Die Prinzipien selbst galten als unvergänglich und unveränderlich, nur ihre Beschaffenheit wechselte. Alles Entstehen und Vergehen setzt schließlich etwas Beharrendes voraus. Über die Anzahl und die Art dieser Prinzipien aber sei man sich nicht einig gewesen. Aristoteles fährt fort:

> Thales, der Urheber solcher Philosophie, sieht das Wasser als das Prinzip an, weshalb er auch erklärte, dass die Erde auf dem Wasser sei; eine Annahme, die er wahrscheinlich deshalb fasste, weil er sah, dass die Nahrung aller Dinge feucht ist und das Warme selbst aus dem Feuchten entsteht und durch dasselbe lebt (das aber, woraus alles wird, ist das Prinzip von allem); hierdurch kam er wohl auf die Annahme und außerdem dadurch, dass die Samen aller Dinge feuchter Natur sind, das Wasser aber dem Feuchten Prinzip seines Wesens ist.[1]

Thales also war der erste Philosoph, weil er nach einem letzten Prinzip aller Dinge suchte, nach der *archē*, wie das griechische Wort bei Aristoteles lautet, das Anfang bedeutet und zugleich Prinzip oder Urgrund. *Archē*/Prinzip: Das ist das wahrhaft Seiende, aus dem alles hervorgeht und das unveränderlich dasselbe bleibt, mögen seine Erscheinungsweisen auch wechseln. Nichts entsteht aus dem Nichts und wird zum Nichts, sondern alles, was lebt und existiert, verdankt das Sein letztlich diesem Grund und löst sich in ihn auch wieder auf.

Die Frage nach einem solchen Urgrund drängte sich auf, als die Erzählungen von den Taten der schöpferischen Götter nicht mehr überzeugten. Man sah, wie Menschen, Tiere, Pflanzen und ganze Landstriche entstanden und wieder vergingen. Was blieb erhalten und war der letzte Grund für diesen Wandel? Thales antwortet: Das Bleibende und Feste ist das Flüssige, das Wasser. Vertraut mit einer Vielzahl mythischer Geschichten über Wesen und Ursprung der Welt, hat Thales also die ganze Welt auf ein neues Prinzip gegründet, das nun anders als die Götter keinerlei Ähnlichkeit mehr mit den Menschen hat. Sein Denken hat sich von dem bunten Göttergewimmel frei gemacht, das damals die Fantasie und das öffentliche Leben beherrschte, und seinen Halt in einem einzigen Grund gefunden, der – selbst unvergänglich – alles Entstehen und Vergehen trägt und umfasst.

Gerade die Behauptung nur eines *einzigen* Prinzips macht Thales zum eigentlichen Begründer der Philosophie. Denn wer zwei oder mehrere Prinzipien annimmt, der hinterlässt die Frage, wie diese Mehrzahl zu begreifen sei, woraus sie hervorging und warum sich die Prinzipien trennten. Die Suche nach dem einen Ursprung will die ungeheure Vielfalt der Erscheinungen nicht nur auf einen gemeinsamen Punkt bringen und in ihrem Zusammenhang begreifen, weil sie sonst unsere Fassungskraft übersteigt, sondern sie ist auch ein Ergebnis folgerichtigen Denkens. Die gesamte Geschichte der Metaphysik zeugt von dem geistigen Bedürfnis, die Vielfalt der Welt auf ein einziges Prinzip zu gründen, auf das alle Dinge zurückgehen. Denn nur so kann verhindert werden, dass das Denken – stets von Wirkungen auf Ursachen immer weiter zurückfragend – ins Unendliche weiterläuft und keinen Abschluss findet. Noch der modernen theoretischen Physik liegt das Bestreben zugrunde, die zahllose Vielfalt der Dinge auf ein Prinzip, auf eine Einheit, zurückzuführen, wenn sie nach der Weltformel sucht, welche den Kosmos erklärbar macht.

Man hat allerdings früh Bedenken gegen die Auffassung erhoben, mit Thales träte etwas Neues in die Geschichte ein. Schon in der Antike wurde darauf hingewiesen, dass ja bereits die alten Dichter wie Homer den mächtigen Gott Okeanos, der dem Ozean den Namen gab, zum Quell allen Entstehens erklärt hatten,[2] und deshalb wurde später gefolgert, es könne bei Thales von einem wirklichen Bruch mit dem Mythos noch nicht die Rede sein. Wer so argumentiert, der muss allerdings vernachlässigen, dass es von Okeanos, dem launischen, wilden Gott, der mit der Göttin Tethys verheiratet war und mit ihr viele Kinder zeugte, keinen gleitenden Übergang gab zum Wasser als einem unpersönlichen, gestaltlosen Urstoff – hier war ein Sprung nötig. Und dieser Sprung war der Beginn der Philosophie. Wenn inhaltlich gleichwohl das neue Denken jenem Mythos noch ähnlich ist, dann mag das nicht nur eine Nachwirkung der Macht der homerischen Erzählung sein, in der Okeanos als »tiefhinströmender Herrscher« und als Vater von Göttern erschien,[3] sondern die Ähnlichkeit dürfte ebenso auf die Macht der Erfahrung zurückgehen: auf die fortdauernde Erfahrung mit dem Wasser und besonders mit dem Meer.

Ein weiterer Einwand gegen Thales als Begründer einer neuen Stellung des Denkens zur Wirklichkeit ergibt sich daraus, dass auch Thales nach dem Bericht des Aristoteles noch an die Existenz von Göttern glaubte. Der Grund dafür sei vermutlich die Auffassung gewesen, »dass dem Weltall die Seele eingemischt sei«.[4] Vertraut man diesem Bericht, dann war das Alte, der Götterglaube, bei Thales aber neu basiert: durch die nicht mehr mythologische, sondern durch die philosophische Annahme, dass die Welt von der Seele durchherrscht ist. Vielleicht waren Götter und Seele für Thales auch nur zwei Wörter für dieselbe Sache. Das Wichtigste folgt daraus aber für das Prinzip, das Wasser. Thales kannte zwar wie fast alle jene ersten Naturphilosophen nur ein »stoffartiges Prinzip«, wie Aristoteles sagt. Aber das war keineswegs das, was wir Materie nennen. Vielmehr schloss das stoffliche Prinzip für die ersten Philosophen immer Leben ein, war belebte Materie oder materielles Leben, ein Denken, das man später Hylozoismus nannte. Deshalb war auch das Wasser für Thales mehr und etwas anderes als H_2O.

Wie aus dem oben zitierten Passus hervorgeht, suchte Aristoteles die Erklärung für die Auszeichnung des Wassers zum Grundprinzip in der großen Bedeutung, die es für das Leben hat, das ohne Wasser erlischt. Nimmt man zusätzlich den Hylozoismus ernst, die Annahme einer beseelten Materie, dann konnte diese vielleicht auch weiteres Leben hervorbringen. Man sollte vor allem aber nicht vergessen, dass Thales – Sohn einer Hafenstadt, die auch an einem Flussdelta lag – die gewaltige Macht des Meeres und des Wassers stets vor Augen hatte. Die stürmische See riss ganze Küstenstreifen in den Abgrund, verschlang nicht nur Schiffe, sondern auch Ansiedlungen der Menschen und ließ neue Landzungen und Inseln entstehen; die Flüsse durchbrachen Felsdämme, zerschnitten die Berglandschaft, schwemmten Land hinab zum Meer und veränderten ebenfalls fortwährend den gewohnten Lebensraum; der niederströmende Regen verwandelte kahle, unwirtliche Landflächen in fruchtbares Weideland. So war das Wasser sichtbar und unbestreitbar nicht nur das Element, das Leben ermöglichte, sondern es zeigte sich als eine verändernde und gestaltende Macht der gesamten Erde.

Platon hat das Neue an der Gestalt des Thales mit einer Anekdote erläutert, die ihn – den ersten Philosophen Europas – auch zum Urbild des lebensfernen Grüblers und Forschers macht. Thales habe des Nachts die Sterne beobachtet, so lesen wir bei Platon, und in den Himmel blickend sei er in einen Brunnen gefallen. Eine kluge, witzige Magd aus Thrakien, die das miterlebte, habe ihn verspottet und gesagt, er suche, was im Himmel ist, aber das, was zu seinen Füßen liege, bleibe ihm verborgen.[5] Die Geschichte hat eine Pointe natürlich schon darin, dass der Philosoph, der das Wasser zum Grundprinzip der Welt erklärte, ausgerechnet an einem Brunnen scheitert. Platon aber akzentuiert etwas ganz anderes. Er zeigt mit dieser Legende die prinzipielle Fremdheit des philosophischen Denkens inmitten der Lebenswelt normaler Bürger. Nur interessiert an der Beantwortung theoretischer, grundsätzlicher Fragen, geht der Philosoph auf Distanz zu allen Dingen, denen die anderen die größte Aufmerksamkeit schenken: dem schnellen Gelderwerb, dem Zugang zur politischen Macht oder den erotischen Eskapaden des Nachbarn. Deshalb sind laut Platon sogar Mägde für die tägliche Bewältigung des Daseins besser geeignet als Philosophen, deren Geschäft ein ganz anderes ist. Die lachenden Bürger aber leben selbst ständig in einer Art von Brunnen, nämlich in der dunklen Höhle der Unwissenheit.

Dennoch darf man sich Thales nicht als weltfremden Träumer vorstellen. Alle übrigen Berichte weisen in eine ganz andere Richtung und zeigen ihn als einen klugen Kopf, der theoretische und praktische Probleme rational zu lösen wusste. Es heißt, er sei ein großer Mathematiker gewesen, auf den der Beweis zurückgehe, dass alle Winkel auf einem Halbkreisbogen rechte Winkel sind, ein Beweis, der bis heute *Satz des Thales* heißt. Auch habe er sein mathematisches Können zu praktischer Anwendung gebracht, indem er aus den Schatten der ägyptischen Pyramiden ihre Höhe berechnete; des Weiteren eine nautische Astronomie entworfen, durch welche die Himmelsrichtungen bestimmbar waren, und ein Messinstrument erfunden, mit dem sich die Distanz der sich dem Land nähernden Schiffe berechnen ließ. Die Überschwemmungen des Nils habe er mit dem Wind erklärt, der das Wasser aufstaue. Indem er eine Sonnenfinsternis voraussah, habe er einen Krieg zwischen den Lydiern und Medern verhindert. Den ionischen Städten riet er den Berichten zufolge zu einem straffen Zusammenschluss, um der Gefahr durch die Perser begegnen zu können; den König Kroisos begleitete er auf seinem Feldzug gegen Kyros und ermöglichte seinem Heer durch den Bau eines Kanals den Übergang über einen Fluss. Seine prognostischen Fähigkeiten habe er auch als kluger Ökonom genutzt: Er sah eine gute Olivenernte voraus und erzielte große Gewinne, indem er alle Olivenpressen pachtete – allerdings nur um zu zeigen, dass auch Philosophen reich werden könnten, wenn sie nur wollten, was aber nicht erstrebenswert sei.[6] Gerade wegen seiner mathematischen und technischen Fähigkeiten zählte man ihn in der Antike zu den Sieben Weisen, einer Legende zufolge ist er sogar als Sieger aus einem Wettstreit dieser Weisen hervorgegangen, sodass er als der weiseste der Sieben Weisen galt.

Mögen die Berichte über seine Leistungen noch so zweifelhaft sein, so machen sie doch zweierlei deutlich: Für das antike Denken waren Philosophie und Wissenschaft noch ein und dasselbe. Sodann war Thales eben kein versponnener Denker – obwohl er sich selbst als menschenscheu und als Sonderling bezeichnet haben soll[7] –, sondern ein Mann kluger Praxis, der tätig war im öffentlichen Leben, in der Wirtschaft und der Politik. Auch sein Interesse an technischen Problemlösungen wurde sicherlich nicht zuletzt vom Meer angeregt. Denn will sich der Mensch auf dem Wasser behaupten und überleben, dann muss er alle Verstandeskräfte mobilisieren, um die Bedrohungen durch das fremde Element meistern und die Gefahren vermindern zu können. Der englische Universalhistoriker Arnold J. Toynbee hat alle Kulturentwicklung dadurch erklärt, dass auf Herausforderungen kreative Antworten gegeben wurden, *challenge* und *response* seien der Motor der menschlichen Geschichte. Das Denken des Thales kann als ein Beispiel dafür angesehen werden. Denn es antwortet auf die Herausforderung des Meeres und überträgt die dabei gewonnene Klugheit auch auf andere Bereiche.

Kein zweiter Philosoph ist so wie Thales nur durch einen einzigen Gedanken berühmt geworden, durch einen Gedanken, dessen sprachliche Ursprungsgestalt noch nicht einmal überliefert ist. Aber Thales hatte mit ihm zwei Großtaten zugleich vollbracht: Er führte als Erster alles auf ein einziges Prinzip zurück, und er sah es im Wasser, das als Bedingung des Lebens jedem deutlich war und sich später auch als sein Ursprungsort immer mehr bestätigte. Goethe interessierte sich besonders für den zweiten Aspekt bei Thales, für das Wasser als Lebensspender. In der *Klassischen Walpurgisnacht* im zweiten Teil seiner *Faust*-Tragödie lässt er mitten in einer Fülle von mythologischen Gestalten wie Sirenen, Nereiden und Tritonen, die sich im Meer tummeln, auch den Philosophen Thales auftreten und mit einem anderen alten Philosophen diskutieren, mit Anaxagoras. Als Homunculus die beiden Naturphilosophen aufsuchen möchte, witzelt Mephistopheles: »Das tu auf deine eigne Hand. / Denn wo Gespenster Platz genommen, / Ist auch der Philosoph willkommen. / Damit man seiner Kunst und Gunst sich freue, / Erschafft er gleich ein Dutzend neue.«[8] Aber Thales und Anaxagoras bringen in der Walpurgisnacht gar keine Hirngespinste hervor. Sie repräsentieren bei Goethe vielmehr zwei Parteien von Geologen, die um 1800 in Streit geraten waren: die sogenannten Neptunisten, welche die Erdgestaltung auf die Einwirkung des Meeres zurückführten, und die Plutonisten oder Vulkanisten, die dafür die feuerspeienden Vulkane verantwortlich machten.[9] Goethes große Sympathien für Thales und die Neptunisten sind überdeutlich. Während man von der Vulkan-Partei nicht viel erfährt, erscheint das Meer immer wieder als Ursprungsort des Lebens, und schließlich lässt Goethe den Wasserdenker Thales begeistert ausrufen:

> Heil! Heil! Aufs neue!
> Wie ich mich blühend freue,
> Vom Schönen, Wahren durchdrungen …
> Alles ist aus dem Wasser entsprungen!!
> Alles wird durch das Wasser erhalten!
> Ozean, gönn uns dein ewiges Walten.
> Wenn du nicht Wolken sendetest,
> Nicht reiche Bäche spendetest,
> Hin und her nicht Flüsse wendetest,
> Die Ströme nicht vollendetest, was wären Gebirge,
> was Ebnen und Welt?
> Du bist's, der das frischeste Leben erhält.[10]

Auch die bedeutenden Philosophen der Neuzeit haben Thales immer Respekt bezeugt und in ihrer jeweiligen Sprache den Kern seines Denkens als großartige Philosophie begreiflich zu machen versucht. An zwei Beispielen soll dies kurz veranschaulicht werden, an den Rückblicken auf den Ahnherrn der Philosophie, die wir bei Hegel und bei Nietzsche nachlesen können. Beide bewundern den Rückgang zu einem einzigen, alles durchdringenden Prinzip.

Hegel lehrte in seiner Vorlesung über die Geschichte der Philosophie seine Studenten, welch »eine große Kühnheit des Geistes« dazu gehörte, »die Fülle des Daseins der natürlichen Welt«

nicht für sich bestehen zu lassen, sondern »auf eine einfache Substanz zu reduzieren, die als solche beharrt«. Damit habe Thales die in dem alten Okeanos-Mythos schlummernde Vernunft denkend ans Licht gebracht. Denn jene einfache Substanz sei nur für das Denken gegeben, welches in der Fülle der Dinge das Allgemeine und Wirkliche zu erkennen vermag. Schließlich sei das Wasser bei Thales kein Ding, kein Element neben anderen Elementen wie Erde, Luft und Feuer, auch kein Gegenstand in einer anderen, höheren Sphäre, in der man sich häufig Gott vorstelle. Vielmehr war für Thales das Wasser, sein »Gott von allem«, die einzige und echte Wirklichkeit, das wahre Wesen aller Dinge. Das Wasser habe sich wegen seiner Formlosigkeit angeboten, schon seine Flüssigkeit deute auf Leben hin. »Der Thaletische Satz, dass das Wasser das Absolute oder, wie die Alten sagten, das Prinzip sei, ist philosophisch, die Philosophie begann damit, weil es damit zum Bewusstsein kommt, dass Eins das Wesen, das Wahrhafte, das allein Anundfürsichseiende ist« – also das, was durch sich selbst besteht und nichts anderes mehr bedarf. War Goethe von der Natur des Wassers fasziniert, so hebt Hegel bei Thales den allgemeinen Gedanken heraus, dass *ein* Prinzip die wahre, bleibende Wirklichkeit ist. »Dies ist das Philosophische, dass das Eine das Wahrhafte sei.«[11]

Hegels Interpretation, bei Thales sei das Wasser nicht als ein Gegenstand neben anderen zu betrachten, sondern sei das verbindende und alles durchdringende allgemeine Prinzip, das gar nicht nur in der Wahrnehmung gegeben sei, wird später von Nietzsche bestätigt, wenngleich dieser sonst mit Hegel kaum einen Gedanken teilt. Auch für Nietzsche ist die These überzeugend und richtig, dass mit Thales die Philosophie in die Welt eintrat, und zwar durch jenes Grundprinzip, wenngleich es noch in alte Vorstellungen verstrickt sei:

> Die griechische Philosophie scheint mit einem ungereimten Einfall zu beginnen, mit dem Satz, dass das Wasser der Ursprung und der Mutterschoß aller Dinge sei; ist es wirklich nötig, darf man sich fragen, hierbei stehenzubleiben und sich ernst zu besinnen? – Ja, und aus drei Gründen: erstens weil der Satz etwas vom Ursprung der Dinge aussagt, zweitens weil er dies ohne Bild und mythische Fabelei tut und endlich drittens, weil in ihm, wenngleich nur im Zustande der Verpuppung, der Gedanke enthalten ist: »Alles ist eins.« Der erstgenannte Grund lässt Thales noch in der Gemeinschaft mit Religiösen und Abergläubischen, der zweite nimmt ihn aus dieser Gesellschaft heraus und zeigt ihn als ersten Naturforscher, auf den dritten Grund hin gilt Thales als der erste griechische Philosoph. In Thales siegt zum ersten Male der wissenschaftliche Mensch über den mythischen und wieder der weise Mensch über den wissenschaftlichen.[12]

Könnte man auf den Gedanken kommen, der erste Philosoph sei durch sein stoffliches Prinzip zugleich der erste Materialist gewesen, so hat wie Hegel auch der kritische Nietzsche dem widersprochen und eine andere Deutung angeboten, wie das Zitat beweist. Der Satz »Alles ist eins« gilt als Grundsatz des Pantheismus, der das All mit der Gottheit identifiziert. Es macht für Nietzsche die Weisheit des Thales aus, diesen Gedanken erfasst zu haben und nicht wie die Wissenschaften bei der sinnlich wahrnehmbaren Materie stehen geblieben zu sein. So wurde Thales durch die modernen Wissenschaften keineswegs widerlegt oder überboten, sondern diese können noch immer von ihm lernen. Thales' Denken ist denn auch als Pantheismus oder – wegen der von Seele durchwirkten Welt – auch als Panpsychismus charakterisiert worden.

Wenn alles aus dem Wasser entsteht, muss das dann nicht auch für den Menschen gelten? Von Thales ist dazu nichts bekannt geworden. Sein Freund und Schüler Anaximander aber, ebenfalls ein Bürger von Milet, hat das nach alten Berichten ausdrücklich behauptet. Sein Prinzip war zwar nicht mehr das Wasser, sondern das *apeiron*, das Unbegrenzte, Unendliche – ein Prinzip ohne bestimmte Stofflichkeit, reine Seinsfülle. Sein Prinzipiendenken hat sich bereits von aller Anschauung abgelöst. Aber das Leben sah auch er aus dem Wasser hervorgehen, und zwar als allmähliche Entwicklung, durch Evolution. Aus Wasser und Erde seien durch die Wärme Fische oder den Fischen ähnliche Lebewesen entstanden, und in diesen hätten sich dann Menschen entwickelt, die später aus jenen Tieren heraustraten und selbstständige Wesen wurden. Natürlich hat sich jener dreistufige Übergang im Meer abgespielt. Das Meer aber war für Anaximander nur der Rest einer Überflutung der gesamten Erde. Das Feuer, also die Sonne, habe den größten Teil des Wassers weggetrocknet und den Rest auskochen lassen, zum salzhaltigen Meer.[13]

Es ist schon merkwürdig, dass man gleich zu Beginn der Philosophie den Beginn allen Lebens im Meer vermutete und so zu einer Überzeugung kam, die viel später durch hoch entwickelte Wissenschaften erhärtet werden sollte. Dadurch hatte das Landtier Mensch eine gedankliche Brücke zu dem ihm fremden Element gebaut. Mochte das Meer mit seiner unabsehbaren Größe und seinen Gefahren noch so ungeheuer erscheinen, durch die Schifffahrt hatte sich der intelligente Zweibeiner das Meer dienstbar gemacht und durch seine Theorie sich mit ihm sogar verbunden; als Herkunftsbereich allen Lebens war es letztlich auch sein eigener Ursprungsort.

Alles fließt

Hat man wie Thales und Anaximander ein allgemeines Prinzip gefunden, die Grundursache, dann fragt sich, wie daraus die Vielheit der Dinge erklärbar ist. Fehlt die göttliche Schöpferhand, muss das Prinzip selbst die Vielgestaltigkeit der Welt erzeugen können. Kein einziger Gedanke ist von Thales überliefert, der das verständlich macht. Wir wissen nur, dass man sich damals die Herausbildung von besonderen Erscheinungen durch Verdickung und Verdünnung zu erklären suchte: aus Wasser wird Schlamm, aus Schlamm wird Erde usw. Anaximander lehrte, aus dem Unendlichen gliederten sich die Gegensätze wie Wärme und Kälte, Trockenheit und Feuchtigkeit aus und formten dann die Vielheit der Dinge. Seine noch etwas kindlich-märchenhafte Entwicklungslehre belegt, wie der menschliche Geist herumrätselte, um sich die Entstehung der einzelnen Gestaltungen erklärbar zu machen.

Rund hundert Jahre später wurde der Übergang zwischen den Elementen der Welt zum zentralen Thema bei einem anderen berühmten Philosophen, bei Heraklit. Für ihn gab es eigentlich nur steten Übergang, alles sah er im Fluss, und schon deshalb war das Wasser auch für ihn von großer Bedeutung. Er lebte ebenfalls in einer Handelsmetropole Kleinasiens, in Ephesos, das wie Milet damals dicht am Meer lag. Aber Heraklit war ein gänzlich anderer Mensch als Thales. Er hat keinerlei Vorschläge zur technischen Bewältigung von Lebensproblemen gemacht, und eine Teilhabe an politischer Verantwortung in seiner Stadt wies er schroff zurück. Als er im Tempel der Göttin Artemis mit den Kindern Würfel spielte und die Epheser Bürger neugierig hinzutraten, soll er ausgerufen haben: »Was wundert ihr euch, ihr heilloses Gesindel? Ist dies nicht eine anständigere Beschäftigung, als mit euch die Staatsgeschäfte zu führen?«[14] Als spröder, eigenwilliger Charakter liebte er die Einsamkeit und wich den Mitmenschen lieber aus. Er zeigte den Stolz eines Adligen, der von der Menge Abstand hält, die ihr Glück nur in den leiblichen Genüssen suche und sich wie Vieh vollfresse. »Wenn das Glück in den Lüsten des Körpers bestände, müsste man das Rindvieh glücklich nennen, wenn es Erbsen zu fressen fände.«[15] Als man seinen Freund aus der Stadt verbannte, empfahl er den verantwortlichen Mitbürgern, sich aufzuhängen und die Leitung der Stadt den Kindern zu übergeben, da man in dieser Stadt anscheinend nur Mittelmaß dulde. Der wohlhabenden Bürgerschaft des berühmten Ephesus schrieb er ins Stammbuch: »Möge euer Reichtum nie alle werden, Ephesier, damit eure Minderwertigkeit an den Tag kommt!«

Zwar sind auch von ihm keine Schriften überliefert, dafür aber zahlreiche pointierte Sprüche und Aphorismen, die seine Gedanken und Stellungnahmen scharf auf den Punkt bringen und von denen einige sogar geflügelte Worte wurden. Fast jeder kennt die Sätze, dass der Krieg der Vater aller Dinge sei oder dass man nicht zweimal in denselben Fluss steige. Sein Grundprinzip war das Feuer – und trotzdem fand auch Heraklit den Ursprung von Erde und Himmel im Wasser, im Meer. Den Schlüssel dafür liefert sein zentraler Gedanke der Umwandlung: Alles geht über in sein Gegenteil. »Das Kalte wird warm, Warmes kalt, Feuchtes trocken, Trockenes feucht.« Jede neue Stufe existiert nur dadurch, dass sie die vorangehende Stufe vernichtet.

Heraklit ist der erste radikale Denker des permanenten Wandlungsprozesses, der stetigen Veränderung: Alles ist im Fluss, und das Feuchte, das Meer, ist die Verwandlungsstufe, in der die bewohnte Welt entstand. Ein antiker Kommentator von Heraklits Philosophie erläutert das so, dass der Logos, d. h. die göttliche Weltvernunft, diesem Veränderungsprozess seine Gesetzmäßigkeit gibt. Über Heraklit heißt es hier:

> Dass er die Welt für entstanden und vergänglich erklärte, ergibt sich aus folgenden Worten von ihm: »Feuers Wandlungen: zuerst Meer, vom Meere die eine Hälfte Erde, die andere Feuer.« Denn er will sagen, dass das Feuer von dem das All durchwaltenden Logos und Gott vollständig erst in Luft, dann in Feuchtes umgewandelt werde, als Ursame der Weltbildung; dies Feuchte nennt er »Meer«; aus diesem entsteht wiederum Erde und Himmel und alles in ihm Enthaltene. Wie aber die Dinge wieder (in den Urgrund) zurückgenommen und zu Feuer werden, sagt er deutlich mit folgenden Worten: »Es (das Feuer) zerfließt als Meer und erhält seine Maße nach demselben Gesetz, wie es sie vorher hatte, bevor es zu Erde wurde.«[16]

Heraklit erhielt den Beinamen »der Dunkle«, und wie man sieht, verlangten seine Aphorismen schon in der Antike Erläuterungen. Wie soll z. B. der Übergang vom Meer zu Himmel und Erde näher denkbar sein? Die Antwort Heraklits: einerseits durch Ausdünstung und andererseits durch Verdichtung. Damit sind zwei Bewegungen beschrieben, die eine führt nach oben, hin zum Feuer, die andere nach unten, zur Erde. Beide wechseln sich ab, und darin besteht das Weltgesetz oder das Schicksal, sodass der Kosmos in seiner Gesamtbewegung eine Kreisbewegung vollzieht. Alles entsteht aus dem Feuer und kehrt ins Feuer zurück. Auch die Seele ist diesem Wandlungsprozess unterworfen: »Den Seelen ist es Tod, Wasser zu werden, dem Wasser Tod, Erde zu werden; aus Erde wird Wasser, aus Wasser Erde.« Der Tod der Seele aber ist nur der Übergang zum Leben, denn das Tote ist nur das verwandelte Leben, so wie das Leben der verwandelte Tod ist. Alles geht in sein Gegenteil über. Was wir für beständig halten, unterliegt in Wirklichkeit dem Wandel: Man steigt nicht zweimal in denselben Fluss, da stets neues Wasser zuströmt, und wir verändern uns auch fortwährend selbst. Man hat die Philosophie des Heraklit deshalb in dem kurzen Diktum zusammengefasst: *panta rhei*, alles fließt.

Sein Grundprinzip, das Feuer, scheint auf den ersten Blick noch immer dieselbe Stelle einzunehmen wie bei Thales das Wasser. Aber das trifft nicht zu. Das Wasser des Thales war zwar ein flüssiges Prinzip, durch das der Philosoph auch die Erdbeben erklärte: Die Erde schwanke auf ihrem Untergrund, dem Wasser. Aber das Wasser blieb immer Wasser und war der stets gleiche Grund aller Dinge. Das Feuer des Heraklit aber verwandelt sich und geht selbst über in andere, ihm entgegengesetzte Elemente. Ja, schwieriger noch: Was Heraklit »Logos« oder »Gott« nennt, die Weltvernunft, ist nichts neben oder über dem Feuer, sondern es ist dieses Feuer selbst. Die Weltvernunft ist sein Verwandlungsgesetz. Und dieses Gesetz nennt er das Schicksal oder die Notwendigkeit. Weil aber alles ineinander übergeht, nichts sich von anderem dauerhaft abtrennt, kann Heraklit auch sagen, dass »alles eins« ist. Er dürfte der Erste gewesen sein, der inmitten der antiken Vielgötterei diese Formel des Pantheismus selbst ausgesprochen hat. Die Unterscheidung von Göttern und Menschen wird dadurch aufgehoben. Wir lesen in einem antiken Bericht: »Herakleitos behauptet, dass das All eins ist: getrennt, ungetrennt, geworden, ungeworden, sterblich, unsterblich …«

Hat der Querdenker Heraklit das Denken nur herausgefordert, oder hat er es sogar in die Krise gebracht? Setzen wir nicht bei allem Sprechen und Denken voraus, dass das Meer immer Meer und die Sonne immer Sonne bleibt, so wie ein Tisch eben ein Tisch ist? Bleibt nicht zumindest der Logos, die regierende Weltvernunft, an der wir laut Heraklit teilhaben, immer ganz derselbe Logos? Wer sich in der Philosophie mit dem Problem des Relativismus auseinandersetzt, mit der Frage, ob es wirklich gar nichts Festes, nichts Bleibendes gebe, wird bis heute immer auch den Namen Heraklits erwähnt finden.

Als sich im 19. Jahrhundert durch politische, soziale und wissenschaftliche Revolutionen ein Wandel der gesamten menschlichen Welt in Europa vollzog, wurde Heraklit für alle nachdenklichen Köpfe, die ihre Zeit verstehen wollten, zu einer faszinierenden Autorität. Als Hegel in seiner Vorlesung über die Geschichte der Philosophie auf Heraklit zu sprechen kam, sagte er: »Hier sehen wir Land; es ist kein Satz des Heraklit, den ich nicht in meine Logik aufgenommen.« Diese Logik, der Kern seiner Philosophie, zeigt die Bewegungsformen allen Seins und Denkens. Heraklit habe als Denker des Prozesses schon genau diese Richtung eingeschlagen: Das Wesen alles Seienden ist die Veränderung. Und in der Tat kann man mit Heraklits Sätzen einige Grundzüge der Hegel'schen Dialektik erläutern. Alles hat sein Wesen und seine Bestimmtheit durch sein Gegenteil. Heraklit: »Krankheit macht die Gesundheit süß, Übel das Gute, Hunger die Sättigung, Ermüdung das Ausruhen.« Alles schlägt auch in sein Gegenteil um, das Leben in den Tod und umgekehrt, wie schon gezeigt. Der Gegensatz ist der Motor aller Bewegung, die Kraft der Negation, wie Hegel sagt, und ähnlich ist bei Heraklit der Kampf »der Vater von allem«. Jedes hat sein Gegenteil bereits in sich selbst: »Meerwasser ist das Reinste und das Scheußlichste, für Fische trinkbar und heilsam, für

Menschen ungenießbar und verderblich.« Gerade im Widerstreit aller Dinge und in ihrem Wandel zeigt sich für beide Philosophen die Weltvernunft, der Logos, und diesen gilt es zu erkennen und ihm zu folgen.

Auch Nietzsche hat sich tief vor Heraklit verbeugt, ja, er hat ihn als den bedeutendsten aller Philosophen verehrt: »die Welt braucht ewig die Wahrheit, also braucht sie ewig Heraklit.«[17] Nietzsche beschreibt Heraklits Grundgedanken des Wandels aller Dinge in einer fast durchweg vom Wasser inspirierten Bildsprache. Heraklit habe nur eine einzige Welt akzeptiert, ja »er leugnete überhaupt das Sein«, und diese einzige Welt war wie das bewegte Meer:

> Denn diese eine Welt, die er übrigbehielt – umschirmt von ewigen ungeschriebenen Gesetzen, auf- und niederflutend im ehernen Schlage des Rhythmus –, zeigt nirgends ein Verharren, eine Unzerstörbarkeit, ein Bollwerk im Strome. Lauter als Anaximander rief Heraklit es aus: »Ich sehe nichts als Werden. Lasst euch nicht täuschen! In eurem kurzen Blick liegt es, nicht im Wesen der Dinge, wenn ihr irgendwo festes Land im Meer des Werdens und Vergehens zu sehen glaubt. Ihr gebraucht Namen der Dinge, als ob sie eine starre Dauer hätten: aber selbst der Strom, in den ihr zum zweiten Male steigt, ist nicht derselbe als bei dem ersten Male.«

Man erkennt schon an Nietzsches Schreibweise, mit der er die Ungeheuerlichkeit jenes antiken Denkens hervorhebt, dass er hier sein großes Vorbild porträtiert. Die von Heraklit beschworene »gänzliche Unbeständigkeit alles Wirklichen, diese furchtbare und betäubende Vorstellung«, bewirke ein Empfinden, als ob man »bei einem Erdbeben das Zutrauen zu der festgegründeten Erde verliert«. Die Vermutung liegt nahe, dass Nietzsche hier auch sein eigenes Lebensgefühl beschreibt. Es gibt ja nichts, was er als unveränderlich und verlässlich behauptet hätte. Wenn Nietzsche den Philosophen vorwirft, dem permanenten Wandel in Natur und Geschichte nicht gerecht werden zu können, wenn er von der ewigen Wiederkehr des Gleichen spricht oder vom absichtslosen Spiel des Schicksals, dann ist immer Heraklit Vorbild und Leitstern. »Das, was er schaute, *die Lehre vom Gesetz im Werden und vom Spiel in der Notwendigkeit*, muss von jetzt ab ewig geschaut werden: er hat von diesem größten Schauspiel den Vorhang aufgezogen.«

Aber nicht nur Hegel und Nietzsche schlossen sich dem Denker des steten Fließens an. Goethe übernahm heraklitische Gedanken in seine Philosophie der Natur und auch in seine Lyrik; in seinem Gedicht *Dauer im Wechsel* wird Heraklit fast wörtlich zitiert:

> Gleich mit jedem Regengusse
> Ändert sich dein holdes Tal,
> Ach, und in demselben Flusse
> Schwimmst du nicht zum zweitenmal.[18]

Der Theologe und Philosoph Schleiermacher legte mit einer großen Abhandlung den Grund für die historisch-philologische Erforschung Heraklits; und der Mitbegründer der deutschen Sozialdemokratie, Ferdinand Lassalle, publizierte 1858 ein zweibändiges Werk über die Philosophie des Heraklit. Nietzsche stand mit seiner Heraklit-Verehrung nicht allein. Je mehr alle Sozialsysteme und alle kulturellen Traditionen – religiöse, moralische, politische und ästhetische – ins Wanken gerieten, desto interessanter wurde jener alte Denker des steten Wandels. Es ist fast so, als suchte man bei Heraklit die Bestätigung, dass die Instabilität aller Verhältnisse eben ganz normal ist, dass es nie anders war und auch nicht anders sein kann – ein Trost für alle, welchen die Umwälzungen und Unsicherheiten der eigenen Zeit Angst machen, und eine Ermutigung für andere, welche etwas Neues herbeiführen wollen. Befasst man sich mit Heraklit, gerät man also unversehens mitten in die Philosophie der Moderne.

Hatten Thales und besonders Anaximander die physische Verbindung des Menschen mit dem Wasser behauptet, so zeigt sich bei Heraklit und seinen Nachfolgern auch eine geistige Verbindung: Um die bewegte Wirklichkeit zu begreifen, benutzt man als gedankliches Werkzeug Bilder und Vorstellungen, die sich an das Wasser anlehnen. Auch unsere Ausdrucksweisen für die Veränderungen in der menschlichen Welt – der Fluss der Zeit, die geistige Strömung, die Welle der Mode, der politische Dammbruch, die Flut der Migranten usw. – sind fast sämtlich Wasser- und Meeres-Metaphern.

2.

Das alte und das neue Atlantis

Die Frage nach dem Guten

Wenn man Heraklit fragte, wie denn sittlich zu handeln sei, dann antwortete er, man müsse dem Logos, der Weltvernunft, folgen und das Gemeinsame tun. Aber was heißt das? Was verlangt diese Vernunft von uns? Und was ist das Gemeinsame, wenn die einen ausschließlich ihren Vergnügungen nachgehen, die anderen nach politischem Einfluss streben und wieder andere nur gute Geschäfte machen wollen? Sokrates, dessen Gedanken wir nur aus dem Werk Platons kennen, war von den alten Naturphilosophien enttäuscht, weil sie auf diese Fragen keine Antworten gaben. Er hielt sie auch für unfähig, das Entstehen und Vergehen der Dinge wirklich verständlich zu machen. Wenn Anaxagoras über die Welt rede, dann sei das so, als ob er die Frage, warum Sokrates hier auf einem Stuhl sitze, damit erklären wollte, dass sein Leib aus Knochen und Sehnen bestehe, die Knochen durch Gelenke verbunden seien und die Sehnen angezogen und nachgelassen werden könnten.[1] In dieser Weise entlarvt Sokrates ironisch, dass das Wissen von der Natur nicht sehr solide ist und dass es für die zentralen Fragen der Philosophie auch gar nichts einträgt. Für diejenigen, die heute die Lösung aller Probleme von der Hirnphysiologie erwarten, könnte diese Feststellung noch immer anregend sein.

Sokrates also war mit den alten Naturphilosophen genauso unzufrieden wie mit den neuen Sophisten, die ihre Kenntnisse für Geld anboten, wenngleich sie die Möglichkeit verlässlicher Wahrheit bezweifelten. Deshalb wollte Sokrates herausfinden, was das Gute ist und worin wirkliches Wissen besteht. Denn jeder beanspruchte, über gesichertes Wissen zu verfügen, ohne dass dieses der Prüfung standhielt. Die Antworten auf seine Fragen erwartete Sokrates nicht vom Studium der Natur, sondern von der Besinnung auf den Menschen und auf sich selbst, durch Reflexion. Die ganze Philosophie seines Schülers Platon richtet sich auf die Frage nach dem Guten und nach dem Wissen. Diese Philosophie zeigt kein Interesse mehr am Wasser und am Meer. Ihre Aufmerksamkeit gilt dem Licht. Ihre wichtigen Begriffe wie »Idee« – abgeleitet vom griechischen Wort für sehen – und auch alle Bilder zur Erläuterung des Erkennens entstammen dem Bereich des Optischen. Platons berühmtes Sonnengleichnis etwa macht deutlich, dass die Frage nach dem Wissen und die nach dem Guten nicht getrennt werden können. So wie wir nur deshalb mit unseren Augen etwas Bestimmtes erblicken können, weil es Licht gibt, so können wir auch nur deshalb etwas klar erkennen, weil wir die Idee des Guten voraussetzen und damit eine Passung zwischen unserem Erkenntnisvermögen und den Gegenständen. Das Meer aber ist dem Philosophen Platon aus ethisch-politischen Gründen suspekt, und die Auffassung, dass alles fließt, scheint ihm jede Erkenntnis zu untergraben.

Wenngleich ihm fast immer das Licht, die Sonne und das Feuer die Bilder liefern, um das Denken und Erkennen anschaulich zu machen, bezieht sich Platon auch gelegentlich auf das Meer, und zwar um unsere Gesamtsituation zu beschreiben. Das Meer erscheint dabei als Ort der Unreinheit und der getrübten Erkenntnis. Um unsere in dieser Welt verschmutzte und entstellte Seele eindringlich ins Bild zu bringen, vergleicht Platon sie mit dem Anblick eines von der wilden und tiefen See geschundenen Meergottes. Denn wir wissen zwar, dass die Seele prinzipiell von himmlischer Herkunft und unsterblich ist, wir sehen sie aber nur in einem Zustand wie dem des Gottes Glaukos, der im Wasser wohnt. Dessen ursprüngliche Natur ist ganz und gar unkenntlich geworden, »weil sowohl seine alten Gliedmaßen zerschlagen, teils zerstoßen und auf alle Weisen von den Wellen beschädigt sind, als ihm auch ganz Neues zugewachsen ist, Muscheln und Tang und Gestein, so dass er eher einem Ungeheuer ähnlich sieht als dem, was er vorher war. Ebenso sehen auch wir unsere Seele von tausenderlei Übeln zugerichtet.«[2] Das Meer hat demnach wenig Verlockendes, es verunstaltet sogar ein göttliches Wesen und macht es abstoßend hässlich.

Auch in einem anderen Vergleich dient das Meer dazu, unsere bedauerliche Situation zu charakterisieren. Bevor Sokrates das Urteil des Athener Gerichts an sich vollstreckte, das ihn wegen Leugnung der Götter und Fehlleitung der Jugend zum Tod verurteilt hatte, und er den Giftbecher trank, so lesen wir bei Platon, führte er mit seinen Schülern ein letztes Gespräch und bewies ihnen in vier Argumentationsgängen mit einigem Scharfsinn die Unsterblichkeit der Seele. Damit machte er ihnen deutlich, dass man vor dem Tod keine Angst haben müsse. Bei der Frage aber, wo die unsterblichen Seelen nach dem leiblichen Tode denn hinkämen, gelangte das sokratische Denken und Argumentieren an seine Grenze, und so antwortete er auf jene Frage mit einer ihm angeblich zugetragenen Lehre, die das, was wir für die einzige Realität halten, um eine Dimension erweitert und einen reineren und schöneren Ort weit über uns annimmt. Unsere menschliche Situation sei die folgende: Wir bewohnen nur einen sehr kleinen Teil der großen Erde und leben in einer Höhlung um das Meer herum »wie Ameisen oder Frösche um einen Sumpf«. (Damit ist die Bevölkerung rund um das Mittelmeer gemeint.) Da wir gar nichts anderes kennen als diese Höhlung, gleichen wir jemandem, der auf dem Grund des Meeres wohnt und aus Trägheit und Schwäche nie den Kopf aus dem Wasser heraushebt. So jemand hielte das Meer über ihm für den Himmel und würde nie das schöne Land sehen. Wenn wir aber unsere Höhle verlassen und bis zur Grenze der Luft fliegen würden, dann ginge es uns so wie einem Fisch, der kurz über der Wasserfläche auftaucht und unser Land erblickt, denn wir würden den wahren Himmel, das wahre Licht und die wahre Erde sehen. Von jenem höheren und schöneren Ort aus zeigte sich dann unsere bekannte Welt in ihrer ganzen Hässlichkeit:

> Denn die Erde hier bei uns und die Steine und der ganze Ort hier ist zerfressen und verwittert, wie das, was im Meere liegt, vom Salz angefressen ist: denn nichts der Rede Wertes wächst im Meere, noch gibt es irgend etwas Vollkommenes darin, sondern nur Klüfte und Sand und unendlichen Kot und Schlamm, wo es noch Erde gibt, und nichts, was irgend mit unsern Schönheiten könnte verglichen werden.[3]

Platon unterstreicht, dass die von Sokrates angenommene Existenz einer besseren, reineren Welt zwar nicht beweisbar sei, sie zu glauben, sei aber ein »schönes Wagnis«.[4] Dieses Wort vom schönen Wagnis haben später christliche Theologen aufgenommen, um den Akt des religiösen Glaubens zu beschreiben. Denn das Christentum teilt ja mit Platon die Auffassung, dass jenseits unserer sinnlich wahrnehmbaren Welt noch eine andere, vollkommenere Realität existiert. Bildreiche Geschichten und

Mythen benutzte Platon besonders dann, wenn er sie als Ergänzung brauchte. Das rationale Denken stieß an Grenzen und verlangte deshalb in neuer Weise wieder Mythen, die im Rahmen seiner Philosophie aber ausdrücklich als Mythen markiert werden. Sie können nicht mit dem Verstand gerechtfertigt werden, beantworten jedoch die offenen Fragen. Das Meer liefert dabei die Bilder für die Schattenseiten unserer Existenz, vor allem für unsere getrübte, sehr begrenzte Erkenntnisfähigkeit.

In jenen von Platon beschriebenen himmlischen Ort gelangen nach dem Tod natürlich nur die Seelen der Menschen, welche ein sittliches Leben geführt haben und deren Seelen geschmückt sind mit Besonnenheit, Gerechtigkeit, Tapferkeit, Edelmut und Wahrheit. Wer sich Verbrechen zuschulden kommen ließ, wird in die Unterwelt geschickt. Und diese zeichnet Platon, indem er Mythos und naturkundliche Theorie mischt. Es brausen dort vier mächtige Ströme, darunter auch der Okeanos, alle voll mit kaltem oder heißem Wasser, teils auch voller Feuer oder Schlamm. Diese Wassermassen werden wie von einer Pumpstation herauf in unsere bewohnte Erde gedrückt, füllen dort Meere, Seen und Flüsse und strömen dann wieder zurück in die Unterwelt. Dadurch wird das Anschwellen und Austrocknen von Seen und Flüssen erklärt. Aber die Unterwelt ist nicht nur der Wasserspender, sondern auch Ort der Bestrafung von Verbrechen. Die schlechten Seelen werden in die Flüsse getrieben, wo sie je nach Vergehen zu büßen haben.[5] In der Hölle Platons ist es also vor allem nass. Aus der Tiefe gespeist, steht das Meer in enger Verbindung mit der Unterwelt, dem Ort der Bestrafung. Bis an die Schwelle der Neuzeit hat der Volksglaube das Meer von schrecklichen Ungeheuern oder gar vom Teufel beherrscht geglaubt. Dergleichen übernimmt kein Philosoph, aber selbst bei Platon hat das Meer einen unheimlichen und hässlichen Charakter.

Auch in seiner berühmten Erzählung von der Insel Atlantis erscheint das Meer als Ort und Mittel einer Strafmaßnahme und ist deshalb weniger großartig als schrecklich. Platons Dialoge *Timaios* und *Kritias* sind die einzigen Quellen für dieses sagenhafte Atlantis, das im Meer versank.[6] In ihnen heißt es, der Aufstieg und Untergang jener Insel sei von ägyptischen Priestern aufgezeichnet und durch den Athener Reformpolitiker Solon, der zu den Sieben Weisen gezählt wurde, nach Griechenland gebracht worden. Um Platons philosophische Absicht begreiflich zu machen, hier eine kurze Nacherzählung, nicht immer in Platons Sprache.

Wie wir aus den Dichtungen des Homer wissen, waren die Götter des alten Griechenland zuweilen streitsüchtig. Um sich nicht ständig wegen ihrer Herrschaftsgebiete in die Haare zu geraten, beschlossen sie, die Erde unter sich aufzuteilen, und zwar durch Losverfahren. Der Göttin Athene und dem Gott Hephaistos fiel dabei das ursprüngliche Land der Athener zu, das Ur-Athen. Poseidon aber bekam die große Insel Atlantis, die jenseits der Säulen des Herkules, also außerhalb des Mittelmeeres hinter Gibraltar lag. Beide Gebiete entwickelten sich prächtig, denn die Götter sorgten für eine üppige Natur auf fruchtbarem Boden – das damals sehr große athenische Gebiet war noch nicht durch Bodenerosion verarmt und verkleinert – und sie lenkten die Menschen stets in die gewünschte Richtung. Das taten sie durch Einwirkung auf ihre Seelen, durch Überredung, so wie man mit einem Steuerruder ein Schiff lenkt.[7] Da im Athener Land die Gottheiten Athene und Hephaistos herrschten, zeichneten sich ihre Untertanen durch Liebe zur Weisheit und Kunst sowie durch Tapferkeit aus und kümmerten sich besonders um eine gute, gerechte Staatsordnung. Diese bestand darin, dass jeder Bürger das Seine tat. Die einen gingen dem Ackerbau und den Gewerben nach, und die andern waren für den Krieg zuständig. Diese zweite Gruppe lebte in einem eigenen, abgegrenzten Bereich; hier hatte man kein Eigentum und es herrschte Geschlechtergerechtigkeit: Männer und Frauen lebten ohne Ehebündnisse zusammen und nahmen dieselben Aufgaben wahr. Da die Urathener insgesamt äußerst tüchtig waren und in gerechter Weise ihr Vaterland und sogar ganz Hellas verwalteten, »erwarben sie sich durch körperliche Schönheit und die allseitigen Vorzüge ihres Geistes durch ganz Europa und Asien einen Ruf und waren unter allen damals Lebenden die gepriesensten«.[8]

Auf der Insel Atlantis sorgte Poseidon zuerst für gute Herrschaftsverhältnisse. Er hatte – für einen Gott vielleicht nicht so ungewöhnlich – das große Glück, mitten auf seiner Insel eine einsame junge Frau, eine Waise, anzutreffen und sich auch sofort in sie zu verlieben. Um es sich mit ihr gemütlich zu machen und Störenfriede fernzuhalten, legte er persönlich Hand an und formte den Hügel, auf dem er sie getroffen hatte, zu einer Art Burg um. Er zog drei Wälle und zwei Wassergräben um den hübschen Ort und zeugte mit der blutjungen Kleito, die für unsere Begriffe vermutlich minderjährig war, gezielt fünf Zwillingsbrüderpaare. So hatte er für seine Insel, die er in zehn Regionen aufteilte, auch zehn Herrscher, die alle sein göttliches Erbgut in sich trugen und weitergeben konnten. Seinen ältesten Sohn nannte er Atlas und machte ihn zum König. Nach ihm wurden dann die ganze Insel und auch das Meer, der Atlantik, benannt. Später erhielten alle Herrscher auf der Insel die Königswürde.

Unter der Dynastie der Atlas-Nachkommen gewann Atlantis immer mehr Macht und Reichtum und weitete sein Herrschaftsgebiet über viele weitere Inseln, ja auch über den Mittelmeerraum bis nach Italien und Ägypten aus. In allen Belangen der Zivilisation und Kultur bewiesen die Atlantis-Bewohner die erstaunlichsten Fähigkeiten. Sie waren technisch versiert und verschafften sich alle denkbaren Bequemlichkeiten; sie betrieben Bergbau, Landschaftsgestaltung, hatten Bewässerungsanlagen, bauten Häfen und Paläste, Brücken, Tore und Mauern, errichteten verschiedene Baderäume, und sie verbanden die großen Schutzgräben auf der Insel für die Schifffahrt durch Kanäle mit dem Meer; auch waren sie Meister der Landwirtschaft, des Gartenbaus und der Tierzucht und besaßen sogar Elefanten; sie waren ökonomisch in kluger Weise aktiv, trieben einen ausgebreiteten Handel und erwarben sich dadurch viele neue Güter; sie trieben Sport und hatten eine Pferderennbahn; sie zeigten ästhetischen Sinn und suchten z. B. für die Mauern farblich passende Steine; sie waren militärisch bestens durch ein mächtiges Heer gerüstet, jeder der zehn Bezirke stellte allein 10 000 Streitwagen zur Verfügung, und sie hatten eine stattliche Kriegsflotte. Politisch waren sie klug und gerecht: Jeder der zehn Herrscher übte in seinem Bereich seine eigene Gerichtsbarkeit aus. Das Verhältnis der zehn Herrschaftsbereiche aber war durch Gesetze des Gottes Poseidon festgelegt. Diesem Gott baute man einen riesigen Tempel mit der prächtigsten Ausstattung, gelegen in einem eigenen Heiligtum, das mit einer goldenen Mauer umgeben war.[9]

Platon hat diesen Inselstaat mit seinem vielfältigen Reichtum in seiner ganzen Pracht sehr genau beschrieben. So hat er viele Größenangaben zur Insel und zu ihrer Bebauung hinzugefügt und auch etwas zur Lage von Atlantis mitgeteilt: Man könne das Gebiet jenseits von Gibraltar, in dem die Insel versank, wegen des flachen, schlammigen Untergrundes mit dem Schiff jetzt nicht mehr passieren. Das alles hat eine eigene Atlantis-Forschung in Gang gesetzt, die schon mehr als 20 000 Titel an Literatur hervorgebracht haben soll und die vermutlich auch nicht abgeschlossen ist.[10] Die Fragen, wo und wann denn diese Insel im Meer verschwand, ja ob sie überhaupt je existiert hat, sind nicht zur Ruhe gekommen, und sie werden noch manche Forschungen in Bewegung setzen. Ganz unbestritten ist nur Folgendes: einmal die geologische Tatsache, dass in der von Platon bezeichneten Region das Meer keineswegs ganz flach und unpassierbar ist; sodann die historische Tatsache, dass tatsächlich antike Städte durch Erdbeben und Überschwemmungen untergingen, wie Helike im Jahr 373 v. Chr., also zur Zeit Platons, und dass auch Inseln durch Vulkanismus zerstört wurden, wie Thera, das heutige Santorin, das zur Kykladengruppe gehört. Genauso sicher ist das Ziel von Platons Erzählung: Sie ist Teil seiner Staatsphilosophie. Deshalb können wir uns auch ganz gewiss sein, dass Platon die neuere Atlantis-Forschung kaum begrüßt hätte. Denn er wollte keine historische Wahrheit mitteilen, sondern eine philosophische. Er war ja kein Historiker und Archäologe, sondern Philosoph. Seine Absicht war es nicht zu sagen: Ich habe von einer hochinteressanten Insel gehört, die vor 9000 Jahren im Meer verschwand, seht nach, ob ihr nicht noch die Reste am Meeresgrund finden könnt! Sondern seine Botschaft für die Athener seiner Zeit lautet kurz und drastisch: Korrupte Staaten sind zum Untergang verdammt. Bemüht euch deshalb, einen gerechten Staat zu verwirklichen, ehe es zu spät ist! Das geht eindeutig aus dem Kontext der Atlantis-Schilderung und ihrer Ausführung hervor.

Bevor Platon über Atlantis schrieb, verfasste er ein eigenes großes Werk über den Staat, um darzulegen, was die Gerechtigkeit und was das Gute ist. Die Rede vom Guten bliebe abstrakt und hohl, wenn man sie nicht mit Inhalt füllte. Deshalb wird gezeigt, wie die Gerechtigkeit als Inbegriff aller Tugenden in einem gerechten Staat zum Ausdruck kommt und wie sich das Gute in einem vernünftig strukturierten Gemeinwesen äußert. Platon tut das durch die Schilderung eines idealen Staates, der nie existiert hat, der aber ein anschauliches Modell für die Gerechtigkeit liefert. Im Dialog *Timaios* wird dann die Frage aufgeworfen, wie ein solcher Idealstaat sich im Vergleich mit anderen Staaten wohl darstellen und behaupten würde. Und darauf gibt die Erzählung vom Ur-Athen und von Atlantis eine Antwort: Vernünftig eingerichtete Staaten sind den anderen in jeder Hinsicht überlegen – aber nur, solange die Herrscher und Bewohner sittlich leben und nicht moralisch verkommen sind.

Das Rückgrat oder das Band der Atlantis-Gesellschaft bestand nämlich nicht in jenen erstaunlichen zivilisatorischen Errungenschaften, sondern ihre Stabilität und ihre Macht gründeten laut Platon in den göttlichen Gesetzen. Jeder König durfte Recht sprechen, wie es ihm richtig schien, legte dabei aber seinen Gerechtigkeitssinn zugrunde. Die Gesetze, welche Poseidon für das Verhältnis der zehn Könige untereinander gegeben hatte, waren unveränderbar, sie waren in eine Eisenplatte eingraviert und wurden im Poseidon-Tempel aufbewahrt. Zuerst erwiesen sich die Herrscher ihres göttlichen Urvaters als würdig. Sie begegneten sich mit Weisheit, verbunden mit Milde, und wenngleich sie reich waren, genoss bei ihnen nicht der Reichtum, sondern nur und ausschließlich die Tugend eine hohe Wertschätzung:

> Üppigkeit berauschte sie nicht, noch entzog ihnen ihr Reichtum die Herrschaft über sich selbst oder verleitete sie zu Fehltritten; vielmehr erkannten sie nüchtern und scharfen Blicks, dass selbst diese Güter insgesamt nur durch gegenseitige mit Tugend verbundene Liebe gedeihen, dass aber durch das eifrige Streben nach ihnen und ihre Wertschätzung diese selbst sowie jene mit ihnen zugrunde gehe.[11]

Religion, Recht und Moral, für uns weitgehend selbstständige Bereiche, waren in diesem Gemeinwesen untrennbar verbunden. Das verraten auch die vielfältigen Kulthandlungen, welche die gemeinsamen Beratungen und die Rechtsprechungen der Könige begleiteten. Die sittliche Ordnung der Atlantis-Bewohner beruhte auf dem alten Erbe ihrer göttlichen Natur. Als diese schrumpfte und schließlich zu »schmachvoller Gestalt« verkam, war das Ende von Atlantis eingeleitet.

Die Folge war laut Platons Erzählung diese: Zeus, »der nach Gesetzen waltende Gott der Götter«, beschloss, die Bewohner von Atlantis büßen zu lassen. Er berief eine Versammlung aller Götter ein »und sprach zu ihnen: …«. Mit diesen Worten endet der Dialog *Kritias*, er blieb Fragment. Da Platon aber den Untergang von Atlantis an anderer Stelle schon ausgesprochen hatte, können wir uns jene Rede des Zeus leicht vorstellen. Sie könnte, ins Neuhochdeutsche übersetzt, wie folgt gelautet haben: »Verehrte Olympier, liebe Kolleginnen und Kollegen! Die Könige und die Bewohner von Atlantis, dem Herrschaftsbereich des Kollegen Poseidon, bieten einen unerträglichen Anblick moralischer Verkommenheit. Sie haben das Beste, was sie hatten, ihre Tugend, völlig aufgegeben. Sie können ihr Glück einfach nicht mehr ertragen und sind pervertiert. Sie halten diejenigen für glücklich, die gar keinen Sinn für das wahre Glück haben, und genießen nur noch die Früchte der Ungerechtigkeit und der Macht.[12] Und so ist bei ihnen keine Spur des Göttlichen erhalten geblieben. Deshalb haben wir beschlossen, diese Leute zu bestrafen und zur Vernunft zu bringen. Ich schlage vor, dass wir die Atlantiker zu weiterem Imperialismus verführen und sie dann trotz ihrer großen Kriegsmaschine von dem kleineren Heer der Athener schmachvoll besiegen lassen.[13] Wird dazu das Wort gewünscht?« Da alle schweigen und da auch Poseidon – so können wir annehmen – sich schon lange über seine Menschen auf Atlantis geärgert hatte, verschärfte Zeus seine Ankündigung und fuhr sicherlich so fort: »Wenn sich aber der moralische Zustand auf Atlantis nicht bessert, dann müssen wir eines Tages die ganze Insel im Meer versenken.«

Leider fügen sich die beiden selbstständigen Atlantis-Erzählungen Platons nicht nahtlos aneinander, und dadurch entsteht ein Interpretationsproblem. In der kürzeren Fassung heißt es, die Athener hätten die expandierende Großmacht Atlantis in einem Krieg besiegt und später sei sowohl das athenische Heer durch Erdbeben und Überschwemmungen vernichtet worden als auch Atlantis im Meer versunken.[14] In der breit ausgeführten und leider unvollendeten Version, die mit dem Strafbeschluss des Zeus für Atlantis endet, ist hingegen vom Sieg der Athener und von ihrem Untergang keine Rede mehr. Die erste Geschichte zeigt die Überlegenheit der sittlichen Athener, die zweite die Bestrafung des korrupten Atlantis. Damit eine zusammenhängende Geschichte daraus entsteht, muss man sich etwas hinzudenken. Da wir bei Platon erfahren, die Götter hätten schon oft durch Überschwemmungen Menschen vernichtet und die Erde »geläutert«, müssen wir auch den Untergang des athenischen Heeres als Strafmaßnahme interpretieren, und deshalb hat Zeus vermutlich seine Rede wie folgt fortgesetzt: »Sollten die Athener dann durch ihren Sieg über Atlantis hochmütig werden und ihre Tugend aufgeben, werden wir auch sie mit dem Untergang ihres Heeres bestrafen.« Und so kam es: Innerhalb von vierundzwanzig Stunden versanken sowohl das athenische Heer als auch die Insel Atlantis.

Der moralphilosophische Ertrag von Platons Atlantis-Erzählungen ist schmal, und man fragt sich, warum dafür die vielen Worte überhaupt nötig waren. Deshalb halten viele die Atlantis-Erzählung im Kern auch für einen historischen Bericht. Es lassen sich aber didaktische Gründe für die Darstellungsweise nennen: Der Verfasser wusste, dass es den Geist ermüdet, sich ausschließlich in der reinen Verstandes- und Begriffswelt zu bewegen, und dass auch die Einbildungskraft beschäftigt werden will. Wir finden bei Platon auch zu anderen Themen sehr ausführliche, bildkräftige Geschichten. Zugleich wollte er sicherlich das Verhalten seiner Leser ändern und sie zum sittlichen Handeln motivieren – und reale Vorbilder oder wenigstens eindringliche Bilder führen oft schneller einen Entschluss herbei als trockene Moralvorschriften. Indem Platon die idealen Staaten in die Vergangenheit verlegte und alles für die Glaubwürdigkeit des Berichtes tat, zeigte er seinen Athener Mitbürgern im 4. Jahrhundert v. Chr., dass vernünftige Staaten durchaus möglich sind, schließlich hatten sie ja schon existiert, und dass mit dem Untergang von Staaten zu rechnen ist, wenn die moralische Korruption fortschreitet. Wenn er sagt, die Urathener hätten schon vor 9000 Jahren ein sittliches Gemeinwesen errichtet, dann unterstreicht er seine Auffassung, dass die Idee der Gerechtigkeit schon immer und für alle Zeiten dem menschlichen Geist eingeschrieben ist. Die kurz erwähnte Teilung der urathenischen Gesellschaft in verschiedene Berufsstände wird in seinem Hauptwerk zur Staatsphilosophie breit ausgeführt und als die richtige Norm für die Organisation eines Gemeinwesens vorgestellt.

Was Platon mit seiner Atlantis-Erzählung über sein Verhältnis zum Meer durchblicken lässt, passt ebenfalls sehr genau zu dem, was wir sonst in seinen Dialogen lesen. In der Atlantis-Erzählung heißt es, in einem Krieg habe das kleinere Landheer der Urathener die gewaltige Seemacht von Atlantis besiegt. Entsprechend hat auch in seiner Staatsschrift der ideale Staat zu seiner Verteidigung zwar Soldaten und Soldatinnen, aber es wird nichts von einer Kriegsflotte berichtet, und das heißt, sein idealer Staat betreibt anders als Atlantis keine kriegerische Eroberungs- und Expansionspolitik. Die Möglichkeiten des Meeres werden ganz bewusst nicht in Anspruch genommen. Dafür mag unter anderem die Erfahrung des langen Peloponnesischen Krieges von 431 bis 404 v. Chr. eine gewisse Rolle gespielt haben, in dem die Landmacht Sparta die Seemacht Athen besiegte.

Sodann passt der Untergang von Atlantis auch gut zur Sage einer Sintflut, die Platon aufnimmt. Zeus, so wird in der antiken Mythologie erzählt, habe die Menschen für ihr abscheuliches Verhalten mit einer Flutkatastrophe bestraft, die nur Deukalion und seine Frau Pyrrha überlebten. Denn da Prometheus seinen Sohn Deukalion rechtzeitig warnte, konnte dieser eine Arche, ein rettendes Schiff, bauen. Platon benutzt diese Geschichte, um uns die Kulturentwicklung anschaulich zu machen. Das neue Menschengeschlecht musste nach der Sintflut wieder ganz von vorn beginnen, mit allen Erfindungen und sozialen Einrichtungen. Sehr bald hätten die Menschen wieder über alles verfügt, was sie zum Leben brauchten, sie seien aber nicht reich gewesen. Daraus folgt Platons moralphilosophische Pointe:

> Eine Versammlung aber, mit der weder Reichtum noch Dürftigkeit verbunden ist, diese dürfte wohl ziemlich der ehrenwertesten Gesinnung sich erfreuen, denn in ihr erzeugen sich weder Frevel noch Ungerechtigkeit, weder Scheelsucht noch Missgunst.[15]

Die Strafe der Flutkatastrophe eröffnet für Platon hier eine neue Chance für eine moralisch bessere Gesellschaft.

Schon die Nähe des Meeres war für Platon eine Gefahr für das Gemeinwesen. In seiner staatsphilosophischen Spätschrift mit dem Titel *Nomoi* (*Gesetze*) erfährt man seine näheren

Gründe. Die Schrift enthält eine Diskussion über den Plan einer Stadtgründung auf der Insel Kreta, und in diesem Zusammenhang sagt Sokrates, es wäre gut, wenn die neue Stadt möglichst weit vom Meer entfernt läge:

> Denn sollte es eine Seestadt sein, mit Häfen wohl ausgerüstet und nicht alle Erzeugnisse liefernd, sondern viele entbehrend, dann täte ihr ein gewaltiger Retter not und Gesetzgeber göttlicher Art, wenn sich bei solcher Beschaffenheit in ihr nicht vielfältige, abgefeimte und schlechte Sitten erzeugen sollten […]. Denn das eine Gegend bespülende Meer ist zwar für das tägliche Bedürfnis eine angenehme, in der Tat aber gewiss herbe und bittere Nachbarschaft. Indem es nämlich hier den Handel und vermittels des Kleinverkehrs den Gelderwerb gedeihen lässt und in den Seelen eine veränderliche und unzuverlässige Gesinnung erzeugt, macht es die Bürger unzuverlässig und lieblos gegeneinander sowie desgleichen auch gegen andere Menschen.[16]

Die Küste ist also laut Platon für eine Stadt ein moralisch bedenklicher Ort, weil das Meer mit den Vorteilen des erleichterten Handels und Gelderwerbs auch die Sitten untergrabe und die Bürger zu egoistischen Geschäftsleuten mache, welche die Gerechtigkeit und damit das Gemeinwohl aus dem Auge verlören. Das ist sicherlich auch eine Kritik am Athen seiner Zeit.

Aber diese Kritik an den Küstenstädten blieb strittig. Platons Schüler Aristoteles hat vieles an den Auffassungen seines Lehrers kritisiert, und er äußerte sich auch über die Küstenlage von Städten ganz anders:[17] Das Meer biete dem Stadtstaat zwei große Vorteile. Erstens ermögliche es durch den Fernhandel eine bessere Bedarfsdeckung. Fehlende Güter könnten leicht importiert und der eigene Überfluss ebenso leicht an andere verkauft werden. Handel ist also wichtig und das Meer der bequemste und schnellste Handelsweg. Dieses Argument sollte später, zu Beginn der Neuzeit, noch einmal von großer Aktualität sein. Zweitens gewinne ein Staat mehr Sicherheit, wenn er auch Seestreitkräfte besitze, denn er könne dann die Feinde sowohl zu Wasser als auch zu Lande bekämpfen, sodass die Siegeschancen sich vergrößerten. Die Nachteile der Küstennähe aber – von fremden Gesetzen erzogene Menschen, die die Sitte der Stadt untergraben, und ein vom Handel stark beschleunigter Bevölkerungszuwachs – ließen sich beherrschen. Die Häfen sollten nicht zum Stadtgebiet gehören und durch Sicherungsanlagen abgetrennt und kontrollierbar sein. Man sieht, dass die Bedenken Platons von Aristoteles ernst genommen wurden.

Während Platon den Seehandel in seiner Staatsschrift nur kurz streifte, bilden für Aristoteles die Seeleute – die Marinesoldaten, Seehändler, Schiffer und Fischer – eine eigene, wichtige Bevölkerungsgruppe, die wie die Bauern und Handwerker zum staatlichen Gemeinwesen gehören.[18] Die politische Bedeutung des Meeres kommt bei Aristoteles auch zum Ausdruck, wenn er über die Insel Kreta schreibt, sie sei von Natur aus wie geschaffen für die Herrschaft über die Griechen. Dieses Eiland throne gebieterisch über dem ganzen Meer, um welches herum fast alle Griechen ihre Sitze haben.[19] Der Realpolitiker Aristoteles konnte sich in Griechenland einen guten, starken Stadtstaat nicht ohne leichten Zugang zum Meer vorstellen. Diese Auffassung haben später viele geteilt. Im 15. Jahrhundert, in der Renaissance, malte Francesco di Giorgio Martini eine ideale Stadt, die uns das ganz anschaulich vor Augen führt. Der Blick des Betrachters wird mitten zwischen Säulen und zwei Straßenzügen hindurch zum Hafen gelenkt, in dem die Schiffe liegen.[20]

Der Römer Cicero allerdings neigte eher der Ansicht Platons

zu. Er pries die Weisheit des Königs Romulus, des mythischen Gründers von Rom, weil er die Hauptstadt des Römischen Reiches nicht an der Meeresküste, sondern am Tiber entstehen ließ, an einem Fluss, der Zugang zum Meer wie zum Landesinneren ermöglichte. Zwar begrüßt Cicero mit Aristoteles den Seehandel, der eine Vielfalt von Gütern herbeischaffe, und auch das nautische Wissen, mit dem man Sturm und Meer trotzen könne. Aber stärker noch hebt er mit Platon die Gefahren hervor, die das Meer für eine Küstenstadt bedeute: Man sei am Meer viel leichter den Überraschungsangriffen von Feinden ausgesetzt als im Binnenland; die Lebensweise der Bürger werde durch den Einfluss der Fremden mit ihren anderen Wertvorstellungen instabil; »und dann hängen auch die Bewohner dieser Städte nicht an ihren Wohnungen, sondern werden sozusagen auf den Flügeln der Hoffnung und in ihren Gedanken weiter von zu Hause fortgetragen, und auch wenn sie körperlich sesshaft bleiben, schweifen sie in ihrer Vorstellungswelt in der Fremde umher«. Die Verlockungen des reichen Warenangebots begünstigten eine allzu üppige Lebensweise, die dem Gemeinwesen schade; »und schon die Schönheit der Meerlandschaft verführt dazu, vielen aufwendigen und zur Untätigkeit verführenden Wunschträumen nachzugehen«. Küstenstädte wie Korinth und Karthago seien untergegangen, weil man Landwirtschaft und Verteidigung zugunsten von Seefahrt und Handel vernachlässigt habe.[21]

Es mag erstaunen, wie kritisch der gebildete Cicero das vom Meer erweckte Fernweh beurteilt, da er doch selbst den Blick hinaus aufs Meer sehr liebte. Aber Platon hätte ihm zugestimmt. Er mochte das Meer nicht, er fand es weder schön noch nützlich, sondern sah in ihm eine Verführung zur Unmoral. Es diente ihm nicht dem Guten. Er hatte auch persönlich sehr schlechte Erfahrungen auf See gemacht. Auf einer Reise von Sizilien nach Athen, so wird berichtet, wurde sein Schiff von Piraten gekapert, und Platon wurde als Sklave verkauft.[22] Auch wenn er bald wieder frei kam, kann das seine Aversion gegenüber dem Meer nur bestärkt haben.

Die Suche nach dem Nutzen

Man hat Platons Erzählung von der Insel Atlantis als erste Staatsutopie bezeichnet. Diese Literaturgattung, die Poesie und Philosophie verbindet, hatte ihre Blüte zu Beginn der Neuzeit. Man konnte durch das fiktive Bild eines glücklichen Gemeinwesens die eigenen politischen und sozialen Zustände kritisieren, ohne sich als Autor der staatlichen Zensur auszuliefern – die Schriften waren ja der Form nach nur ein literarisches Spiel und vielleicht gar nicht so ernst gemeint. 1516 erschien das Buch, welches der ganzen Gattung den Namen geben sollte: *Über den besten Staat oder die neue Insel Utopia* von Thomas Morus. Wie dieses Utopia wurden dann fast alle Wunschstaaten vom 16. bis zum 18. Jahrhundert auf Inseln verlegt. Die Staatsutopien dieser Zeit waren fantastische Inselliteratur. Für Platon war das Meer moralisch bedenklich, weil der Seehandel die Sitten gefährdete, und die Insellage des Staates auf Atlantis war besonders gut geeignet, um das heruntergekommene Gemeinwesen schnell und spurlos verschwinden zu lassen. Das Meer, das ohnehin schon immer etwas Furchterregendes an sich gehabt hatte, war Ort und Mittel eines göttlichen Strafgerichts. In den neuzeitlichen Staatsutopien aber erhielten die Inseln eine andere Funktion. Man konnte auf ihnen Gesellschaften vorführen, die vollkommen selbstständig und unabhängig waren. Das Meer war hier das Trennende, es diente der gewollten Isolierung und schützte vor Feinden und Fremdeinflüssen. Die Bewohner der Insel Utopia beseitigen deshalb die natürliche Landbrücke, die sie mit dem Festland verbindet. Außerdem ließ sich mit den erdachten Inseln spielerisch sehr gut ihre Realität vortäuschen. Im Zeitalter der Seefahrten und der Entdeckungen von bisher unbekannten Kontinenten und Inseln wurden einem ohnehin viele staunenswerte Informationen zugemutet, die man nicht kontrollieren konnte, sondern glauben musste. Warum sollte nicht auch der Idealstaat irgendwo auf einer Insel in den Weiten der Ozeane wirklich existieren?

1627, also rund 2000 Jahre nach Platon, erschien in London eine Staatsutopie, die schon im Titel Bezug auf ihn nimmt: *Nova Atlantis*, Neu-Atlantis.[23] Der Autor war Francis Bacon, der es bis zum Lordkanzler brachte und zugleich als einer der ersten bedeutenden Theoretiker und Vorkämpfer der modernen Erfahrungswissenschaften berühmt wurde. Bacon versteht Platons Atlantis-Bericht als Fantasieprodukt im Dienst der Philosophie, begibt sich auf dieselbe Ebene und schließt wie folgt an Platon an: Als er, der Erzähler, von Peru nach China und Japan habe segeln wollen, aber widrige Winde das Schiff in andere Regionen lenkten – das tun die Winde immer, wenn es utopische Gesellschaften zu finden gilt –, gelangte er auf eine wundersame Insel mit dem Namen Bensalem. Dort erfuhr er die Wahrheit über Platons Atlantis: Bei dieser Insel habe es sich um Amerika gehandelt. (Hier wird also der Neuen Welt Rechnung getragen, deren Entdeckung das ganze Weltbild verändert hatte.) Man habe in den alten Zeiten schon sehr große Schiffe und Flotten zur Verfügung gehabt – die Insulaner auf Bensalem 1500 seetüchtige Schiffe mit großer Fassungskraft – und man habe sie auch schon eifrig für ausgedehnte Seefahrten genutzt. Die Amerikaner aber hätten mit solchen Schiffen eine aggressive Eroberungspolitik betrieben, die ihnen jedoch gründlich misslang. Schließlich seien sie dafür bestraft worden, und zwar durch Überschwemmungen, durch eine Sintflut. Nur auf den Bergen hätten spärliche Bevölkerungsreste der Amerikaner überlebt. Daher dürfe man sich nicht wundern, »wenn Amerika so arm an Einwohnern ist und wenn seine Bevölkerung noch so einfach und barbarisch lebt«. (Liest man das bei Bacon, darf man keinesfalls vergessen, dass es am Beginn des 17. Jahrhunderts geschrieben wurde, als die Amerikaner noch die Indianer waren.) In das Gedankenspiel um die Insel Atlantis werden in dieser Weise alte Vorstellungen und neue Kenntnisse hineingeflochten.

Die Bewohner von Bensalem sind laut der Erzählung den Neuankömmlingen wie allen Fremden gegenüber zuerst sehr skeptisch, aber schließlich doch äußerst freundlich und hilfsbereit. Alles Tun und Denken der Insulaner, so wird nach und nach deutlich, ist darauf ausgerichtet, dem Gemeinwesen den denkbar größten Nutzen zu verschaffen. Das geschieht auf zwei Wegen: durch eine strenge Moral und durch wissenschaftlich-technischen Verstand. Ihre Moral ist einerseits bestimmt durch die Bibel, die ihnen in Form eines Pfingstwunders geschenkt wurde, und andererseits durch die Regelungen, die früher ein weiser König namens Salomona einführte. Eingeübt und aufrecht erhalten wird die Moral besonders durch die patriarchalisch strukturierten Familien, in denen die Frauen immer nur in der zweiten Reihe zu stehen haben. Passend dazu ist die Sexual- und Ehemoral von puritanischer Strenge. Sorgt diese Gesellschaft mit allen Mitteln für die Stabilität und Unverrückbarkeit ihrer Moralprinzipien, so betreibt sie andererseits ebenso emsig die dynamische Fortentwicklung von Wissenschaft und Technik. Dafür hat man eine riesige Akademie für Naturwissenschaften und Technik eingerichtet, das »Haus Salomon«. Der Leiter dieser Einrichtung erklärt den Gästen, worum es sich handelt:

> Der Zweck unserer Gründung ist die Erkenntnis der Ursachen und Bewegungen sowie der verborgenen Kräfte in der Natur und die Erweiterung der menschlichen Herrschaft bis an die Grenzen des überhaupt Möglichen.

In der Tat werden in diesem gewaltigen Wissenschafts- und Technologiezentrum mit großen, teils unterirdischen Laboratorien alle erdenklichen Forschungen, Experimente und Konstruktionen vorgenommen, die der Beherrschung der Natur dienen. Nicht nur neue Maschinen, sondern auch ganz neue Materialien werden hergestellt und neue Tiere werden gezüchtet. Man staunt, was Bacon sich schon alles vorstellen konnte: In den akustischen Werkstätten werden z. B. Hörgeräte, Geräte zur Tonübertragung, neue Musikinstrumente, neue Harmonien und neue Klänge erfunden, die viel schönere Musik erlauben als die in Europa bekannte. Auch U-Boote, neue, effiziente Kriegsmaschinen und sogar künstliche Menschen werden konstruiert, um Bewegungsabläufe zu studieren. Vieles von dem, was erst viel später tatsächlich hergestellt werden konnte, gibt es schon in jenem erdachten Forschungszentrum. Der Arbeitsprozess erfolgt in dieser Institution so, wie man ihn bald auch für die Akademien der Wissenschaften plante: in einer Verbindung aus Arbeitsteilung und Kooperation.

Bensalem ist Neu-Atlantis, und diese fiktive Insel zeigt den Weg der europäischen Zivilisation in die moderne Welt, in der wir nun leben. Platons Leitfrage nach dem Guten erhielt durch Bacon die Antwort: Das Gute ist das Nützliche. Dieser Geist der Nützlichkeit zeigt schon hier auch gewisse Härten. Er ist näher besehen keineswegs so harmonisch, wie der Autor vorgibt. Denn wir lesen zwar einerseits, das Haus Salomons sei »der Erforschung und Betrachtung der Werke und Geschöpfe Gottes geweiht«; entsprechend bilden seine Angehörigen, die »Brüder«, eine Art Orden und nennen sich »Kollegium der Werke der sechs Tage«; der Leiter genießt in seiner prächtigen Gewandung den Rang eines hohen Würdenträgers und die Verehrung eines Bischofs, und das Ganze stellt sich schon mit dem Bezug zum biblischen König Salomon als ein Ausfluss ihrer Religion dar. Aber andererseits wird die Natur, das Werk Gottes, nicht etwa bewundert und nur betrachtet, sondern sie wird vor allem verändert und in teils recht martialischer Weise den eigenen Zwecken dienstbar gemacht. In den heiligen Hallen des Hauses Salomon werden Säugetiere und Vögel in Käfigen zum Zwecke von »Sektionen und anatomischen Versuchen« gehalten. Der würdige Leiter erläutert das seinen Gästen wie folgt:

> Wir machen an diesen Tieren Versuche mit allen Giften, Gegengiften und anderen Heilmitteln, sowohl auf medizinische als auch auf chirurgische Weise, um den menschlichen Körper besser schützen zu können. Wir machen auch die einen künstlich größer und länger, als sie von Natur aus sind, andere wieder umgekehrt zwergenhaft klein und nehmen ihnen ihre natürliche Gestalt.

Die inzwischen strittig gewordenen Tierversuche waren Bacons Wunschtraum. Es geht ihm eindeutig um Naturbeherrschung, nicht um die kontemplative Betrachtung der Natur.

Die Ausrichtung, alles den eigenen Zwecken zu unterwerfen, prägt auch das Verhältnis der Neu-Atlantiker zu anderen Völkern: Sie sind ausgesprochene Gruppenegoisten. Der von ihnen verehrte König, der vor 1900 Jahren dem Volk die Gesetze gab, machte es den Menschen auf Bensalem zur Pflicht, möglichst keine Fremden ins Land zu lassen. »Er fürchtete nämlich Neuerungen und Sittenverwirrung.« Deshalb hat er auch die Seefahrt und den Handel stark eingeschränkt, und das erinnert nun doch an Platon, der für Küstenstädte einen klugen Gesetzgeber gefordert hatte, um den Sittenverfall zu verhindern. Da man aber auf Bensalem von dem Wissen und Können anderer Völker gern profitiert, schickt man per Schiff eigene Spezialisten in andere Länder, um dort – inkognito – neues Wissen und technisches Können einzukaufen. Den Käufern ist aufgetragen, so informiert der Fremdenführer jener Insel, »uns mit den Einrichtungen und den Verhältnissen jener Länder, in denen sie landen, vor allem aber von den Wissenschaften, Künsten, Handwerken und Erfindungen der gesamten Erde Kunde zu bringen und bei ihrer Rückkehr Bücher, Instrumente und Unterlagen jeder Art mitzuführen«. Das Meer bietet also die Möglichkeit, aus der ganzen Welt Informationen zur Wissenserweiterung zu erhalten, selbst aber versteckt zu bleiben. Während Bensalem sein nützliches Wissen für sich behält und sich abschottet, sodass niemand in der Welt diese Insel kennt, weiß man im Hause Salomon alles von den anderen Ländern und macht sich ihr Wissen und Können zunutze. Diesen Egoismus verstehen die Bensalemer aber als höhere Moral: Ihr Handel gelte nicht wie bei anderen Völkern Gegenständen wie Gold, Silber und Edelsteinen, Gewürzen oder Seide, sondern sie handelten »um der ersten Schöpfung Gottes: des Lichtes willen« – d. h. im Hinblick auf die Aufklärung der Naturvorgänge zum Zweck ihrer Beherrschung.

Der Staatsroman wurde von Bacon nicht vollendet. Was wir von der sozialen Ordnung erfahren, ist nur, dass es auf dieser Insel monarchisch und patriarchalisch zugeht. Im Staat herrscht der König, in den Familien der Hausvater, und in der Akademie dürfte der heilige »Vater des Hauses Salomon« für Ordnung sorgen. Zwar wird berichtet, die Insulaner zeigten eine »erfreuliche und freie Lebensart«, aber ihr Verhalten erinnert eher an militärischen Drill. Als jener Vater des Hauses Salomon in einer Sänfte durch die Stadt getragen wird, steht alles Spalier: »Auf den Straßen herrschte eine solche Ordnung, dass eine breite Bahn frei blieb, die nirgends unterbrochen war. Und ich glaube, niemals war die Schlachtreihe eines Heeres besser ausgerichtet, als es das Volk damals auf den Straßen war. Ja, sogar an den Fenstern standen die Schaulustigen nicht lässig, sondern alle wie in Reih und Glied.«

Das im Hause Salomon erarbeitete Wissen wird auch keineswegs den anderen Insulanern zur Kenntnis gegeben, vieles bleibt geheim. Von Schulen und Universitäten lesen wir nichts. Fast in allen utopischen Staaten jener Zeit herrscht eine beinahe beängstigende Ordnung, die nicht angetastet werden darf. In Bacons Neu-Atlantis aber muss die statische Gesellschaftsordnung mit den dynamischen Wissenschaften verträglich gemacht werden. Deshalb wird die Forschung abgeschirmt von der sozialen Welt durchgeführt. Die Bürger vertrauen darauf, dass alles nur zu ihrem Besten geschieht, und sie verhalten sich zum Haus Salomon wie zu einem ehrwürdigen Kloster, dessen religiöse Riten hinter hohen Mauern vollzogen werden. Sosehr in unserer Gesellschaft heute Forschung im Sinne von Neu-Atlantis betrieben wird, so wenig sind für uns die Freiheit der Wissenschaft und die Freiheit der Gesellschaft trennbar.

Wie immer man die Sozialordnung auf Neu-Atlantis bewerten mag, schon Bacon hat zweierlei ganz richtig erkannt. Zum einen: Ein breiter wissenschaftlicher und technologischer Fortschritt ist nur in einer gesellschaftlichen Ordnung möglich, die das freie Forschen erlaubt und fördert. Die Naturwissenschaften haben also Voraussetzungen, die sich mit diesen Wissenschaften nicht herstellen und begründen lassen. Zum anderen: Wissenschaft und Technik können auch gefährlich werden, und deshalb versucht man heute z. B., die Weitergabe der Nukleartechnik zumindest zu kontrollieren.

Platons Atlantis-Erzählung ergänzt seine Staatsphilosophie und hat ihren letzten Grund in seiner Frage nach dem Guten. Bacons Nova-Atlantis gründet in der Frage nach dem richtigen Wissen und steht in engem Zusammenhang mit seiner Wissenschaftsphilosophie. 1620 erschien dazu sein groß angelegtes Hauptwerk *Instauratio Magna*, »Die große Erneuerung der Wissenschaft«. Im Mittelpunkt des Werkes steht eine Abhandlung, die ähnlich wie sein Staatsroman gleich mit dem Titel die Philosophie der Antike abzulösen beansprucht. Die logischen Schriften des Aristoteles wurden mit dem Begriff *Organon*, »Werkzeug«, zusammengefasst, da man die Logik als Instrument für das richtige Denken benötigt. Dem stellt Bacon ein *Neues Organon*[24] entgegen und unterwirft darin die gesamte Bildung seiner Zeit einer scharfen Kritik. Das Festkleben an der Lektüre der alten Philosophen, das scholastische Spekulieren und Deduzieren, das Herumtappen im Bereich der Erfahrung von Einzelerscheinungen – das alles wird für sinnlos erklärt. Denn: »Das wahre Ziel der Wissenschaften ist die Bereicherung des menschlichen Geschlechts mit neuen Kräften und Erfindungen.« Es gilt, Macht über die Natur zu gewinnen, und die Wahrheit einer Philosophie zeigt sich an ihren Früchten, den Erfindungen. Der Weg dahin besteht im Abbau aller Vorurteile und im planvollen Sammeln von Daten, die durch Beobachtung und Experiment erreichbar sind. Diese Daten müssen interpretiert, d. h., es müssen Schritt für Schritt ihre inneren Gründe, ihre allgemeinen Gesetze, herausgearbeitet werden. Durch sie sind dann weitere fruchtbare Experimente und vor allem Erfindungen möglich. Jeder Schritt muss methodisch kontrolliert erfolgen, und überhaupt ist die Forschungsarbeit ganz exakt »wie durch Maschinen zu bewerkstelligen«. Vieles, was Bacon in seinem *Neuen Organon* theoretisch ausführt, hatte er schon im Staatsroman über das Neue Atlantis angedeutet oder ins Bild gebracht. Dort gab es Spezialisten für die Interpretation der Natur, und dort hatte man Standbilder der großen Erfinder und Entdecker aufgestellt, da nur sie und nicht politische Herrscher, Kirchenfürsten oder Dichter Vorbilder sein sollten.

Nur indem man der Natur gehorcht, kann man sie besiegen, lautet ein Schlüsselsatz Bacons; im lateinischen Originalton: *natura non nisi parendo vincitur.* An jedem Segelboot lässt sich das erläutern. Was leichter ist als Wasser, schwimmt oben – also muss entsprechendes Material verwendet oder Hohlraum geschaffen werden; der Wind übt stärkeren Druck auf große denn auf kleine Flächen aus – also hisst man ein Segel usw. Kennt man die Gesetze der Natur, die sich nicht ändern lassen, kann man sie in die eigenen Dienste stellen. Das Wissen und das menschliche Können fallen zusammen, heißt deshalb ein weiterer Grundsatz, lateinisch: *scientia et potentia humana in idem coincidant.* Platon und Aristoteles hatten die philosophische Theorie und das technische Herstellen deutlich unterschieden, und auch sozial war der Philosoph, der als Bürger genug Muße für die *theoria* hatte, vom Handwerker getrennt. Bacon hat diese Trennung zurückgewiesen. Das Wissen kann für ihn nur durch den Gebrauch von Instrumenten vorankommen, von technischen wie dem Fernrohr und von geistigen wie der Methodenlehre, und nur dadurch kann es lebensdienliche Aufgaben bewältigen helfen. Der Philosoph muss deshalb möglichst selbst experimentieren, er muss seine kontemplative Haltung und sein Vergnügen an scharfsinnigen Wortgefechten aufgeben und Techniker und Erfinder werden. Bacon hat selbst so gelebt und gehandelt, ja er hat so intensiv mit Hühnergefrierfleisch experimentiert, dass er sich eine schwere Grippe zuzog, die ihm ein vorzeitiges Ende bereitete.

Auf dem Titelbild zu Bacons Werk über die Erneuerung der Wissenschaft blickt man durch zwei Säulen – die Säulen des Herkules – aufs Meer hinaus, im Vordergrund nähert sich ein Schiff mit voller Besegelung der Küste, und am Horizont ist ein weiteres Schiff zu sehen.[25] Die Unterschrift lautet *multi pertransibunt et augebitur scientia*, »Viele werden hindurchfahren und das Wissen wird vermehrt werden«. Das ist mehrdeutig. Wörtlich genommen besagt der Satz, dass die Seefahrt fortschreitend unser Wissen von der Welt erweitert. Wichtiger aber ist der übertragene Sinn: Die wissenschaftliche Forschung wird in allen Bereichen analog zur Seefahrt die gesamte Welt erkunden und immer neue Ergebnisse zutage fördern. Die Schiffe im Meer sind Bilder für die neuzeitlichen Wissenschaften, für die es keine Grenzen, sondern nur einen offenen Horizont gibt, den sie immer weiter hinausschieben. Mit seinem Werk über die Erneuerung der Wissenschaft will Bacon darlegen, wie solches Forschen durchgeführt werden muss. Der Anspruch ist gewaltig, denn durch Wissenschaft soll die Welt verändert werden. Die Säulen auf dem Bild markieren deshalb auch eine Epochenwende. In der Antike galten die Säulen des Herakles, die Straße von Gibraltar, lange Zeit als Grenze der mittelmeerischen Seefahrt.[26] Nun aber fährt man weit in den Ozean hinaus und umsegelt den ganzen Globus. Mit der Eroberung des Ozeans und der Entdeckung Amerikas hat eine neue Zeit begonnen. Nicht erst die Historiker haben rückblickend einen Epochenwechsel, den Umbruch zu einer neuen Zeit, zur Neuzeit festgestellt, sondern sehr früh hatte man ein Bewusstsein, in der

Zeit eines epochalen Wandels zu leben, und Bacon wollte um 1600 diesen Wandel mit seiner Philosophie aktiv vorantreiben. Das unterstreichen schon seine Buchtitel *Neues Organon* und *Neues Atlantis*.

Man konnte das Neue, die Entdeckung der neuen Welt, aber auch als Erfüllung einer alten Prophetie verstehen und so einen Zusammenhang mit dem Denken der Antike konstruieren. Der Erste, der über Gibraltar hinausfuhr, war gemäß der antiken Mythologie Herakles, zuweilen wurde diese Wasserstraße sogar als sein Werk betrachtet: Er habe Afrika und Europa mit seiner gewaltigen Kraft getrennt und so das Mittelmeer mit dem Atlantik verbunden. Dachte man in den Spuren dieses Mythos, dann war seit Herakles das Tor zum Ozean auch für den Menschen geöffnet, obwohl der Okeanos noch bei den Griechen eigentlich den Göttern vorbehalten war. Im 1. Jahrhundert n. Chr. schlug der Philosoph Seneca diese Gedankenrichtung ein. In seiner Tragödie *Medea* lässt er den Chor die sich ausbreitende Seefahrt preisen, durch die man in die entferntesten Gegenden gelange: Die Inder tränken inzwischen das Wasser aus dem Arax in Armenien und die Perser das Wasser aus Rhein und Elbe. Und dann heißt es, man werde einst sogar ein riesiges Land und neue Erdkreise finden, sodass die Insel Thule im Norden Englands nicht mehr das äußerste Ende der bekannten Erde sein werde.[27] Zu dieser Prophetie mag Seneca durch den Atlantis-Mythos angeregt worden sein. Denn wenn der Ozean früher ein großes Land verschluckte, warum sollte er nicht neues Land bergen oder entstehen lassen? Seneca schrieb, der Ozean werde die »Fesseln der Elemente lockern und ein ungeheures Land werde sich ausbreiten« – das könnte man als eine kleine Schöpfungsgeschichte lesen, als Erzeugung neuen Landes durch den Ozean. Für Kolumbus soll die Prophetie ein Motiv für seine Reise gewesen sein,[28] und man hat sie dann auch auf die Entdeckung Amerikas bezogen. Damit war nun zum einen doch die Weisheit der alten Philosophen bestätigt und zum anderen das Neue und Unerwartete in die Tradition eingestellt.

Bacon verwandelte die Philosophie schon wesentlich in Wissenschaftstheorie, welche nicht mehr den Grund der Welt erkennen möchte, sondern die den Wissenschaften ihr Ziel und die richtigen Wege, die Methoden, zeigen will. Sie lenkt den Blick weg von der Suche nach dem letzten Urgrund aller Dinge und leitet an, die allgemeinen Gesetze der Natur zu finden, da nur sie nützlich sind für unsere Selbstbehauptung. Auch heute ist die Philosophie oft nur noch Wissenschaftstheorie. Die Frage nach den Zielen ist dabei aber inzwischen hinter die Methodenfragen mehr und mehr zurückgetreten. Kritisch gefasst: Die schon von Bacon vorgenommene Einengung der Philosophie zur Wissenschaftstheorie wurde oft noch weiter vorangetrieben. Die neue Ausrichtung, die Bacon dem philosophischen Denken gab, sollte in der Folgezeit noch scharf angegriffen werden. Dabei spielten die Fragen nach dem Sinn und den Konsequenzen der Wissenschaften eine große Rolle, denen sich ebenso schwer ausweichen lässt wie der Frage nach dem Guten und dem Glück. Doch dazu später mehr.

Glückliche Inseln

Seit dem Beginn der Neuzeit weitete sich mehr und mehr die Perspektive, unter der man die Welt wahrnimmt, und zwar sowohl zeitlich als auch räumlich; zeitlich, historisch, indem man im Humanismus immer genauer die Vergangenheit erkundete, besonders die Kultur der griechisch-römischen Antike; räumlich, geografisch, da man durch die Entdeckungsreisen immer mehr Kenntnisse von fernen Ländern und von der Weite des Meeres erhielt. Aus der Vergangenheit, besonders von Platon, bekam man die Anregungen für die Vorstellungen vom idealen Gemeinwesen, und in die Weite des Meeres projizierte man die erdachten Inseln, auf denen es anders und besser ist als daheim. In der antiken Mythologie waren die »Inseln der Seligen« das Elysium oder das Paradies, in dem nach dem Tod die Seelen der Rechtschaffenen mit vollkommener Glückseligkeit belohnt werden, wie man auch bei Platon liest.[29] Diese Vorstellung wurde gleichsam säkularisiert, und man dachte sich Inseln mit idealen Gesellschaften aus. Die utopische Inselliteratur füllt mehrere Bücherregale, und sie wurde bereits in großer Breite interpretiert. Es seien deshalb auf dieser Gedankenreise nur kurz drei Inseln angesteuert, an denen deutlich wird, dass, angeregt durch Platon, die Meere im Lauf der Literaturgeschichte mit recht verschiedenen Wunschgesellschaften bevölkert wurden. Auch diese Inseln könnten Neu-Atlantis heißen. Ihre Verfasser haben sie anders als Platon nicht untergehen lassen, sie sollten ja jeweils das bessere, das wirklich vollkommene Atlantis sein. Sie sind auch insofern erhalten geblieben, als sie nun zum festen Bestand der utopischen Literatur gehören und man einige ihrer Grundzüge sogar später in der sozialen Wirklichkeit nachweisen kann.

Die erste Insel heißt Taprobana, und darauf befindet sich ein Staatsgebilde, das sich »Sonnenstaat« nennt. Der Dominikanermönch Tommaso Campanella hat diesen Staat erdacht, als er zu Beginn des 17. Jahrhunderts wegen Anstiftung zum Aufruhr in Gefängnissen von Neapel einsaß.[30] Noch bevor Bacon sich sein Technologiezentrum ausdachte, hat dieser Mönch seine Insulaner mit den erstaunlichsten Erfindungen ausgestattet: Sie besitzen z. B. Schiffe mit Motorantrieb und können sogar das Klima regulieren. Aber wichtiger war dem Autor die vollkommen rationale Organisation seiner Idealgesellschaft. In ihr sind Armut, Verbrechen, Korruption und jede Form sozialer Unordnung so gründlich überwunden, dass auch von der Freiheit des Einzelnen und seinem individuellen Glück fast nichts mehr übrig blieb.

Das ganze Staatsgebilde hat die Form einer Pyramide, an deren Spitze der Oberpriester steht und deren Basis das willig gehorchende Volk bildet: »Es ist einfach großartig, wie Männer und Frauen truppweise einherkommen und niemals ihrem König ungehorsam sind oder Widerwillen an den Tag legen.« Unterhalb des Königs, der außerdem Oberpriester und ein Abbild Gottes, d. h. der Sonne, ist, repräsentieren drei Unterpriester die göttliche Trinität, nämlich Macht, Weisheit und Liebe, und üben die Funktion von Ministern aus. Ihnen sind dann noch viele Beamte dienlich, die vom Volk gewählt werden. Kirche und Staat fallen vollkommen zusammen, sodass die Beamten zugleich die Priester sind, denen gebeichtet wird. Das Glück des Einzelnen besteht in der Teilnahme an der Ordnung des Ganzen. Aufschlussreich dafür ist das Ressort des priesterlichen Liebesministers. Die Liebe nämlich dient auf dieser Insel besonders der staatlich organisierten Fortpflanzung. Campanella radikalisiert Platons Forderungen für den Soldatenstand: Eigentum bedeutet Egoismus, und dieser soll nicht sein. Die Insulaner behaupten, »dass der Eigentumsbegriff daher komme, dass wir unsere eigenen Wohnungen und eigene Kinder und Frauen haben. Daraus entsteht Selbstsucht.« Um diese zu verhindern, hat der Sonnenstaat einen universellen Kommunismus mit Güter-, Frauen- und Kindergemeinschaft eingeführt. Auf Taprobana ist man überzeugt, nach Aufgabe der Selbstsucht bleibe nur die Liebe zur Gemeinschaft übrig, und allein um diese geht es. Sie verlangt, sich sogar beim Zeugungsakt festen Regeln und Kontrollen zu unterwerfen. Die für die Fortpflanzung geeigneten Paare werden von Beamten ausgesucht, welche die nackten Männer und die nackten Frauen beim Sport beaufsichtigen. »Große und schöne Frauen werden nur mit großen und tüchtigen Männern verbunden, dicke Frauen mit mageren Männern und schlanke Frauen mit starkleibigen Männern, damit sie sich in erfolgreicher Weise ausgleichen.« Nachdem die Ausgewählten nach den Mahlzeiten die Speisen verdaut und zu Gott gebetet haben, betreten sie für den Zeugungsakt auf Anordnung der Aufseher das Schlafgemach, wo die Frauen auf »schöne Bildwerke berühmter Männer« und dann durchs Fenster zum Himmel blicken und um tüchtige Nachkommen beten. Die so gezeugten Kinder, die alle ganz ähnliche Anlagen und Eigenschaften besitzen, werden natürlich auch gemeinsam aufgezogen, getrennt von den Eltern.

Campanella hat ein eindrucksvolles Bild von einem politischen Zustand gezeichnet, den wir aufgrund historischer Erfahrungen nicht mehr herbeiwünschen können und auch nicht wünschen dürfen. Denn die Insel Taprobana lässt an die späteren totalitären Staaten denken. Campanella nimmt in seiner Utopie nicht nur die Erfindung von Schiffsmotoren und Flugzeugen vorweg, sondern auch Einrichtungen wie den Lebensborn. Da Staat und Kirche, Politik und Religion vollkommen zusammenfallen, kann es auf dieser Insel weder ein individuelles Gewissen noch ein Recht des Einzelnen gegenüber dem Staat geben.

Die »glückseligen Inseln«, die der Schriftsteller und Bibliothekar Wilhelm Heinse 1787 in das Mittelmeer hineinfantasierte, kann man als hedonistischen Kontrapunkt zum Sonnenstaat lesen, wobei auch Heinse sich von Platon inspirieren ließ.[31] Wenn man den Utopien sofort entnehmen kann, was ihre Autoren bekämpften, so war das bei Heinse nicht das soziale, sondern eher das geistig-kulturelle Elend. Denn im Mittelpunkt seines Insel-Werkes steht nicht ein geordnetes Staatswesen, sondern der geniale Maler Ardinghello, der erst nach vielen Umwegen auch eine Art Staat gründet. In diesem herrscht nicht die rationale Planung, sondern die Einbildungskraft, es geht nicht um technische Erfindungen, sondern vor allem um Kunst, nicht um Zucht und Ordnung, sondern um Lebensgenuss und Sinnenfreude. Und deshalb gibt es hier auch keine staatlich organisierte Erzeugung von Nachkommen, sondern die Frauengemeinschaft dient der freien Liebe. »Wirkliche (und nicht bloß eingebildete und erträumte) Glückseligkeit besteht allezeit in einem unzertrennlichen Drei: in der Kraft zu genießen, im Gegenstand und im Genuss.« Diese Utopie richtet sich gegen bürgerliche Prüderie, ästhetisches Banausentum und geistige Enge, gegen die ganze Prosa des aufgeklärten Wohlfahrtsstaates, und sie betreibt das, was bald die »Emanzipation des Fleisches« genannt wurde. Man erkennt auch bereits Parallelen zu Nietzsches Angriff auf die bürgerliche Kultur, denn Heinses Held Ardinghello ist ein Tatmensch, der den Willen zum Leben bejaht und der ohne Rücksicht auf Konventionen selbst entscheidet, was für ihn sinnvoll und lebensdienlich ist. Mit dem Kunsthistoriker J. J. Winckelmann überzeugt, dass die klassisch-griechische Kunst sich der südlichen Sonne und einem freien Leben verdankt, preist man nicht nur die Liebe als Lebenselement, sondern auch den Krieg, und man kehrt zu den heidnischen Gottheiten der griechischen Antike zurück, denen man neue Tempel errichtet.

Auch diese Inselutopie trifft einen Nerv der Moderne. Viele, die später der bürgerlichen Moral den Rücken zukehrten und eine alternative Weise des Zusammenlebens propagierten – so um 1900 die Künstlerkolonie auf dem Monte Verità am Lago Maggiore, aber auch die Hippies der 68er-Bewegung –, strebten ein ähnliches Leben an wie auf Heinses glückseligen Inseln. Aber wie der Traum von einer Gesellschaft mit unbegrenztem Sinnenglück zu verwirklichen und zu stabilisieren sei, konnte und wollte schon Heinse nicht deutlich machen. Es ging ihm auch nicht um Sozialphilosophie, sondern er entwickelte in Form eines Romans den Traum von einer ästhetischen, unbeschwerten Lebensform als Kritik seiner Zeit. Das ganze Buch ist Literatur für die gebildeten Verehrer der antiken Kunst und des sonnigen Südens. Bevor man am Schluss des Werkes auf wenigen Seiten etwas über das neue Gemeinwesen auf den griechischen Inseln Patmos und Naxos erfährt, liest man einige Hundert Seiten mit Gesprächen über Künstler und Kunstwerke sowie über die antike Philosophie, aus der als Kern die Verehrung der schaffenden Natur herausdestilliert wird. Der bewundernde Blick auf die Kunst der griechischen Antike führte um 1800 auch sonst oft zu Programmen für eine Kulturreform – nicht aber für die Staatsgestaltung.

James Harrington hingegen wollte 1656 mit seiner Utopie den Staat verbessern. Sein *Oceana* ist keine utopische Insel, sondern eine real existierende, eine sehr große sogar, denn es handelt sich um England. Man liest bei ihm auch keine Erzählung, sondern Argumente und Grundsätze – das Buch *Oceana* enthält einen Verfassungsentwurf, der in dreißig Paragrafen die Prinzipien eines idealen republikanischen Staates darstellt.

Das Werk entstand in einer Zeit, als der englische König hingerichtet worden war und der Lordprotektor Cromwell herrschte, dem das Buch auch gewidmet ist. Eine neue politische Ordnung sollte die Ursachen der Bürgerkriege beseitigen.[32] Und Harringtons Entwurf zeichnet die Richtung vor, die später auch die demokratischen Gesellschaften einschlugen. Es wird bereits eine Form von Gewaltenteilung vorgeschlagen, die dem Machtmissbrauch entgegenwirkt: Das Wahlrecht wird ausgedehnt, zwar noch nicht auf alle Bürger, aber doch auf mehr als vormals denkbar; die politischen Entscheidungsträger sind die gewählten Repräsentanten des Volkes; aus der Einsicht, dass Besitz und Macht gekoppelt sind, folgt ein Programm für eine allmählich zu erreichende bessere Besitzverteilung.

Die Schrift hat in England großes Aufsehen erregt. Jedoch nicht in England, sondern in einigen der neuen Staaten Nordamerikas hat sie die Verfassungen beeinflusst. Auch Kant hat Harrington geschätzt, er nennt ihn gelegentlich einen »geistvollen Verfasser«.[33] Schon Harringtons Grundsatz, nicht Personen, sondern die Gesetze sollten herrschen, entsprach ganz seiner eigenen Philosophie. Kant schätzte politische Utopien nur dann, wenn sie das Grundrecht auf Freiheit unterstützten – eine sehr kluge Einstellung, die man nie hätte vergessen dürfen. Harrington bürdet dem Staat nicht die Aufgabe auf, alle Bürger glücklich zu machen, sondern skizziert nur die strukturellen Bedingungen für das Glück des Einzelnen, und das ist an erster Stelle die Sicherung seiner Freiheit. Der berühmteste utopische Denker des 20. Jahrhunderts, Ernst Bloch, erkannte hingegen in *Oceana* nur den Reflex des beginnenden Kapitalismus und schwärmte für die Utopien, welche das Eigentum abschafften. Aber wie individuelle Freiheit ganz ohne Eigentum und ohne ihre Verankerung in der Verfassung möglich sei, vermochte der marxistische Denker nicht recht deutlich zu machen. Das ältere Naturrecht hatte sich über Gemein- und Privateigentum viel genauer und überzeugender geäußert, wie wir gleich erfahren werden.

Hier vorerst nur ein kurzer Rückblick auf das Verhältnis von Utopie und Wirklichkeit. Während man zu Beginn der Neuzeit durch die Seereisen stets von neuen Ländern und Inseln in den Meeren unseres Globus erfuhr, entwarf man auch immer neue Inseln mit idealen Gesellschaften in der Sphäre der Fantasie. Der Abstand dieser erdachten Inseln zur Wirklichkeit ist unterschiedlich groß. Campanella dürfte seinen Sonnenstaat für prinzipiell realisierbar gehalten haben, denn seine Staatskonstruktion ist Teil seines philosophischen Systems; nur zeigt der Autor nicht, wie und wo man diesen Staat denn errichten könnte. Heinse hingegen schrieb nur einen poetischen Traum, an dessen Umsetzung er sicherlich nie dachte, schließlich verlegte er ja seine ideale Gemeinschaft auch in die Vergangenheit, in das 16. Jahrhundert. Bei Harrington aber rückt die Utopie dicht an die Realität heran, die umgestaltet werden soll. Das wurde später für das utopische Denken typisch. Es begnügte sich bald nicht mehr mit erträumten Inseln, sondern wollte der Zukunft dienen, die heraufgeführt werden muss. Und hier beweist Harrington einigen Realitätssinn.

Den zeigt er auch im Hinblick auf Englands wachsende Macht. Mit Stolz schreibt er, dass zwar Venedig begrenzt sei durch das Meer, aber nicht Oceana: »Das Meer gibt *Venedig* das Gesetz des Wachstums, aber das Wachstum *Oceanas* gibt dem Meer das Gesetz.«[34] Gemeint ist: Die Stadt Venedig kann sich kaum noch weiter ausdehnen, denn das verhindert das Meer. Sehr wohl aber wächst das britische Kolonialreich, und England schickt sich an, die beherrschende Seemacht zu werden. Im 18. Jahrhundert entstand dann in England das bekannte Lied mit dem Refrain »Rule, Britannia! Britannia rule the waves!« – bis heute gleichsam die zweite englische Nationalhymne. Im 19. Jahrhundert wurde England die unbestritten größte Seemacht, und das Commonwealth erlangte eine ähnliche Stellung in der Welt, wie sie Platon dem imaginären Atlantis zugeschrieben hatte. Das wirft die Frage auf, ob das Meer genauso beherrscht, in Besitz genommen und zum Eigentum gemacht werden kann wie das Land.

3. Die Freiheit der Meere

Der Gemeinbesitz der Menschheit

Das Meer – so geht schon aus unserer Einleitung hervor – ist eigentlich kein philosophischer Gegenstand, wenn man den Begriff der Philosophie nicht gänzlich verwässern will. Man könnte polemisch hinzufügen, dass sonst auch eine Philosophie des Mondes oder der Katze möglich wäre. Böte man heute in einer Schule oder Universität im Rahmen des Philosophieunterrichts einen Kurs mit dem Titel »Das Meer« an, würde die Institutsleitung sicherlich sofort eingreifen und sehr kritische Fragen stellen. Niemand sucht in einem Handbuch der Philosophie den Artikel »Meer«.

Gerät einem jedoch ein philosophisches Lexikon aus dem 17. oder 18. Jahrhundert in die Hände, ist man erstaunt. Denn in jenen ersten großen Handbüchern, welche die philosophischen Begriffe erläutern, entdeckt man sehr wohl entsprechende Einträge zum Meer. Der »Mare«-Artikel in einem solchen Lexikon von 1713 hat sogar einen stattlichen Umfang von vier Spalten.[1] Er bietet eine Reihe naturkundlicher Informationen, die in jener Zeit verfügbar waren, denn Naturwissenschaft und Philosophie waren noch eng verbunden. Wenig später wurde die Sichtweise um eine ganz neue Perspektive erweitert. J. G. Walch beginnt seinen Lexikon-Artikel mit dem Satz: »Von dem Meer müssen wir eine zweifache Betrachtung anstellen: eine physische und eine moralische.«[2] Die zweite, jetzt neue Betrachtung gilt der Frage, wem die Herrschaft über das Meer zusteht, und bald ist es die einzige Frage, welche die Philosophen interessiert. Das Meer sei »nur in völkerrechtlicher Hinsicht ein Gegenstand der Philosophie«, lesen wir rund hundert Jahre später in einem Handbuch.[3] Alle naturwissenschaftlichen Kenntnisse werden zu Beginn des 19. Jahrhunderts aus dem Bereich der Philosophie herausgetrennt und Spezialdisziplinen übergeben. Das Wissen vom Meer wurde inzwischen so umfangreich, dass ein Überblick in einem Speziallexikon jener Zeit schon fast hundert Seiten umfasst.[4] Zu Beginn des 20. Jahrhunderts ist das Meer aus den philosophischen Handbüchern verschwunden. Die seerechtlichen Fragen sind inzwischen an die Rechtswissenschaften übergegangen.[5] Der gesamte Vorgang zeigt das Schicksal der Philosophie. Ihre Wissensgebiete werden von Spezialdisziplinen weiterentwickelt, und diese scheinen der Philosophie nach und nach alle Themen abzunehmen. Aber gerade das genannte Beispiel mahnt zur Vorsicht. Denn wieder rund hundert Jahre später kehrte das Meer in ein philosophisches Handbuch zurück, in das *Wörterbuch philosophischer Metaphern*.[6] Was war geschehen? Die Philosophie hatte die Bedingungen des Denkens untersucht und ein geschärftes Bewusstsein von ihrer eigenen Sprache entwickelt. Dabei war deutlich geworden, dass sie ohne Sprachbilder nicht fortkommt, ja dass ihre Begriffe zumeist in bildlichen Ausdrucksweisen ihre Wurzeln haben. Das Meer hatte sich als ein von der Philosophie bevorzugter Bildspender erwiesen. Dazu später mehr. Aber die empirischen Wissenschaften werfen auch ganz neue philosophische Fragen auf, wie sich zeigen wird.

Wenn man im 18. Jahrhundert das Meer auch moralisch zu betrachten nötig fand, so ist das nicht ganz überraschend, wenn wir kurz auf unsere bisherige Gedankenreise zurückblicken. Die alten Naturphilosophen hatten das Meer zum Urgrund allen Lebens und so zu etwas Göttlichem erklärt. Dem widersprach Platon: Das Meer ist vollkommen ungöttlich und hässlich, denn es bedroht die Moral. Die utopische Inselliteratur erhielt zwar von Platon manche Anregung für eine bessere Gesellschaftsordnung, übernahm aber nicht seine Einstellung zum Meer. Für sie bot es die Chance, ihre vollkommenen Gemeinwesen vom unvollkommenen Rest der Welt abzutrennen. Aber dabei blieb die Philosophie der Neuzeit nicht stehen. Sie griff auch in aktuelle Auseinandersetzungen ein, und so nahm sie auch Stellung zur Frage nach den Besitzrechten am Meer. In der Sprache von Walchs zitiertem Handbuch ausgedrückt, fragte die Philosophie, »ob man sich über das Meer eine eigentümliche Herrschaft anmaßen könne«. Das war die neue moralische Frage, die zu Beginn der Neuzeit das Meer aufwarf. Die Antworten darauf haben nichts von ihrem philosophischen Interesse verloren, da es dabei um die Begründung von Recht, Eigentum und Freiheit geht. Die Diskussion begann mit einem handfesten Streit um die Herrschaft über die Seewege. Und in dieser Auseinandersetzung gewann auch eine neue Utopie Profil, die Zukunftsvision einer friedlich geeinten Menschheit.

Schon in der Antike hatte man die Auffassung vertreten, das Meer gehöre allen. Zu Beginn der Neuzeit aber musste das mit neuem Nachdruck begründet und verteidigt werden. Die ausgedehnten Seefahrten und Entdeckungsreisen, die seit dem 15. Jahrhundert von den Europäern unternommen wurden und bald den gesamten Globus überzogen, dienten nicht nur der Neugier und dem Ruhm, obwohl sicherlich auch sie mächtige Motive waren. Vielmehr galt die Schifffahrt besonders dem Gütererwerb – zuerst den wertvollen Gewürzen des Fernen Ostens – und der Machterweiterung durch Landgewinn und Unterwerfung anderer Völker. Ihre Interessen verfolgend, gerieten die Nationen trotz der Größe des Erdballs bei diesen Unternehmungen in Konkurrenz und in neue Formen des Konflikts. Als die Spanier und Portugiesen – seit 1580 unter derselben spanischen Krone – aufgrund einer Entscheidung des Papstes beanspruchten, als Einzige für ihren Handel den Seeweg nach Indien nutzen zu dürfen, legten die Niederlande Protest ein. Der damals noch recht junge holländische Jurist Hugo Grotius unterstützte sein Land mit einer Stellungnahme, die 1609 unter dem Titel *Mare liberum* (»Das freie Meer«)[7] anonym erschien und in der er eine prinzipielle Klärung der Rechtslage zu geben versuchte. Grotius gehört wie Samuel von Pufendorf und Christian Thomasius zu den bedeutenden Vertretern des neuzeitlichen Naturrechts, denen Europa viel zu verdanken hat. Ohne dieses Naturrecht wären keine Menschenrechte proklamiert worden.

Für Grotius ist es selbstverständlich, dass die Frage nach möglichen Besitzrechten des Meeres nur aufgrund des Völkerrechts entschieden werden kann, und da ein solches in keinem Gesetzbuch vorlag, musste das Naturrecht die Lücke füllen. Dieses Recht ist Sache der Philosophie ebenso wie der Rechtswissenschaft. Darin sieht Grotius keinen Nachteil. Denn das geschriebene, gesetzte Recht könne nur den jeweiligen Willen eines machthabenden Gesetzgebers zum Ausdruck bringen, dem manche Juristen auch leider gern zu Diensten seien. Das Naturrecht aber sei kein Produkt eines menschlichen Machthabers und habe deshalb allgemeine Gültigkeit. Grotius gründet dieses Naturrecht auf zwei Fundamente: auf die rationale Argumentation und auf die Zustimmung maßgeblicher Autoritäten; er zitiert wiederholt das römische Recht und die neueren Juristen, die Bibel und die Kirchenväter sowie die Philosophie und die Dichtung der griechisch-römischen Antike. Die

Grundthese nämlich ist, dass die Unterscheidung von Recht und Unrecht von Gott oder der Natur allen Menschen in den Verstand und ins Herz eingeschrieben wurde und deshalb auch überall nachweisbar ist. Man liest Grotius' temperamentvolle Argumentation gegen alle Ansprüche, das Meer zu besitzen, auch heute noch mit zustimmender Anteilnahme.

Wir können laut Grotius davon ausgehen, dass in einem Urzustand, in einem goldenen Zeitalter, alles noch allen gehörte und es noch kein privates Eigentum gab. Gott oder die Natur – Grotius nennt beide – haben die Erde dem ganzen menschlichen Geschlecht geschenkt, als Gemeinbesitz. Privater Besitz wurde nötig, da einige Dinge mit dem Gebrauch auch verbraucht werden und da die Nahrung und die Kleidung eines jeden nur ihm gehören können und den andern entzogen werden. Das Besitzrecht von Land und Vieh leitet sich davon ab: Es dient der Selbsterhaltung dessen, der es braucht und gebraucht. Das trifft auch für den Gemeinbesitz eines Volkes zu. So wie der Privatbesitz andere Personen als Nutzer ausschließt, so schließt der Gemeinbesitz eines Volkes andere Völker aus. Damit aber überhaupt etwas als öffentlicher oder privater Besitz Anerkennung finden kann, müssen bestimmte Bedingungen erfüllt sein. Bewegliche Sachen müssen ausdrücklich beschlagnahmt, angeeignet, und unbewegliche Sachen müssen durch Abgrenzung, Bebauung oder Bewachung gesichert werden; in jedem Fall ist ein Zeichen, ein Symbol der Besitznahme erforderlich. Wenn die Portugiesen nur auf die Landkarte eine Linie zeichnen, um einen großen Teil des Ozeans als ihr Eigentum und ihren Herrschaftsbereich zu markieren, dann könnte man mit einem solchem Verfahren auch leicht große Teile des Himmels in Eigentum verwandeln.

Aufgrund jener notwendigen Voraussetzungen von Besitz können zwar die Fischer sich die Fische des Meeres aneignen.

Aber das Meer selbst kann nur Gemeineigentum sein, das niemanden ausschließt, und das bedeutet, niemand kann und darf Besitzrechte geltend machen. Die Natur des Meeres erlaubt keine Besitznahme. Es kann nicht als verfügbarer Gegenstand angeeignet, als Eigentum markiert, nicht gekauft und veräußert oder durch Verträge aufgeteilt werden. Seine eigene Natur sträubt sich dagegen. Es will allen dienen, und das kann es, da es wie der Wind durch die Benutzung nicht verbraucht wird und Schaden nimmt. Wenn Grotius dabei an die alte Ehrfurcht vor der Größe und Macht des Meeres appelliert, dann spürt man bei ihm bereits einen Widerwillen gegen die Tendenz, dass die ganze natürliche Welt zum Gegenstand des Kommerzes gemacht wird und dadurch ihren Eigenwert und ihre Würde verliert. Grotius unterstreicht, dass es schließlich nicht um einen Teich oder Binnensee geht:

> Hier handelt es sich um den Ozean, den das Altertum unermesslich, unendlich, Schöpfer der Dinge, Nachbarn des Himmels nennt, aus dessen Nass sich, wie die Alten glaubten, nicht nur die Quellen, Flüsse und Meere, sondern auch die Wolken, ja auch gewissermaßen die Gestirne speisten, der im ständigen Wechsel der Fluten die Erde, den Wohnsitz des Menschengeschlechts, umwandelt und nicht gehalten und eingeschlossen werden kann, der eher uns besitzt, als dass wir ihn besitzen.[8]

Wenn ein Autor aus den Niederlanden schreibt, das Meer übe mehr Herrschaft aus über uns als wir über das Meer, so weiß er, was er sagt. Denn das Meer bedroht sein Land durch Sturmfluten, Deichbrüche und Überschwemmungen, und das Meer erlaubt Fischfang, weite Reisen, einen vielfältigen Kontakt mit anderen Völkern und gewinnbringenden Handel. Das Meer ist nicht abhängig vom Menschen, aber der Mensch ist abhängig vom Meer.

So wie die Natur des Meeres seine Besitznahme ausschließt, so verlangt laut Grotius die Natur, das Meer für den Handel zu nutzen, und alle Völker brauchen das Meer. Kein Staat kann ohne freien Handel und freie Verkehrswege gedeihen, und das gilt auch für das ganze menschliche Geschlecht. Indem die Natur ihre Gaben den Völkern ungleichmäßig verteilt hat, sodass es den einen an Gütern mangelt, die ein anderes Land im Überfluss besitzt, hat sie es darauf angelegt, die Völker miteinander in Kontakt zu bringen: Sie sind gezwungen, ihre Güter auszutauschen und Handel zu treiben. Der Handel ist ein Mittel der göttlichen Ordnung, um die Völker zusammenzuführen, und es sind der Ozean und die Winde, die einen Handel über weite Distanzen möglich machen. Wenn sich durch einen freien Handel für manche, die Privilegien beanspruchen, die Verdienstmöglichkeiten vermindern, dann ist das nur gerecht, denn es dient einer besseren Güterverteilung. Freier Handel aber verlangt freie Meere, und jeder, der das Meer oder Teile von ihm in seinen Besitz bringen und die Freiheit einschränken will, tut großes Unrecht.

Bleibt das Meer naturgemäß im Gemeinbesitz der Menschheit und bewahrt so für immer den Urzustand, in welchem es noch keinen Privatbesitz gab, so ist es doch kein rechtsfreier Raum, kein Ort der Freiheit im Sinne bloßer Willkür. Das Naturrecht fordert auch auf dem Meer die Einhaltung der goldenen Regel »Was du nicht willst, dass man dir tu, das füg auch keinem andern zu«. Die Freiheit eines jeden ist nur dann garantiert, wenn jeder die Freiheit der anderen achtet. Deshalb muss auch auf dem Meer alles unterlassen werden, was anderen Schaden zufügen könnte. Freiheit ist nur aufgrund von Grenzen möglich. Wenn es die Piraterie zu bestrafen gilt, dann kann das freilich je nach Region der Zuständigkeit bestimmter Staaten übergeben werden. Aber die naturrechtlichen Voraussetzungen der Bestrafung von Piraterie sind überall dieselben.

Grotius hat sich für sein Naturrecht besonders an dem römischen Philosophen und Rhetoriker Cicero aus dem 1. Jahrhundert v. Chr. orientiert. Schon bei diesem gehörte zur Gerechtigkeit die Anerkennung des Gemeingutes, das nicht als Privatbesitz behandelt werden darf: »Die erste Aufgabe der Gerechtigkeit aber ist es, dass keiner dem anderen schadet, es sei denn, herausgefordert durch Unrecht, sodann, dass er Gemeingut als Gemeingut, Privates als das seine behandelt.« Bereits Cicero vertrat die Auffassung, ursprünglich habe es nur Gemeineigentum gegeben. Er teilte die Ansicht der stoischen Philosophenschule, dass alles, »was auf Erden hervorgebracht wird, insgesamt zum Nutzen der Menschen geschaffen wird, die Menschen aber um ihrer Mitmenschen willen gezeugt sind, damit sie, einer dem anderen, von sich aus sich gegenseitig nützen können«.[9] Während noch eine Reihe von griechischen Philosophen die Unterscheidung von Hellenen und Barbaren und von Freien und Sklaven wichtig fand, stellten die Stoiker solche Trennungen schon hinter den Gedanken einer einigen Menschheit zurück. Der berühmte Stoiker Marc Aurel war Kaiser, und ein anderer Stoiker, Epiktet, war Sklave, und doch bewegten sich beide auf derselben Ebene des Denkens. Die Stoa hat dem Gedanken der Einheit des Menschengeschlechts in Europa den Boden bereitet, und das neuzeitliche Naturrecht, so zeigt sich bei Grotius, gab ihm schärfere Kontur. Während durch die Seefahrt alle Länder der Erde mehr und mehr in Kontakt kamen, wurde durch das neuzeitliche Naturrecht festgelegt, dass alle Nationen dieselben Rechte und dieselben Pflichten haben.

In Grotius' kleiner Schrift findet man schon fast alle Prinzipien des modernen Völkerrechts. Es ist ein Recht, das allen

Menschen zusteht und das alle Menschen bindet und das sowohl Recht als auch Moral ist. Kein König – so betont Grotius – kann dieses Recht seinen Untertanen vorenthalten oder sich selbst ihm entziehen. Alle ethischen Regeln, die für das Verhalten der Einzelnen gelten, sind auch für das Verhältnis der Völker gültig. Kein Land, das bereits von anderen besessen wird, darf in Besitz genommen und beherrscht werden. Deshalb können die Portugiesen keinen Herrschaftsanspruch über die ostindischen Inseln stellen. Wer mit dem Vorwand, ein fremdes Land sei von unkultivierten Menschen bewohnt, die Eroberung und Unterwerfung dieses Landes rechtfertigt, tut schweres Unrecht. Die christliche Religion darf nur durch Missionare und nicht durch Gewalt verbreitet werden. – Hätte man sich immer an diese Prinzipien von Grotius gehalten, es wären keine Kulturen ausgerottet worden und es hätte nie Sklavenhandel und Imperialismus gegeben.

Das Naturrecht bei Grotius ist ein säkulares, weltliches Recht, das für alle und deshalb auch für die Kirchen gilt. Die Entscheidung von Papst Alexander VI., der 1493/94 durch eine Nord-Süd-Linie den Globus zwischen den Spaniern und Portugiesen aufgeteilt und damit allen anderen den Seeweg nach Indien verwehrt hatte, hat laut Grotius keinerlei Gültigkeit, da der Papst nicht Herr der Welt und des Meeres ist und man nichts verschenken kann, was einem gar nicht gehört. Grotius legt Wert darauf, dass sich das Naturrecht durchaus im Einklang mit der Bibel befindet, und deshalb fügt er hinzu, auch Christus habe keinerlei weltliche Herrschaft ausgeübt. Der Papst dürfe sich allenfalls dann in weltliche Dinge einmischen, wenn seine geistlichen Belange betroffen seien. Beim Streit um den Besitz des Meeres aber gehe es bloß um materielle Vorteile durch den Handel. – Liest man das in einer Schrift von 1609, dann ahnt man, dass die Religionskriege, die bald ausbrachen, das säkulare Naturrecht weiter stärken mussten. Denn erstens gerieten die religiösen Konfessionen mit ihren jeweiligen Rechtsansprüchen in einen dreißigjährigen Kriegszustand, sodass ein übergeordnetes Recht nötig wurde, und zweitens zeigte sich ein säkulares Naturrecht durchaus mit den Grundprinzipien des Christentums vereinbar. Erst auf dem Boden solch säkularer Rechtsauffassung wurde in Europa Religionsfreiheit möglich.

Hatten schon Augustin und mit ihm die gesamte christliche Theologie nicht nur die Christenheit, sondern das ganze menschliche Geschlecht im Blick, wenn sie vom göttlichen Heilshandeln sprachen, so zeigt die Menschheit im Naturrecht des Grotius doch eine neue Einheit, und es wird ihr auch ein neues Ziel vorgezeichnet. Die Unterscheidung zwischen Heiden und Christen tritt hinter die Gemeinsamkeiten zurück, denn alle Völker haben eine ganz ähnliche natürliche Ausstattung und dieselben Rechte; es besteht zwischen ihnen »eine natürliche Gemeinschaft und Verwandtschaft«, und die Vorsehung oder die Natur wünscht, dass die Völker friedlich miteinander Kontakt aufnehmen und sich durch Handel gegenseitig Nutzen bringen. Dadurch können die Güter der Erde gerecht verteilt und allen zur Verfügung gestellt werden. Diese Menschheit, in der die kulturellen und religiösen Unterschiede in den Hintergrund treten, hat ein Medium für ihre Einigung und mit diesem Medium auch ein sichtbares, eindrucksvolles Symbol ihrer Einheit. Es ist der Gemeinbesitz der Menschheit, das Meer. – Mitten in den Streitigkeiten und Kriegen um Profit und Herrschaft, die wachsend den ganzen Globus überzogen, hat Grotius den Gedanken einer friedlich kooperierenden Menschheit gezeichnet, in der die Völker gegenseitig ihre Güter und Leistungen austauschen und dadurch ihren jeweiligen Mangel aufheben.

In seinem Hauptwerk *Über das Recht des Krieges und Frie-*

dens hat Grotius seine Ansicht über das Meer wiederholt, aber etwas modifiziert und präzisiert.[10] Hatte er zunächst sogar die Ufer des Meeres zum Gemeingut der Menschheit erklärt, so gab er diese Auffassung auf, denn es ließ sich ja nicht einmal festlegen, wo das Ufer endet. Seine Stellungnahme wurde schnell berühmt, blieb aber nicht unwidersprochen. Als England und Holland in einen Streit über die Herrschaft über das Meer gerieten, wurde der Machtanspruch Englands mit einer Gegenschrift verteidigt: *De mari clauso* (»Über das geschlossene Meer«).[11] Hier wird mit Berufung auf alte Quellen und Machtbefugnisse der Beweis versucht, das Völkerrecht erlaube sehr wohl Besitzrechte am Meer.[12] Man sieht, wie weich und strittig das Naturrecht war, und man ahnt, dass es starken Krisen unterworfen sein konnte.

Dennoch hat sich die Auffassung von Grotius durchgesetzt. Der deutsche Naturrechtsphilosoph Samuel Pufendorf hat sie 1672 mit neuen Argumenten bekräftigt, zugleich aber nahm er Einschränkungen vor, die bereits auf heutige Konfliktfelder hindeuten.[13] Auch für Pufendorf liegt der Schlüssel für die Frage nach der Herrschaft über das Meer im richtigen Verständnis des Eigentums: Sind bestimmte Güter nicht unbegrenzt verfügbar, sind Eigentumsrechte nötig, um Streit und Krieg zu vermeiden. Nur die richtige Verteilung kann dann strittig sein. Sind aber Güter im Überfluss vorhanden, sodass durch ihren Gebrauch niemandem etwas genommen wird, dann ist ein Besitzanspruch nur ein Zeichen von Unvernunft und von Bosheit gegen andere. Zu diesen unerschöpflichen Gütern gehören die Luft, der Wind, das Licht und die Wärme der Sonne, das fließende Wasser und vor allem auch das Meer. Will jemand ein Besitzrecht auf ein bestimmtes Meer und die angrenzenden Länder damit begründen, dass er es als Erster mit dem Schiff befahren habe, so tut er es »aus eitler Ehrsucht, Herr des Meers zu heißen, oder aus schändlichem Geldgeiz«, kann sich aber nicht auf das Naturrecht berufen. Dieses verlangt sogar bei der Besitznahme von unbewohntem Land, sich Grenzen zu setzen und zu bedenken, »es sei die Welt von Gott nicht einem oder dem andern Menschen, sondern allen überhaupt eingeräumt worden und ein Mensch von Natur so gut als der andere«. Deshalb lautet Pufendorfs Moralprinzip für die Güterverteilung: »Wenn jeder dem andern so viel als sich selbst gönnte, auch so gerne arbeitete, als er verzehrte, so würden alle genug haben und kein Streit über Eigentum und Gemeinschaft sein.«

Kann also das Recht aller Nationen, die Meere für die Schifffahrt zu nutzen, auch für Pufendorf unmöglich in Zweifel gezogen werden, so gibt er uns doch etwas zu bedenken: Nicht alle Gaben des Meeres sind unbegrenzt verfügbar und deshalb sind dafür Eigentumsrechte nötig. Das betrifft vor allem den Fischbestand vor den Küsten der einzelnen Länder, gilt aber auch für Perlen, Korallen und Bernstein. Außerdem hat jede Nation ein Recht auf Sicherheit, sodass sie eine gewisse Zone des Meeres vor ihrer Küste für andere sperren kann. Man braucht nicht viel Fantasie, um sich vorzustellen, dass hier schwierige und aktuelle Fragen lauern. Denn wie breit darf die Schutzzone sein? Reichen heute unsere Rechtsregeln für die Ausbeutung der Bodenschätze im Meer? Und wer garantiert ihre Befolgung?

Von der Humanität zur Industrialisierung

Wer von Humanität spricht, der setzt stillschweigend den Gedanken jener Naturrechtsphilosophen voraus, dass die Menschheit letztlich eine Einheit ist und der Mensch als Mensch Achtung verdient. Das Naturrecht hatte dies zur Geltung gebracht, und die Philosophie hat daran festgehalten. Sie hat auch weiterhin mit Grotius besonders das Meer zum verbindenden Medium für die Kontakte der Völker erklärt. Da es mit der ganzen Welt bekannt machen kann, begünstigt es Kosmopolitismus, Weltbürgertum. Es seien drei philosophische Autoren vorgestellt, die in diesem Sinne alle für die Freiheit des Meeres plädierten, obwohl sie sich sonst keineswegs einig waren. Kant forderte ein verbindliches Völkerrecht für die Nutzung des freien Meeres und den Verkehr der Nationen. Herder warb für Humanität und eine universelle Moral, um Ungerechtigkeiten im Verhältnis zu Völkern anderer Weltteile zu überwinden. Hegel hingegen vertraute auf die sich geschichtlich realisierende allgemeine Vernunft, die sich im freien Seehandel zeige. Also setzte Kant seine Hoffnung auf ein zukünftiges Recht, Herder auf die sich ausbreitende Moral und Hegel auf die Vernünftigkeit der Verhältnisse – drei Formen, um wünschenswerte Ziele mit der Realität in Einklang zu bringen. Auch aus den ethischen Diskussionen der Gegenwart kann man diese Argumentationsweisen heraushören.

Kant erklärt in seiner Rechtslehre ähnlich wie Grotius, der Boden der gesamten Erde befinde sich ursprünglich im Gesamtbesitz aller Menschen, die dann als einzelne befugt seien, jeweils Teile in Privateigentum zu verwandeln.[14] Der Dinge, die bereits Besitzer haben, darf man sich nicht bemächtigen. Deshalb ist auch für Kant die Bildung von Kolonien, die sich auf einen mangelhaften Rechtszustand der Ureinwohner beruft, ungerecht, und deshalb darf man sich nicht einmal Strandgut aneignen, da es ja bereits jemandem gehört. Auch herrenlosen Boden darf man nicht grenzenlos in Besitz nehmen, sondern nur so weit, wie man ihn auch verteidigen kann. Es sei, »als ob der Boden spräche«:

> Wenn ihr mich nicht beschützen könnt, so könnt ihr mir auch nicht gebieten. Danach müsste also auch der Streit über das *freie* oder *verschlossene* Meer entschieden werden; z. B. innerhalb der Weite, wohin die Kanonen reichen, darf niemand an der Küste eines Landes, das schon einem gewissen Staat zugehört, fischen, Bernstein aus dem Grunde der See holen u. dergl.[15]

Da man sich auf den weiten Ozeanen nicht ansässig machen und seinen Besitz verteidigen könne, sei die offene See frei für alle.

Der sonst so scharfsinnige Kant hat hier eine Kompromisslösung zu begründen versucht, die den faktischen Verhältnissen entgegenkam, die aber ihre Schwierigkeit nicht übersehen lässt. Da die Waffentechnik schon damals in Entwicklung begriffen war, markierte die Reichweite der Kanonen keine sehr genauen Grenzen – und heute gar keine mehr. Gerechtfertigt ist sein Vorschlag aber durch seine These, dass ohne ein bindendes Völkerrecht die Staaten sich noch im Naturzustand befinden, dass also zwischen ihnen die pure Willkür und der offene oder latente Krieg herrschen. In solcher Situation sei jeder zu »demjenigen Zwange berechtigt, durch welchen es allein möglich wird, aus jenem Naturzustand herauszugehen«.[16] Kant hält also seinen Vorschlag für eine Brücke hin zu einem künftig verbindlichen Völkerrecht, das die Nutzung der Seewege regelt. Die gesamte menschliche Geschichte wird ja von Kant unter der Perspektive betrachtet, dass der Naturzustand zwischen den Staaten mit seinen blutigen Kriegen allmählich in einen friedlichen Rechtszustand umgewandelt werden muss.

Eine rechtliche Übereinkunft muss auch den Besucher fremder Länder schützen. Kant fordert dafür ein Besuchsrecht, das er »Weltbürgerrecht« nennt.[17] Jeder muss unbehelligt fremde Länder besuchen und mit deren Einwohnern in Kontakt treten dürfen. Es sei schweres Unrecht, »Schiffe im nahen Meere zu rauben oder gestrandete Schiffsleute zu Sklaven zu machen«. Kant begründet auch das Besuchsrecht mit dem alten Gedanken, dass die Erde ursprünglich allen Menschen gehört. Da die Menschen sich auf der Kugelfläche der Erde nicht ins Unendliche zerstreuen können, müssen sie lernen, einander zu dulden, und sie müssen einsehen, dass ursprünglich »niemand an einem Orte der Erde zu sein mehr Recht hat als der Andere«.[18] Dieses ursprüngliche Recht ist durch die Staatenbildung zwar eingegrenzt, hat aber noch immer so viel Wirkung, dass ein jeder alle Länder der Erde in friedlicher Absicht besuchen darf. Das »Weltbürgerrecht« liefert also die Rechtsgrundlage für alle Auslandsreisen und den Seehandel, durch welche die menschliche Gemeinschaft ihre Zusammengehörigkeit unter Beweis stellt:

> Unbewohnbare Teile dieser Oberfläche, das Meer und die Sandwüsten, trennen diese Gemeinschaft, doch so, dass das *Schiff*, oder das *Kamel* (das *Schiff* der Wüste) es möglich machen, über diese herrenlose Gegenden sich einander zu nähern und das Recht der *Oberfläche*, welches der Menschengattung gemeinschaftlich zukommt, zu einem möglichen Verkehr zu nutzen.

Allerdings sei das Besuchsrecht kein Gastrecht, kein Bleiberecht. Und wenn das Besuchsrecht dazu führe, fremde Länder zu unterwerfen und auszubeuten, so verkehre es sich sogar in das schlimmste Unrecht. Kant verurteilt in aller Schärfe die handeltreibenden Nationen Europas, welche aus dem »Besuchen« ein »Erobern« machten: »die Einwohner rechneten sie für nichts«. Ein verbindliches Völkerrecht müsse dieses Verhalten künftig ächten und zu verhindern suchen.

Kants berühmtester Schüler, der Theologe und Philosoph Johann Gottfried Herder, hat die Möglichkeit eines solchen Rechts für eine Illusion gehalten. Er bezweifelte, dass je die Regierungen gemeinsam ein internationales Recht schaffen würden, das die Einzelnen und die Völker schützt. Der Friede zwischen den Völkern und die Freiheit des Meeres können für Herder letztlich nur durch wachsende Einsicht und eine universelle Moral gesichert werden. Seine Stellungnahme ist ein eindringliches Plädoyer für das, was er Humanität nennt. Jede Nation müsse das Daseinsrecht und die Eigenart jeder anderen anerkennen, heißt es bei ihm, sodass sich zwischen den Völkern eine moralische Verbundenheit herausbildet. Herder, dem wir den Begriff der Einfühlung verdanken, verlangt, dass wir uns in die Situation anderer Völker hineinversetzen und lernen, uns mit ihnen solidarisch zu fühlen. Jede Nation müsse es mehr und mehr als »unangenehm empfinden, wenn eine andre Nation beschimpft und beleidigt wird«:

> Es muss allmählich ein allgemeines Gefühl erwachen, dass jede sich an die Stelle jeder andern fühle. Hassen wird man dann den frechen Übertreter fremder Rechte, den Zerstörer fremder Wohlfahrt, den kecken Beleidiger fremder Sitten und Meinungen, den prahlenden Auf-

> dringer seiner eignen Vorzüge an Völker, die diese nicht begehren. […] Wächst dieses Gefühl, so wird unvermerkt eine *Allianz aller gebildeten Nationen* gegen jede einzelne anmaßende Macht.

Herder war überzeugt, dass dieser »stille Bund«, diese moralische Verbundenheit der Völker, leichter zu erreichen sei als entsprechende Abmachungen zwischen den politischen Machthabern.[19] Er hoffte, mit seinen *Briefen zur Beförderung der Humanität* diese universelle moralische Einstellung stärken zu können. Der Gedanke einer moralischen Solidarität der Nationen leitet auch seine Stellungnahme zur Freiheit des Meeres, die ganz im Sinne von Grotius ausfällt, aber von Herder mit noch größerer Leidenschaft vorgetragen wird. In einem Passus über »Handelsanmaßungen« heißt es:

> Laut empört sich das menschliche Gefühl gegen freche Anmaßungen im Handel, sobald ihm unschuldige Nationen um einen Gewinn, der ihnen nicht einmal zuteil wird, aufgeopfert werden. Handel soll, wenn auch nicht aus den edelsten Trieben, die Menschen *vereinigen*, nicht trennen; er soll sie, wenngleich nicht im edelsten Gewinn, ihr gemeinschaftliches und eigenes Interesse wenigstens als Kinder kennen lehren. Dazu ist das Weltmeer da; dazu wehen die Winde; dazu fließen die Ströme. Sobald eine Nation allen andern das Meer verschließen, den Wind nehmen will, ihrer stolzen Habsucht wegen, so muss, je mehr die Einsicht ins Verhältnis der Völker gegen einander zunimmt, der Unmut aller Nationen gegen eine Unterjocherin des freiesten Elements [des Meeres], die anmaßende Besitzerin *aller* Schätze und Früchte der Erde erwachen.[20]

Der Handel beruht also für Herder nicht auf moralischen Motiven und bringt auch nicht die edelsten Güter hervor, hat aber einen humanisierenden Effekt: Die Menschen verbinden sich und können ihren gemeinschaftlichen und individuellen Neigungen nachgehen. In diesem Kontakt kann und soll sich die moralische »Allianz«, das Solidaritätsgefühl zwischen den Nationen, herausbilden. Es ist ein Gefühl für Fairness, wie wir heute sagen würden. Egoistische Nationen, welche alle Güter der Erde nur für sich beanspruchen und keine Rücksicht auf die Interessen der anderen nehmen, werden aufgrund dieser Solidarität geächtet und geraten in die Isolation. – Die Freiheit des Meeres ist heute durch das Seerecht geregelt, das vor den Küsten drei Zonen unterscheidet, um die unterschiedlichen Interessen vereinbar zu machen. Aber sind dadurch alle Streitigkeiten um das Meer beseitigt oder sind Herders Gedanken zum Verhältnis der Nationen noch immer aktuell?

Der Philosoph Hegel jedoch hielt nichts von solcher Humanitätspredigt. Er fand es zwecklos, wenn Philosophen der Wirklichkeit ihre moralischen Forderungen entgegenstellen, das Moralisieren sei ohnmächtig und auch überflüssig. Überzeugt, dass sich das Vernünftige in der menschlichen Geschichte letztlich durchsetzt, erklärt er es zur Aufgabe der Philosophie, »die Rose im Kreuz der Gegenwart zu pflücken«, was bedeutet, die vernünftige Grundstruktur der sozialen Wirklichkeit trotz all ihrer Übel herauszuarbeiten und dadurch zu stärken. Seine Rechtslehre ist – wie man das ausgedrückt hat – eine Theorie des sittlichen *Seins* und nicht des sittlichen *Sollens.* Was die Freiheit des Meeres angeht, so zeigt er dafür wenig Interesse, sie schien ihm wohl gewährleistet. Aus seinen Überlegungen zur Besitznahme, zur Bildung von privatem Eigentum, ergibt sich, dass er Kants Ansicht teilte. Denn auch das, was mit meinem

Besitz in engem Zusammenhang steht, wie das »meinen Boden bespülende Meer«, darf ich als meines betrachten, wenn ich es mit technischen Mitteln verteidigen kann.[21] Aber Kants Forderung nach einem Völkerrecht stand auch Hegel mit großer Skepsis gegenüber. Im Falle von ernsten Interessenkonflikten würden die souveränen Staaten trotz aller Vereinbarungen immer wieder in Kriege geraten.

Zum Seehandel aber hat Hegel ganz neue Überlegungen ins Spiel gebracht. Es reichte ihm nicht, die Gründe dafür in der Moral oder in den Naturbedingungen zu suchen, wie es vorher geschehen war. Zumeist wurden Abenteuerlust und Gewinnstreben als Motive genannt, sich aufs hohe Meer zu begeben. Für den Philosophen und Mathematiker Blaise Pascal war die Seefahrt nur ein unkluges Spiel mit der Gefahr. In seinen Aphorismen ist zu lesen, dass »alles Unglück der Menschen einem einzigen entstammt, nämlich dass sie unfähig sind, in Ruhe allein in ihrem Zimmer bleiben zu können. Kein Mensch, der genug zum Leben hat, würde sich, wenn er es nur verstünde, zufrieden zu Hause zu bleiben, aufmachen, um die Meere zu befahren oder eine Festung zu belagern.«[22] Rousseau hingegen erklärte den Seehandel als typische Wirtschaftsform von Staaten, die durch ihre geografische Lage dadurch am besten zu Wohlstand kommen können und deshalb auch die Risiken nicht scheuen:

> Wohnt ihr an ausgedehnten und bequemen Küsten, bedeckt ihr das Meer mit Schiffen, betreibt ihr Handel und Schifffahrt, so werdet ihr eine glänzende, wenn auch nur kurze Existenz haben. Bespült das Meer an euren Küsten nur fast unersteigliche Felswände, so bleibt Barbaren und nährt euch von Fischen; ihr werdet dabei ruhiger leben, vielleicht besser und sicherlich glücklicher sein.[23]

Hier hören wir deutlich Rousseaus Parteinahme für das einfache, natürliche Leben heraus, aber auch seine Ansicht, dass der Seehandel der Zivilisation und Bildung dient.

Diesen Punkt rückt Hegel neben dem Warenaustausch ins Zentrum seiner Überlegungen. Der Seehandel gründet nicht nur in privaten Interessen oder im Charakter von Nationen. Er ist in der Moderne Teil der Industrialisierung. Das wird von Hegel im Zusammenhang seiner Theorie der »bürgerlichen Gesellschaft« deutlich gemacht. Diese ist die soziale Sphäre, in der Güter produziert und konsumiert werden. Während Familie und Staat jeweils durch ein Gemeinschaftsbewusstsein zusammengehalten werden, herrschen in der bürgerlichen Gesellschaft Egoismus und Konkurrenz. Dadurch entsteht notwendig soziale Ungleichheit: auf der einen Seite großer Reichtum und auf der anderen extreme Armut, die für viele auch das sittliche Verderben mit sich bringt. Das moderne Prinzip der individuellen Freiheit, das hier voll zur Geltung kommt, zeigt seine Kehrseite, seine sozialen Kosten. Diese bürgerliche Gesellschaft erweitert sich durch ihre innere Dynamik wie eine Lawine und breitet sich weltweit aus. Sie braucht immer mehr Rohstoffe für die Bedürfnisse, die immer vielfältiger werden, und ebenso braucht sie Absatzmärkte für ihren eigenen Überfluss. Der Seehandel ist ein wichtiges Element dieser Dynamik, er treibt die Expansion der bürgerlichen Gesellschaft weiter voran.

Das Wagnis der Seereisen ist deshalb für Hegel keine Frage der individuellen Moral mehr oder der geografischen Lage von Nationen, vielmehr provoziert das Prinzip der modernen, bürgerlichen Gesellschaft die Einzelnen, dieses Risiko einzugehen: Die Industrie braucht das Meer und den Seehandel genauso, wie die Familie für ihre Existenz festen Grund und Boden benötigt. Man sieht, dass für Hegel in der menschlichen Geschichte Mächte am Werk sind, die nicht auf individuelle Entscheidungen zurückgeführt werden können. Während die Einzelnen ihren Interessen und der »Sucht des Erwerbs« nachgehen, zeigt sich hinter ihrem Rücken »die Industrie« als der bestimmende Faktor. Sie ist es, welche die Menschen beherrscht und sie auch der Gefahr des Untergangs aussetzt.[24] Hegel wird allenthalben ein Vertreter des Deutschen Idealismus und zuweilen sogar ein Philosoph der Romantik genannt. Aber der junge Karl Marx setzte sich mit Hegels Theorie der bürgerlichen Gesellschaft gerade deshalb so intensiv auseinander, weil Hegel Realist genug war, die neuen sozialen Probleme und ihre Ursachen zu benennen.

In gewisser Nähe zu Hegel ist es auch für den Kulturphilosophen Georg Simmel später eine anonyme Macht, die zum Seehandel antreibt, aber diese Macht ist bei ihm das Geld. Diente es zunächst der individuellen Freiheit, dem leichteren Austausch von Waren, so verselbstständigte es sich im Verlauf der Geschichte, löste sich vom Willen und von den Interessen der Einzelnen ab und wurde zur bestimmenden Macht über die Menschen. Geld und Meer haben für Simmel manche Ähnlichkeit, beide untergraben die tradierten Sozialordnungen. Denn weder der Geldverkehr noch der Seehandel nehmen Rücksicht auf Standesunterschiede. Menschen aller Klassen können in Verbindung treten und sich handelseinig werden. Diese neue Form der Kommunikation, die sich mit dem Bürgertum durchsetzte, war für die Aristokratie allerdings Gleichmacherei, und deshalb musste der Adel auf diesen Gelderwerb verzichten:

> Die alten Aristokratien Ägyptens und Indiens perhorreszierten den Seeverkehr und hielten ihn mit der Reinheit der Kasten für unverträglich. Das Meer ist eine Vermittlung wie das Geld, es ist das ins Geographische gewandte Tauschmittel, gleichsam in sich selbst völlig

> farblos und deshalb wie das Geld dem Ineinanderübergehen des Verschiedenartigsten dienstbar. Seeverkehr und Geldverkehr stehen in enger historischer Verbindung, die Reserve und scharf geformte Abgeschlossenheit der Aristokratie muss von beiden her ein Abschleifen und Nivellieren fürchten. Deshalb war auch dem venetianischen Adel zur guten Zeit der Aristokratie aller eigene Handel untersagt.[25]

Simmel bestätigt damit den Seehandel als Sache der bürgerlichen Gesellschaft, und zwar jetzt eindeutig als eine Aktivität, die dem sozialen Stand des Bürgertums dient, das mit dem Handel die Standesunterschiede abschafft. Die Ideen der Gleichheit und der Verbundenheit aller Menschen, die das neuzeitliche Naturrecht verbreitete, so wird bei Simmel deutlich, waren auch ein Angriff auf die Ständegesellschaft. Wenn Geld- und Seeverkehr die Gleichheit förderten, dann halfen sie damit auch, die Sonderstellung der Aristokratie zu untergraben und aufzuheben.

Für Hegel verbindet der Seehandel mit dem Erwerb von Gütern aber noch zwei ganz andere Vorteile. Im Warenverkehr sehen sich die Handelspartner um des eigenen Nutzens willen gezwungen, miteinander Verträge abzuschließen und so in rechtlich geregelte Verhältnisse einzutreten. Damit werden Unsicherheit und Willkür eingegrenzt. Nicht der gute Wille führt also zu rechtlichen Vereinbarungen, sondern die ökonomische Klugheit. Während Kant darauf hoffte, dass sich die politischen Machthaber auf bestimmte Rechtsverhältnisse einigen würden, sieht Hegel, der optimistische Realist, die Rechtsregeln bereits durch den Handel fortschreitend ins Werk gesetzt – ein gutes Beispiel für das, was Hegel die »List der Vernunft« nennt: Indem die Einzelnen ihre besonderen Interessen verfolgen, bringen sie ungewollt etwas hervor, das sich als wichtiger und vernünftiger erweist als ihre kleinlichen Ziele.

Vor allem aber dient bei Hegel das Meer der Bildung, da es, ebenso wie die Flüsse, die Menschen nicht trennt, sondern verbindet:

> Welches Bildungsmittel aber in dem Zusammenhange mit dem Meere liegt, dafür vergleiche man das Verhältnis der Nationen, in welchen der Kunstfleiß aufgeblüht ist, zum Meer mit denen, die sich die Schifffahrt untersagt haben und, wie die Ägypter, die Inder, in sich verdumpft und in den fürchterlichsten und schmählichsten Aberglauben versunken sind, – und wie alle großen, in sich strebenden Nationen sich zum Meere drängen.[26]

Dieses Urteil über die Ägypter und Inder sollte man nicht übernehmen. Aber wenn hier eingangs festgestellt wurde, es sei kein Zufall, dass die Wiege der Philosophie am Meer stand, so hat Hegel das mit diesem Zitat bestätigt: Das Meer fördert mit dem Kontakt der Nationen auch die Bildung, es dient nicht nur dem Austausch von Gütern, sondern ebenfalls dem von Gedanken und Kenntnissen. Mit der Bildung erweitert der Einzelne sein Repertoire von Einstellungen und Spezialwissen, das er im Kreis der Familie und durch seinen Beruf erworben hat, und lernt, seine eigene Position aus fremder Perspektive zu betrachten. Er gewinnt Abstand von den alten Denkgewohnheiten und wird durch die Begegnung mit dem, was für ihn fremd ist, ein anderer. Das Meer begünstigt diesen Prozess der Bildung, diesen Vorgang des Abstandnehmens und des Anderswerdens. Die Bildung gehört für Hegel deshalb zum »Prinzip des Meeres« hinzu.[27]

Wenn dieser Philosoph das Meer gleichsam als ein Ferment

der Bildung beschreibt, bekommt die Rede von der Freiheit der Meere eine neue Bedeutung und meint das »Hinaus über das Beschränkte«, wie Hegel an anderer Stelle sagt: die Befreiung von den Schranken, die das bürgerliche Leben mit sich bringt. Diese Befreiung durch das Meer hat kaum jemand so eindringlich erlebt und geschildert wie Herder, der sich 1769 mit seiner ersten großen Seereise von drückenden Dienstpflichten und manchen Querelen in Riga frei machte. Tausend Fragen und Gedanken kreisten auf der Schiffsreise in seinem Kopf, vor allem die Fragen nach seiner Aufgabe und Bestimmung. Er schmiedete neue philosophische und pädagogische Pläne und führte seinen produktiven Gemütszustand auf den Abstand zurück, den das Meer ihm schenkte, auf die ersehnte Distanz zu seinem eingeschliffenen bürgerlichen Dasein als Geistlicher und Lehrer:

> So denkt man, wenn man aus Situation in Situation tritt, und was gibt ein Schiff, das zwischen Himmel und Meer schwebt, nicht für eine weite Sphäre zu denken! Alles gibt hier dem Gedanken Flügel und Bewegung und weiten Luftkreis! Das flatternde Segel, das immer wankende Schiff, der rauschende Wellenstrom, die fliegende Wolke, der weite unendliche Luftkreis! Auf der Erde ist man an einen toten Punkt angeheftet; und in den engen Kreis einer Situation eingeschlossen.

Der Beruf mit seinem Einerlei der Beschäftigungen und all die täglichen Aufgaben engen ein und stumpfen ab: »Wie klein und eingeschränkt wird da das Leben, Ehre, Achtung, Wunsch, Furcht, Hass, Abneigung, Liebe, Freundschaft, Lust zu lernen, Beschäftigung, Neigung – wie enge und eingeschränkt endlich der ganze Geist«.[28] Windet man sich aus diesem Gefängnis des Gewohnten heraus und begibt sich auf das Meer, dann atmet man freie Luft und gewinnt zur Welt ein neues Verhältnis. Bildung verlangt, die gewohnten Bahnen zu verlassen, und dazu regt die Seereise an, die das Gewohnte, das Festland, verlässt und sogar dem Blick entzieht. Die Freiheit des Meeres erscheint in Herders Reisebericht als Freiheit des Denkens und Fühlens und so auch als wichtige Grundlage der Bildung, der Erfahrung und Aneignung von Neuem.

Wie erwähnt, hat Hegel sehr klar ausgesprochen, dass mit der bürgerlichen Gesellschaft, mit ihrer industriellen Produktion und Ökonomie, auch soziale Ungleichheit entsteht. Heute sehen wir, dass der Konkurrenzkampf um die ökonomische Macht nicht nur verarmte Menschen, sondern auch eine verarmte, geschädigte Natur hervorbringt. Fast jede an das Meer grenzende Nation dehnt die industrielle Ausbeutung der Bodenschätze des Meeres möglichst weit aus, und zwar in die Weite ebenso wie in die Tiefe. Dadurch wird das Meer nun noch ganz anders in Besitz genommen und seiner Freiheit beraubt, als Hugo Grotius sich das vorstellen konnte, und es entstanden trotz des Seerechts neue Besitzstreitigkeiten – China steht sogar mit mehreren Nachbarstaaten mitten in ungelösten Konflikten über Besitzrechte am Meer. Jetzt wird der Gemeinbesitz der Menschheit tatsächlich vermehrt in das Eigentum einzelner Staaten umgewandelt. *Ein gemeinsames Erbe wird zerstückelt*, lautet der Untertitel eines Buches, das hierzu kritisch Stellung bezieht.[29] Der Raubbau am Fischbestand und die Abfallentsorgung auf dem Ozean, die Bohrinseln und die durch Atomversuche zerstörten und verseuchten Riffe markieren die Besitznahme. Grotius hat gesagt, dass niemand durch Nutzung der Seewege einem anderen Schaden zufüge. Der militärische und industrielle Zugriff auf das Meer aber tut das. Die Verschmutzung lässt sich nicht begrenzen und schädigt auch die künftigen Generationen. Was die Nationen verbindet, ist jetzt nicht nur das freie Meer, das allen gehört, sondern auch der Schmutz, der darin treibt.

Um die Schädigung des Meeres zu begrenzen, hat man Rechtsregeln entworfen und Seerechtskonferenzen ins Leben gerufen. Grotius gilt als derjenige, welcher die Grundlagen für das moderne Seerecht schuf. Allerdings vollzog sich in der Rechtsbegründung ein auffälliger Wandel. Alle Bestimmungen des heutigen Seerechts haben ihre Verbindlichkeit nur dadurch, dass sich die Nationen ausdrücklich und übereinstimmend zu ihnen bekennen und ihnen damit überhaupt erst einen Rechtscharakter verleihen. Grotius aber dachte noch ganz anders, nämlich von der Sache, vom Meer her. Sein zentrales Argument war nicht der Konsens der Völker oder der Hinweis, dass er ja die Meinung der Mehrheit vertrete. Vielmehr fasste er seinen Grundgedanken wie folgt zusammen: »Das Meer kann also gar nicht Eigenbesitz eines Menschen werden, weil die Natur nicht nur erlaubt, sondern vorschreibt, dass es Gemeingut sei.«[30] Die Natur schreibt vor – das meint bei Grotius auch den Willen Gottes, der die Welt so eingerichtet hat, dass das Meer nur Gemeinbesitz sein kann. Es lässt sich nicht von einzelnen Nationen in Besitz nehmen, und dadurch dient es allen.

Doch die Realität sah und sieht anders aus. In Goethes *Faust*-Drama verspottet Mephisto die Freiheit des Meeres, weil sie dem »freien Geist« nur Gelegenheit gebe, rücksichtslos seine Interessen durchzusetzen: »Ich müsste keine Schifffahrt kennen: / Krieg, Handel und Piraterie, / Dreieinig sind sie, nicht zu trennen.«[31] Heute heißt es in der Diskussion um die Bewältigung von Überfischung und Verschmutzung, dass die Freiheit der Meere die Nationen verführe, sich jeweils möglichst viel von diesem Gemeinbesitz anzueignen und ihn so zu zerstören. Deshalb seien die Probleme nur durch Übereinkünfte und gemeinsames Handeln zu lösen.[32] Bei Grotius verlangte das Meer die Kooperation der Völker auf dem Wege des Seehandels. Heute verlangt das Meer noch dringender die Zusammenarbeit der Völker zu seiner Schonung. Mehr und mehr verweisen die Weltmeere auf die Notwendigkeit einer friedlich kooperierenden Menschheit.

Dabei erwartet man vom Meer offensichtlich auch noch etwas anderes als nur ökonomischen Nutzen. Zu Beginn dieses Kapitels wurde verschwiegen, dass in einem weiteren Speziallexikon der Philosophie vom Meer die Rede ist. Im *Lexikon der Bioethik* aus dem Jahr 2000 finden wir den Artikel »Meeresverschmutzung«.[33] Ethik war immer eine Kerndisziplin der Philosophie, zuständig für die Unterscheidung von Gut und Böse, und auch die Umwelt- oder Bioethik hat heute zumeist ihren Ort in den philosophischen Instituten. Jener Artikel aber gliedert sich nicht nach philosophischen Gedanken, sondern informiert im ersten Teil über die Schadstoffe, die das Meer belasten: Quecksilber, Cadmium, Blei, Zinn, Radioaktivität, chlorierte Kohlenwasserstoffe, abbaubare organische Stoffe, die Schwefelwasserstoff erzeugen, Phosphor, Stickstoff. Und im zweiten Teil erfahren wir von den seerechtlichen Maßnahmen, mit denen man die Verschmutzung begrenzen möchte. Solchen Artikel kann kein Philosoph verfassen, er ist Sache von Chemikern, Biologen und von Juristen. Der aufgewiesene Schaden ist so evident, dass niemand ihn rechtfertigen kann, und deshalb muss man auch nicht lange nach Argumenten für die Notwendigkeit von Regeln suchen, die helfen können, ihn zu begrenzen. Schwierig ist in solchen Fällen anders als bei Grotius deshalb nicht die Rechtsbegründung, sondern nur die Durchsetzung des Rechts. Der Grund und der Maßstab für die rechtlichen Regelungen sind ausschließlich der unmittelbare Schaden, den die Verschmutzung für die Gesundheit und die Ernährung der

Menschen mit sich bringt. Allerdings erkennt man in diesem Artikel, dass auch noch eine andere Erwartung an das Meer lebendig geblieben ist. Wir lesen, es sei für die deutsche Bevölkerung ein Schock gewesen zu erfahren, dass »auch die Weite des Meeres, Sinnbild unberührter Natur«, so sehr mit Schadstoffen belastet ist.[34] Im Innersten erwarten und fordern wir demnach noch immer die Existenz unberührter Natur. Natur soll nicht nur nützlich sein, sondern ihr eigenes Faszinosum, vielleicht sogar ihre Würde haben, zumindest aber ihren eigenen Charakter behalten und nicht nur besessen und verbraucht werden. Aber wie lässt sich diese Überzeugung als sinnvoll begründen? Wie kann man sie zur Geltung bringen? Welches ist der theoretische Boden für ein richtiges Verhältnis zum Meer, das fast drei Viertel unserer Erde bedeckt und von dem wir abhängig sind? Francis Bacons Einstellung zur Natur dürfte dafür kaum vorbildlich sein, da ja in seinem Sinne heute allgemein geforscht und gehandelt wird. Der vollkommene Sieg über die Natur verkehrt sich leicht in die Niederlage der Sieger.

4.
Die Theorie und das Meer

Zwei Formen antiker Weltbetrachtung

Die antike Philosophie verhielt sich ganz anders zur Natur als das Haus Salomon auf Neu-Atlantis, und ganz anders war auch ihr Verständnis von Theorie. Heute können alle beliebigen Meinungen, Reflexionen und Hypothesen Theorien genannt werden. Theorie ist ein Allerweltswort geworden, und es wird oft sogar abfällig gebraucht: »Bloße Theorie« nennt man ein Gedankengespinst ohne Realitätsbezug. Ursprünglich aber erfasste die Theorie die unvergängliche Wirklichkeit, das wahrhaft Seiende, sie wurde von allen Spezialkenntnissen und bloßen Meinungen sorgfältig unterschieden und besetzte den höchsten Rang im geistigen und sittlichen Leben des Menschen.

Abgeleitet vom griechischen Wort *theorein*, das schauen, anschauen, betrachten, erkennen heißt, war *theoria* die denkende Betrachtung der göttlichen Ordnung des Kosmos, die von der Weltvernunft regiert und durchdrungen ist. Schon von Anaxagoras aus Milet, einem Thales-Schüler, wird berichtet, er habe sich die *theoria*, also das Betrachten und Erkennen des Himmels und der Ordnung des ganzen Kosmos, zum Lebensziel gesetzt. Auch den beiden großen Klassikern der antiken Philosophie, Platon und Aristoteles, galt die Theorie als die Erkenntnis des Ganzen und Umfassenden, das alle in Raum und Zeit ausgebreiteten Dinge in sich schließt, und sie war damit Philosophie im engeren Sinn. Aristoteles erklärte das theoretische Leben zur höchsten und glücklichsten Daseinsform, die dem Menschen überhaupt möglich ist. Mit dem theoretischen Verhalten verwirkliche der Mensch das Beste und Göttliche in ihm, seine Vernunft, und er wende sich damit auch dem Besten und Göttlichen unter den Gegenständen zu, nämlich der unveränderlichen Ordnung des Seienden. Werden bei uns die Theorien allen möglichen Zwecken dienstbar gemacht – wie die physikalischen Theorien der Technik –, so war für Aristoteles die *theoria* sinnvoll in sich selbst und diente nur dem Wissen, ohne für etwas nützlich zu sein. Sie vermittelte Glück, einen geistigen Genuss, und war zugleich auch eine Form der Tugend, da sie die beste Fähigkeit des Menschen aktiviere. Das Göttliche betrachtend, nähere man sich schon der Stellung, welche die Gottheit einnehme.[1]

Man muss sich das alte Weltbild vergegenwärtigen, um die antike *theoria* zu verstehen, ein Weltbild, das wirklich noch Bild war und eine anschauliche Ordnung vorstellte. In ihm hatte auch das Meer seinen bestimmten Platz. Drei Sphären oder Stufen hat Aristoteles in diesem Weltbild unterschieden: Ganz oben steht die Macht, welche selbst unbewegt alles in Bewegung bringt und von welcher der ganze Kosmos abhängt, die Gottheit. Unter ihr breitet sich die Äthersphäre der Gestirne aus, die ebenfalls göttlichen Charakter und ihr eigenes ewiges Leben haben. Sie bewegen sich in der vollkommensten aller Formen, nämlich im Kreis. Unterhalb des Mondes befindet sich dann die irdische Welt, die sich wiederum in vier Stufen gliedert, und zwar nach ihrem Gewicht: Ganz unten ballt sich das Schwerste zusammen, die Erde, nach ganz oben zieht das Leichteste, das Feuer, dazwischen liegen das relativ schwere Wasser und darüber die relativ leichte Luft. Wasser, Luft und Feuer sind

Schichten, welche die Erde umlagern, deren Kugelgestalt inzwischen erkannt war. Aristoteles fasst das in seinen Vorlesungen über die Natur so zusammen:

> Die Erde befindet sich innerhalb der Wassersphäre, diese innerhalb der Luftsphäre, diese innerhalb der strahlenden Leuchtsphäre, die Leuchtsphäre innerhalb der Himmelssphäre, die Himmelssphäre aber nicht mehr in einem Anderen.[2]

Während die kleine Erdkugel in der Mitte ruht, wird die irdische Welt von der riesigen, erhabenen Himmelsphäre mit ihren Fixsternen umkreist, in ewiger, unveränderlicher Ordnung. Die Dinge der irdischen Welt unter dem Mond hingegen unterliegen einem beständigen Wandel, die Elemente gehen ineinander über, aus Wasser wird Dunst und Luft oder Schlamm und Erde. Immerhin folgt das Werden und Vergehen bestimmten Rhythmen, und der Mensch als einzelner und als Volk lebt eingespannt in diesen Wechsel von Entstehen und Vergehen.

Das Meer ist in diesem Gefüge der ursprüngliche Ort allen Wassers. Platons Spekulationen über seine Herkunft aus Flüssen und Speichern der Unterwelt sind widersinnig, da Wasser nicht nach oben fließen kann. Die Stellung zwischen Erde und Luft, die Aristoteles dem Wasser gibt, ist auch für unsere Alltagserfahrung noch plausibel: Einerseits nicht ganz so durchsichtig und beweglich wie die Luft, hat es andererseits nicht die Festigkeit und Konsistenz von Erde. Aristoteles kennzeichnet das Meer so, dass die Bewegungen des Wassers einen Kreislauf beschreiben und auch hier eine gewisse Ordnung deutlich wird. Wasser verdunstet, steigt auf, verwandelt sich in Wolken, und zu Regen oder Schnee verdichtet fällt es wieder zur Erde zurück. Alle Befürchtungen von Katastrophen und Untergang sind unnötig: Das Meer trocknet weder durch die Sonne aus, noch läuft es durch die zuströmenden Flüsse und den Regen über, sondern Zustrom und Verdunstung halten sich die Waage. Wasserreiche Zeiten auf dem Festland wechseln mit Perioden des Wassermangels ab. Zwar nehmen Land und Meer nicht immer dieselben Orte ein, denn es wird auch Land weggespült oder überschwemmt, aber insgesamt bleiben die Menge des Wassers und die Menge des Festlandes konstant. Die großen Verschiebungen zwischen Land und Meer auf der Erdoberfläche vollziehen sich in so großen Zeitspannen, dass die so kurzlebigen Menschen sie gar nicht wahrnehmen und überliefern können.[3]

Der Naturphilosoph Empedokles hatte gelehrt, das Meer mit seinem Salzgehalt sei der »Schweiß der Erde«, den die Sonnenwärme hervortreibe. Aber das wird von Aristoteles zurückgewiesen. Das Meer habe eher eine Ähnlichkeit mit dem salzigen Harn, den organische Körper ausscheiden. Das Salz des Meeres stamme aus der Erde wie das Salz des Urins aus den tierischen Organismen, in beiden Fällen sinke das schwere, salzhaltige Wasser nach unten. Aristoteles, so zeigt sich, begreift unsere Erde als eine Art Organismus, und das war in der antiken Philosophie eine gängige Vorstellung. Er hat durch genaue Beobachtung zahlreiche Einzelphänomene des Meeres festgehalten und zu erklären versucht, z. B. die Frage, warum die Wogen des Meeres schon sichtbar sind, bevor man den Wind spürt. Seine Vermutung: Der Impuls, den der Wind der ersten Welle gibt, pflanzt sich fort und versetzt das Meer gleichsam wie eine Saite in Schwingung.[4]

Der Versuch, die Natur auf diese Weise zu ordnen, diente sicherlich auch der Bewältigung der Angst vor dem Meer. Es wird nicht von dem wilden, unberechenbaren Gott Poseidon beherrscht, wie es im Volksglauben hieß, sondern die Veränderungen der See folgen bestimmten Regeln, und so fügt sich das Meer in den insgesamt großartig organisierten Kosmos ein, über den die Gottheit gebietet. Der Kosmos selbst mit seiner festen Struktur ist unvergänglich und unzerstörbar. Denn was die Dinge zerstört, hat teils äußere, teils innere Ursachen. Da aber außerhalb des Kosmos nichts mehr existiert und seine innere Ordnung so vollkommen ist, dass sie dem Menschen den Gedanken an den leitenden Gott aufdrängt, bleibt der Kosmos in Ewigkeit bestehen. Alle Theorien, die einen Weltuntergang annehmen, eine Zerstörung des Kosmos, sind daher falsch.[5] Man sieht, dass für Aristoteles Theologie und Naturwissenschaft noch ganz eng miteinander verbunden waren.

Eine kleine Schrift, die lange Aristoteles zugeschrieben wurde, aber wohl erst sehr viel später entstand, fasst wichtige Grundgedanken dieser anschauend-erkennenden Stellung zur gesamten Natur zusammen: *Peri kosmou* (*Über die Welt*).[6] Der Text hat die Form eines Briefes, und bereits im ersten Satz erfahren wir, was man in der Antike unter *theoria* verstand: »Schon oft, lieber Alexander, schien mir die Philosophie eine göttliche und wahrhaft überirdische Beschäftigung zu sein, besonders da, wo sie allein voll Eifer sich erhebt zu einer Schau des Weltganzen und der darin verborgenen Wahrheit.«[7] In kunstvoller Prosa wird die göttliche Ordnung der Welt gefeiert, in welcher auch Land und Meer ihre bestimmten Orte haben. Die Welt, griechisch *kosmos*, hat laut dem unbekannten Verfasser die Gestalt einer Kugel, die sich um zwei ruhende Pole dreht, den arktischen und den antarktischen Pol. Denkt man sich diese Pole durch eine Achse verbunden, dann liegt die Erdkugel als »Trägerin des Lebens« in der Mitte dazwischen. Wie dicke, weiche Schalen einen harten Kern umgeben, so umlagern das Wasser, die Luft, das Feuer und der Äther die »zusammengepresste und belastete Erde«:

> Der Luftnatur benachbart ist die Feste der Erde und des Meeres gebreitet, die in üppiger Fülle hervorbringt Pflanzen und Tiere an Quellen und Flüssen, die teils sich in der Erde verlaufen, teils ins Meer sich ergießen. Sie bietet ein buntes Bild mit ihrer tausendfältigen Saat, ihren hohen Bergen, tiefen Wäldern und ihren Städten, die sich das kluge Geschöpf, der Mensch, erbaut hat, mit ihren Inseln im Meere und ihren Festländern.

Die größte Fläche der Erdkugel wird vom Meer bedeckt. Nach damaliger Auffassung war ja das bekannte Land rings um das Mittelmeer wiederum vom großen Ozean umschlossen. Alles vom Menschen bewohnte Land besteht aus Inseln, erklärt der anonyme Verfasser. Was man Festland nenne, seien letztlich nur »große, von gewaltigen Meeren umspülte Inseln«.[8] Wenngleich sich unsere Kenntnisse des Erdballs seitdem mächtig erweitert haben, überzeugt ein Blick auf einen Globus, dass diese Aussage nicht ganz falsch war.

Während die Gestirne in erhabener Gleichmäßigkeit ewig ihre Kreisbahn durchlaufen, sehen wir in der vom Menschen bewohnten Welt auch abrupte, plötzliche Veränderungen. Vulkane speien Lavaströme, die Erde entlässt Gase und erhitzt Wasser.

> Entsprechendes ereignet sich auch auf dem Meere. Schlünde tun sich auf, das Wasser weicht zurück und flutet heran, verläuft sich teils wieder, kommt aber manchmal auch nur in einer Überflutung, wie man es berichtet von Helike und Burra [von zwei im Meer versunkenen Städten]. Oft schäumt auch Feuer auf im Meere, Quellen sprudeln hervor, Ströme werden ausgesandt, Bäume wachsen, Strömungen und Wirbel bilden sich

> wie bei den Winden, teils mitten auf dem Meere, teils in den Meeresarmen und Häfen. Vielfach laufen Ebbe und Flut mit dem Mond um die Erde, immerfort zu den festgesetzten Zeiten.[9]

Auch was wir Naturkatastrophen nennen, sind für diese Theorie Vorgänge, die der gegliederten Ordnung des Ganzen dienen. Denn wenn auch die Elemente sich im Streit und in ungeordneter Bewegung befinden, so verkehrt sich dadurch keineswegs der Kosmos in ein Chaos. Die Natur nutzt vielmehr den Konflikt der gegensätzlichen Elemente, um daraus eine vielgestaltige Einheit zu formen. Wie in einer Stadt sich Arme und Reiche, Junge und Alte, Schwache und Starke, Schlechte und Brauchbare zu einer spannungsreichen Gemeinschaft zusammenfügen, so unterliegen nach diesem unbekannten Philosophen auch die »widerstrebendsten Urstoffe« sowie das Trockene und Feuchte, das Kalte und das Warme einer »gleichartigen Verfassung, die alles trägt, was Natur und Schicksal bringen«. Der theoretische Blick auf die Natur setzt auch dort Einheit, Vernunft und Ordnung voraus, wo wir nur den Streit der Elemente wahrnehmen:

> Vielleicht ist die Natur gerade auf Gegensätze erpicht, um aus ihnen den Einklang zu bilden, eben nicht aus Gleichartigem, wie sie auch getrost das Männliche zum Weiblichen geführt hat, und nicht zu seinesgleichen, und so die Ureintracht durch Gegensätze geknüpft hat, nicht durch Gleichartiges.

Der anonyme Verfasser unterstreicht das, indem er einen Satz zitiert, der Heraklit zugeschrieben wird: »Du wirst Ganzes treffen und Zerbrochenes, Nützliches und Schädliches, Passendes und Unpassendes: aus allem wird Eines und aus Einem alles.«[10]

Alle Veränderungen stehen dieser Theorie zufolge unter der Leitung der Gottheit, die den gesamten Kosmos beherrscht und die aus der Mischung der verschiedenen Elemente einen wunderbaren Zusammenklang hervorbringt, ganz so wie aus der Verbindung von hohen und tiefen, langen und kurzen Tönen Musik wird. Das Entstehen und Vergehen der einzelnen Dinge, Geburt und Tod – das alles hat in diesem Zusammenhang seinen guten Sinn, da die göttliche Allmacht alles durchwirkt und einem Ziel unterwirft: »Die gemeinsame Erhaltung aller Wesen ist das endliche Ziel, wenn eines dem andern Platz macht und bald siegt, bald unterliegt, falls nur das Ganze errettet bleibt, unvergänglich in Ewigkeit.« Auch die zerstörerischen Naturvorgänge haben ihren Sinn und gehören mit zur bewegten Welt, in der wir leben:

> Gewaltige Erdbeben haben ja schon viele Teile der Erde verwüstet, plötzlich niederprasselnde Regengüsse haben sie überspült, Fluten des Meeres brandeten an und verliefen sich wieder und haben oftmals Festland in Meer und Meer in Festland verwandelt.[11]

Aber das alles zerstöre nicht die göttliche Ordnung, sondern gehöre zu ihr wie die Dissonanzen zur Musik.

Man sieht: Die antike Theorie war ein Blick aus großer Höhe auf die Welt der endlichen Dinge, ein Blick, der die Großartigkeit des Ganzen entdeckt und dabei auch mit den Übeln der Welt versöhnen kann. Man nimmt das Negative in dieser Perspektive nur aus der Entfernung wahr, und dadurch wird es erträglich. Am Ende des 18. Jahrhunderts schrieb der Dichter Jean Paul in einem seiner Romane, er habe nur drei Wege gefunden, glücklicher zu werden: Man müsse entweder die Welt mit all ihren Leiden von oben, also aus der Vogelperspektive, betrachten oder sich ganz in sein eigenes kleines Nest zurückziehen; am schwersten und klügsten aber sei es, zwischen beiden Strategien zu wechseln.[12] Die erste Form ist das Glück der antiken *theoria*, der Anschauung des Kosmos – wobei schon das Wort *kosmos* eine ästhetische Wertschätzung in sich birgt, denn es bedeutet nicht nur »Ordnung«, sondern auch »Schmuck«. In der wohlgeordneten Welt hat das Meer seinen festen Platz.

Diese Einstellung zur Natur verteidigte später auch die berühmte Philosophenschule der Stoiker. Die Welt ist von göttlicher Vernunft durchdrungen, und die Natur hat den Menschen zur Anschauung dieses Wunderwerkes bestimmt. Cicero hat diese Sichtweise nachdrücklich unterstrichen, und er hat die Göttlichkeit der Welt mit dem Hinweis auf die Vollkommenheit aller Bereiche der Natur untermauert. Ein besonderer Akzent fällt dabei auf das Meer:

> Aber erst das Meer! Wie groß ist seine Schönheit! Wie herrlich der Anblick in seiner Gesamtheit! Welche Fülle und Mannigfaltigkeit der Inseln! Welche Anmut der Küsten und Gestade! Wie viele verschiedene Arten von Tieren leben unter der Oberfläche des Wassers, lassen sich auf ihm treiben und schwimmen in ihm oder hängen mit ihren eigenen Schalen an den Riffen! Das Meer selbst aber strebt nach dem Lande zu und brandet so an die Gestade, dass es aussieht, als seien zwei Elemente zu einem zusammengeschmolzen.[13]

Damit kritisiert Cicero die Auffassung derjenigen, welche die Welt nur für das Ergebnis von blinden Zufällen halten. Er ist überzeugt davon, dass eine solch wunderbare Ordnung und

Schönheit göttliche Lenkung verraten. Sowohl die christliche Schöpfungstheologie als auch die Philosophie der Aufklärung konnten sich das später zunutze machen, da sie aus verschiedener Perspektive die Natur als bewundernswertes Werk Gottes priesen.

Das aristotelische Bild vom gestuften Kosmos hat im gesamten Mittelalter seine Geltung behalten. Es barg für diese Zeit allerdings zwei Schwierigkeiten: Zum einen musste geklärt werden, wie sich die ewige Stufenordnung von Erde, Wasser, Luft und Feuer zur Aussage des biblischen Schöpfungsberichtes verhält. Zum andern widersprach die These, das leichtere Wasser befinde sich *über* der schweren Erde, der Erfahrung, dass Wasser stets nach unten fließt. Noch Dante hat eine eigene Disputation zu dieser Frage verfasst und die aristotelische Naturphilosophie mit der Erfahrung zu harmonisieren versucht, und zwar durch die kühne Vermutung, das Land der südlichen Hemisphäre sei in den Norden gerutscht und schaue jetzt aus dem Wasser heraus.[14] Man hat sehr gut gesagt, dass man im Rahmen eines solchen Weltbildes die Dinge anders wahrnehme als in unserem. Deshalb wurde auch das Meer anders interpretiert.

Natürlich erhielt die antike Theorie des Weltganzen einen völlig anderen Charakter, wenn man den Gedanken einer ordnenden göttlichen Vernunft aufgab. Das war bei Demokrit und Epikur der Fall, die als Prinzipien nur die Atome und den leeren Raum akzeptierten und eine erste Form von konsequentem Materialismus vertraten. Demokrit lebte im 5. Jahrhundert v. Chr. und wurde schon in der Antike als lachender Philosoph dem weinenden Philosophen Heraklit entgegengestellt, da für Demokrit die Atome vollkommen konstant blieben, während für Heraklit alles vergänglich war. Epikur hat später Demokrits Lehre fortentwickelt, und der römische Dichter und Philosoph

Lukrez hat sie im 1. Jahrhundert v. Chr. in einem eigenen Werk geschlossen dargestellt.[15] Wohl nicht zuletzt seine dichterische Form hat dieses Buch von Lukrez, *Über die Natur der Dinge,* zum berühmtesten Werk des antiken Materialismus gemacht. Vieles erscheint nun in einem ganz anderen Licht als bei Aristoteles und seinen Schülern. Der Weltraum ist unbegrenzt und ewig, aber unsere bewohnte Erde und die Himmelskörper können ebenso wieder vergehen, wie sie entstanden sind. Alle Dinge sind nichts als zufällige Ballungen von Atomen, die sich getroffen und in verschiedener Weise verbunden haben. In diesem Weltbild fällt der Kampf der Elemente noch viel dramatischer aus als in jener anderen Tradition, denn nun fehlt die ordnende Hand der Gottheit. Nur der blinde Zufall verhindert, dass sich die Elemente gegenseitig auslöschen. Das gilt auch für Feuer und Wasser. Sie befinden sich im Kampf und drohen sich zu vernichten. Wenn sie bei Lukrez wie zornige Menschen aufeinander losgehen, so dient das natürlich nur der lebendigen, poetischen Darstellung:

> Endlich, wenn wechselseitig die mächtigen Glieder
> des Weltalls
> Heftig sich also bekämpfen in hässlichem Bruder-
> zerwürfnis,
> Kannst du doch wohl ein Ende des ewigen Streites
> für möglich
> Halten. So könnte vielleicht die Sonne und sämtlicher
> Wärmstoff
> Alles Gewässer verzehren und so als Sieger hervorgehen.
> Freilich erstreben sie dies, doch gelang bis jetzt der
> Versuch nicht;
> Soviel spenden die Flüsse Ersatz, ja sie drohen sogar
> noch

Tief aus dem Schlunde des Meers zu bewirken die Weltüberschwemmung.
Aber umsonst. Denn es fegen die Winde die Fläche des Meeres:
Dadurch nehmen sie weg, was die himmlische Sonne dann aufsaugt.
Ja sie vermessen sich eher auch alles verdunsten zu können,
Als das Gewässer ans Ziel mit seinem Beginnen gelange.
Und so schnauben sie Krieg.[16]

Da die Atome sich aufgrund ihres Gewichtes zu verschiedenen Gruppen verbunden haben, zeigt der Kosmos aber eine ähnliche Grundstruktur wie bei Aristoteles: Das Schwere sinkt nach unten, das Leichtere steigt nach oben. Dadurch erklärt Lukrez die Entstehung des Meeres: Durch die Wärme der Sonne habe sich die schlammige Erde zusammengeballt und sei abgesunken, während das Wasser nach oben drängte:

Als nun diese Atome der Erde sich hatten entzogen,
Senkte sie plötzlich sich dort, wo jetzt sich die bläuliche Fläche
Weithin dehnt und mit salzigem Gischt die Höhlungen ausfüllt.
Und je stärker von Tag zu Tag des umschließenden Äthers
Glut und die Strahlen der Sonne die Erde noch mehr in die Enge
Rundum drängten mit Übergewalt bis zur äußersten Grenze,
Dass sie noch dichter zusammen zum Mittelpunkt sich zurückzog,

Um so gewaltiger floss der salziger Schweiß, der erquollen
Ihrem Körper, und mehrte das Meer und die schwimmenden Ebenen […].
Also hat sich der Erde Gewicht aus verdichtetem Stoffe
Endlich gesetzt, und es floss hier gleichsam der sämtliche Weltschlamm
Wegen der Schwere zusammen und sank zu Boden wie Hefe.
So vermochten das Meer und der feuertragende Äther
Samt der Luft sich als reine und flüssige Stoffe zu halten,
Eins ist wohl leichter als andres.[17]

Auch die Konstanz der Höhe des Meeresspiegels fällt bei Lukrez ganz ähnlich aus wie bei Aristoteles. Zustrom und Verdunstung des Wassers halten sich die Waage. Aber er fügt noch einen originellen Gedanken hinzu: So wie vom Land aus Wasser ins Meer ströme, so dringe auch durch den Sand gefiltertes Seewasser in den Boden des Landes ein.[18] Auch dieser Philosoph ist sichtlich bemüht, auf den Gleichgewichtszustand der Natur hinzuweisen und ihn verständlich zu machen.

Wenngleich letztlich alles nur auf dem Zufall beruht, bauen die Atome für Lukrez doch eine gesetzmäßige Ordnung auf, in die man sich klug einfügen muss, weil man ohnehin ein Teil von ihr ist. Das Amt der Philosophie besteht jetzt nicht mehr in der Betrachtung des Göttlichen um seiner selbst willen. Ihr Ziel ist nun eher die Lebensberatung, ja sogar die Therapie. Sie soll dem Menschen die Angst nehmen, die Angst vor dem Tod und vor den Göttern. Der Prozess des Entstehens und Vergehens läuft nach natürlichen Gesetzen ab. So ist die Welt kein Wunderwerk göttlicher Leitung, aber man kann lernen, angstfrei in ihr zu leben.

Wir können heute diesen Text mit seiner Kosmologie wissenschaftlich so wenig ernst nehmen wie den aristotelischen. Dennoch hat er seine Faszination in der Folge behalten, sogar für Albert Einstein: Er fand, dass das Werk vor allem auf diejenigen noch immer seinen Zauber ausübe, die sich ihren Zeitgenossen und deren Einstellungen gegenüber gelegentlich als »Zuschauer« fühlten.[19] Sehr treffend: Es ist eben *theoria*, Anschauung des Ganzen, mit einem illusionslosen, nüchternen Blick, der aber nicht pessimistisch ist. Schon die Anrufung der Göttin Venus zu Beginn des Werkes verrät, dass für Lukrez die Welt noch immer großartig ist und Lebensfreude ermöglicht, und zwar besonders die Freude der Erkenntnis. Die Liebesgöttin Venus – hier eine poetische Personifizierung der Natur – herrscht als Spenderin des Lebens über Land und Meer:

> Mutter der Äneaden, du Wonne der Menschen und
> Götter,
> Lebenspendende Venus: du waltest im Sternengeflimmer
> Über das fruchtbare Land und die schiffedurch-
> wimmelte Meerflut,
> Du befruchtest die Keime zu jedem beseelten Geschöpfe,
> Dass es zum Lichte sich ringt und geboren der Sonne
> sich freuet.
> Wenn du nahest, o Göttin, dann fliehen die Winde,
> vom Himmel
> Flieht das Gewölk, dir breitet die liebliche Bildnerin Erde
> Duftende Blumen zum Teppich, dir lächelt entgegen
> die Meerflut,
> Und ein friedlicher Schimmer breitet sich über den
> Himmel.[20]

Man kann sich fragen, ob das Bild der Freude bringenden Lebensspenderin sehr gut zur durchgehenden Herrschaft des blinden Zufalls passt. Aber das Preislied auf die Natur hindert Lukrez nicht, auch ihre brutale Gewalt drastisch vor Augen zu führen, die sie durch Katastrophen wie Vulkanausbrüche, Überschwemmungen und Krankheiten wie die Pest auf den Menschen ausübt. Mit solchen Erfahrungen erklärt Lukrez die Entstehung der Religion, die solche Übel auf mächtige Götter zurückführe. Auch und gerade die Gefahren des Meeres bewirken, dass die Menschen in ihrer Angst die Götter um Hilfe anrufen – natürlich vergeblich, denn die Götter kümmern sich bei Epikur und Lukrez nicht um die Welt und die Menschen:

> Auch, wenn der Winde Gewalt wildwütend über das
> Meer fährt,
> Und den Gebieter der Flotte mit seinen gewalt'gen
> Legionen
> Und Elefanten zumal hin über die Flächen des Meers
> fegt,
> Fleht er die Götter um Gnade nicht an mit Gelübden
> und bittet
> Zitternd und zagend die Winde um Frieden und
> günstige Brise?
> Ach, umsonst! Mit wilder Gewalt erfasst ihn der Wirbel,
> Dass er trotz aller Gebete versinkt in den Fluten des
> Todes.[21]

Während die Götter dem Menschen nicht helfen, schafft ihm seine Kultur manche Erleichterung und kann die Übel der Natur zuweilen mindern. Aber Lukrez ist auch der Zivilisation gegenüber skeptisch. Am Anfang der Entwicklung waren die Menschen genügsamer und stärker. Die technischen und kulturellen Errungenschaften bringen auch immer neue Gefahren mit sich und führen schließlich zu viel schlimmeren Kollisionen mit der Macht der Natur – ein sehr moderner Gedanke. Für die Urmenschen bot das Meer nur selten eine Bedrohung, wenngleich sie sonst manch entsetzliche Qual erdulden mussten.

> Aber es stürzte noch nicht ein Tag viel Tausende
> Männer,
> Welche den Fahnen gefolgt, in den Tod, noch warfen
> des Meeres
> Stürmische Wogen die Schiffe mitsamt der Besatzung
> auf Klippen.
> So war die Wut umsonst, mit welcher die stürmische
> Meerflut
> Anschwoll; leicht auch legte sich ihre vergebliche
> Drohung.
> Lockte doch damals noch keinen die trügliche Stille
> des Meeres,
> Niemand zog ins Verderben das gleißende Lächeln
> der Wellen.[22]

Das Glück des Menschen besteht laut Lukrez in der Leidfreiheit. Man braucht keinen Luxus, für ein zufriedenes Leben reicht die Versorgung mit Nahrung und Kleidung. Die Menge aber sucht das Glück durch die Befriedigung ihrer Macht- und Geldgier, und das führt sie ins Verderben, besonders, wenn sie dafür riskante Seereisen antritt und Kriege anzettelt.

> So müht also das Menschengeschlecht sich umsonst und
> vergebens
> Immerfort ab und verzehrt in den nichtigen Sorgen sein
> Leben.

Leider versteht es ja nicht, der Besitzgier Schranken zu setzen
Und die Grenze, wieweit sich das Vergnügen noch steigert.
Das ist's, was mit der Zeit das Leben ins offene Meer trieb
Und von Grund aus erregte die mächtigen Wogen des Krieges.[23]

Das für den Menschen höchste Glück vermittelt auch bei Lukrez noch immer die Philosophie, die theoretische Haltung zur Welt. Denn die Theorie lehrt die natürlichen Ursachen aller Veränderungen zu erkennen und das gesamte Weltgetriebe zu durchschauen. Es ist für Lukrez ein beglückendes, ja sogar ein erschütterndes Erlebnis, dass die ganze Natur sich dem menschlichen Geist aufschließt und sich erkennen lässt.

Hier ergreift es mein Herz mit wahrhafter göttlicher Wollust
Und mit Schauer zugleich, dass die Natur sich erschlossen
Deiner Gedankengewalt und jetzt allseitig enthüllt ist.[24]

Wir wundern uns über die Sicherheit von Lukrez, dass bereits alles erkannt wurde. Aber wenn man in seinen Zeilen nur die Überraschung ausgesprochen findet, dass die Welt sich für den menschlichen Geist überhaupt als erkennbar erweist, dann findet man Ähnliches auch bei modernen Physikern. Werner Heisenberg schrieb über seine unverhoffte Entdeckung des Prinzips der Quantenmechanik:

> Im ersten Augenblick war ich zutiefst erschrocken. Ich hatte das Gefühl, durch die Oberfläche der atomaren Erscheinungen hindurch auf einen tief darunter liegenden Grund von merkwürdiger innerer Schönheit zu schauen, und es wurde mir fast schwindlig bei dem Gedanken, dass ich nun dieser Fülle von mathematischen Strukturen nachgehen sollte, die die Natur dort unten vor mir ausgebreitet hatte.[25]

Für Lukrez bietet die philosophische Theorie aber auch ein Gefühl der Sicherheit, der Distanz zu all dem Unglück der anderen, die sich für Ansehen, Reichtum und Herrschaft abmühen und ins Unglück geraten. Er erläutert das anhand einer Erfahrung der Küstenbewohner, und dies sind zugleich die wohl am häufigsten zitierten Verse des ganzen Werkes:

> Wonnevoll ist's bei wogender See, wenn der Sturm die Gewässer
> Aufwühlt, ruhig vom Lande zu sehn, wie ein andrer sich abmüht,
> Nicht als ob es uns freute, wenn jemand Leiden erduldet,
> Sondern aus Wonnegefühl, dass man selber vom Leiden befreit ist.[26]

Noch angenehmer als dieser Anblick aber sei die Gewissheit, durch die Philosophie der Gefahr des sinnlosen Strebens entkommen zu sein. Schließlich genüge es, frei von körperlichen Schmerzen zu sein, um sich ganz der Welterkenntnis widmen zu können. Die Überzeugung, der Theoretiker der Welt könne inmitten des Flusses aller Dinge selbst unbehelligt auf sicherem Ufer stehen bleiben, sollte in der modernen Philosophie allerdings dahinschwinden. Das wird noch erläutert werden.

Sowohl die aristotelische als auch die epikureische Theorie enthält frühe Formen einer wissenschaftlichen Weltzuwendung, denn Philosophie und Wissenschaft hatten sich noch nicht getrennt. Mag uns ihr wissenschaftlicher Ertrag auch sehr unvollkommen vorkommen, so wird ihre Bedeutung doch klar, wenn man sie vor dem Hintergrund des damaligen Denkens betrachtet. Wie bereits erwähnt, erschien das Meer den Menschen der Antike zumeist als beherrscht von Göttern, und deshalb begegnete man ihm oft mit ehrfürchtiger Scheu und mit Angst vor seiner großen, unberechenbaren Macht. Entsprechend konnte die Schifffahrt als göttliches Geschenk, aber auch als menschliche Anmaßung und Sakrileg verstanden werden, denn wie das Meer die Schiffe zu ihren Zielen trug, so stürzte es sie zuweilen auch ins Verderben. Die Philosophie versachlichte das Verhältnis des Menschen zum Meer, denn sie lehrte, dass es aus einem der vier Elemente, dem Wasser, besteht, sich in die Ordnung der Natur einfügt und dass es nicht von Göttern und Dämonen, sondern von Fischen und Pflanzen belebt ist. Schon Aristoteles sammelte viele Kenntnisse über die Lebewesen des Meeres und sezierte sogar zum Zwecke der Forschung Fische.

Die Risiken der Seefahrt waren dadurch freilich nicht aus der Welt geschafft. Aber das Verhältnis zu ihren Gefahren änderte sich. Es waren keine Opfer für die Götter mehr erforderlich, sondern Mut und Wissen. Die Tugend der Tapferkeit – so erläutert Aristoteles – zeigt sich am reinsten im Krieg, aber auch die Bewältigung von Krankheit und die Konfrontation mit dem Meer verlangen Mut. Wie alle Tugenden, so ist auch die Tapferkeit bei ihm ein Mittleres zwischen zwei Extremen, nämlich zwischen dem Leichtsinn und der Feigheit. Der Tollkühne hat durch seinen Leichtsinn zu viel Zuversicht und Hoffnung, der Überängstliche zu wenig. Beide werden deshalb der jeweils realen Bedrohung nicht gerecht. Der Mutige aber tut, was nötig ist, mag die Gefahr noch so groß sein: Der erfahrene Soldat weiß sich zu schützen und den Feind richtig anzugreifen, der kundige Seemann versteht es, den Gefahren des Meeres angemessen zu begegnen. Beide sind aufgrund ihrer Kenntnisse von Angst viel weniger bedroht als ihre ahnungslosen Zuschauer oder Begleiter. Aber Angst ist prinzipiell menschlich und sogar richtig. Wer angesichts furchtbarer Ereignisse wie Seestürmen oder Vulkanausbrüchen keinerlei Angst verspürt, den kann man nicht als mutig bewundern, denn er ist wahnsinnig.[27]

Aristoteles war ein politischer Denker, und alles ethische Handeln vollzog sich für ihn in der Polis, im Stadtstaat. Dieser brauchte die Seefahrt für Handel und Verteidigung, und so waren auch tüchtige Seeleute wichtig. Die andere Philosophie aber, die des Epikur, hielt sich aus der Politik heraus, und deshalb liest man bei Lukrez eine andere Einstellung zum Meer, nämlich den Rat, nicht aus Ehrgeiz oder Geldgier unnötige Risiken einzugehen und Seefahrten möglichst zu unterlassen. Die Teile zerborstener Schiffe, die das Meer an die Küsten spüle, ermahnten, »Macht und List und Tücke des treulosen Meeres zu meiden / Und ihm nie zu vertrauen, auch wenn die spiegelnde Fläche / Noch so verräterisch lockt und die lächelnde Stille des Meeres.«[28] War für den Volksglauben das Meer zuweilen gar Ort des Bösen und später im Mittelalter des Teufels, so gab es also auch aufgeklärteren Geistern Anlass zu Warnungen. Wie gezeigt, war das schon bei Platon der Fall, und im 1. Jahrhundert n. Chr. schrieb der Schriftsteller Plutarch, das Meer sei der Natur des Menschen fremd, ja geradezu feindlich und zuwider. Der kaum bekannte Philosoph Secundus der Schweigsame drückte seine Warnung noch drastischer aus als Lukrez: Jedes Schiff sei ein vorgefertigtes Grab, eine offene Falle, die Erwartung des Todes.[29] Im Lauf der Geschichte wurde die Seefahrt also immer wieder für notwendig gehalten und als Ausdruck menschlicher Kühnheit bewundert – und umgekehrt wurde sie auch immer wieder gemieden und beklagt.[30]

Im Untergrund des kulturellen Bewusstseins blieben die mythische Scheu und die Angst erhalten, und diese Angst hat sich bei allen europäischen Nationen in vielen Sprichwörtern niedergeschlagen.[31] Der technische Fortschritt hat sie abgeschwächt, aber nicht beseitigen können. Als 1912 die *Titanic* im Meer versank, konnte es gar nicht ausbleiben, dass dieses Unglück als Strafe für menschliche Hybris gedeutet wurde, mochte der Vorfall auch nur einmal mehr als größte Risikoquelle der technischen Welt den Menschen bloßgestellt haben. Gemäß der antiken Mythologie hatten die Titanen sich gegen die olympischen Götter aufgelehnt und waren zur Strafe in den Tartaros, in die Unterwelt, geworfen worden.

Aber nicht nur wegen ihrer Aufklärungsarbeit und durch die Überwindung mythischer Ängste haben die alten Formen der Naturbetrachtung ihr philosophisches Interesse behalten.

Neuzeitliche Philosophie des Lebens

1962 galt ein großer Philosophie-Kongress dem Problem des Fortschritts.[32] Der Eröffnungsvortrag von Karl Löwith über *Das Verhängnis des Fortschritts* war der provokante Beitrag zu einer langen Debatte, die heute nur erlahmt, aber nicht beendet ist. Löwiths Kritik interpretiert das Fortschrittsdenken, das seit dem 17. Jahrhundert Europa und dann wachsend die ganze Welt beherrscht, als eine Verkehrung des jüdisch-christlichen Heilsglaubens: Man sucht sein Heil durch Naturwissenschaft und Technik selbst herzustellen, durch Macht über die Natur. Aus den Theologen wurden Physiker, und aus der Natur wurde tote Materie, die ganz den menschlichen Interessen unterworfen ist. Begleitete man in früheren Zeiten Eingriffe in die Natur und Erfindungen mit religiösen Kulten und Opferriten, so sehen wir davon heute allenfalls noch unverstandene Reste wie das Zerschlagen einer Flasche bei einer Schiffstaufe. Die wissenschaftlich-technische Unterwerfung der Natur ist grenzenlos und maßlos, und sie hat sich verselbstständigt. Die Nukleartechnik hat sogar die Vernichtung allen Lebens auf der Erde möglich gemacht. Deshalb ist aus dem Fortschrittsglauben inzwischen ein Fortschrittsfatalismus geworden, das Gefühl, ihm ausgeliefert zu sein. Den Beginn dieses Irrwegs, so Löwith, könne man deutlich in Francis Bacons *Nova Atlantis* studieren. Die vernünftige Alternative aber wäre die Philosophie des Lukrez. Dieser habe mit Recht in der Kultur gewisse Fortschritte für den Menschen gesehen, aber hinzugefügt, dass die durch Technik erreichten Vorteile auch neue und größere Übel hervorbringen können.

Dazu ist viel zu sagen und auch schon vieles gesagt worden. Hier sei vorerst nur eine historische Korrektur vorgenommen, die uns zum Meer zurückführen wird. Löwith fordert, die Natur solle nicht so betrachtet werden, als sei sie nur für den Menschen da, vielmehr müsse der Kosmos als etwas Heiliges und Göttliches betrachtet werden, das seinen Sinn und Wert in sich selbst hat und nicht nur menschlichen Zwecken dient. Löwith fügt hinzu: Leider habe nur Goethe diese Sichtweise eingenommen. Aber das war zum Glück nicht der Fall. Keineswegs war das mechanistische Denken, für das die Welt nur aus toten Objekten bestand, in Europa so siegreich, dass ein anderer Zugang zur Natur völlig verstellt war. Vielmehr eröffneten nicht zuletzt die Naturwissenschaften auch ganz andere Sichtweisen, z. B.

durch Forschungen mithilfe des Mikroskops. Der niederländische Privatgelehrte Anton van Leeuwenhoek hatte im 17. Jahrhundert im Wasser Mikroorganismen entdeckt.

Der große Leibniz – der letzte Universalgelehrte, der allen Forschungszweigen wichtige Impulse gab – machte diese neuen Kenntnisse für seine Grundlagenphilosophie fruchtbar, für seine Metaphysik. Er bestritt um 1700 mit Nachdruck, dass es überhaupt irgendwo im Universum völlig tote Materie gebe; nein, im Gegenteil, alles, was existiere, das lebe auch, sei voller Leben. »Jedes Stück Materie kann wie ein Garten voller Pflanzen und wie ein Teich voller Fische aufgefasst werden. Aber jeder Zweig der Pflanze, jedes Glied des Tieres, jeder Tropfen seiner Säfte ist wiederum ein solcher Garten oder ein solcher Teich.«[33] Wenn wir etwas für ein lebloses Objekt halten, so liegt das für Leibniz nur an unserer beschränkten Wahrnehmungsfähigkeit. Auch in den für uns verschlossenen Mikrobereichen müssen wir lebendige Elemente voraussetzen:

> Daher gibt es nichts Ödes, nichts Unfruchtbares, nichts Totes im Universum, kein Chaos, keine Verwirrung, außer dem Anscheine nach; etwa in demselben Sinne, wie in einem Teich, den man aus einiger Entfernung betrachtete und in dem man sozusagen nur eine verworrene Bewegung und ein Gewimmel von Fischen sähe, ohne die Fische selbst zu unterscheiden.[34]

Man ahnt sofort, dass unter diesen Voraussetzungen auch das Meer wieder mit ähnlichen Augen betrachtet werden konnte wie schon in der ältesten Naturphilosophie. Gerade das Meer bot jedenfalls das stärkste Argument gegen alle Auffassungen von nur toter Materie.

In den Spuren von Leibniz nannte der Theologe und vielseitige Philosoph Herder das Meer den »unerschöpflichen Lebensquell« und ein »Vorratshaus der Lebendigen«, das seine Bewohner mit großer Lebenskraft ausstatte.[35] Damit hatte er das Stichwort für die Folgezeit gegeben. Das Meer als Quelle des Lebens: Das wurde für die Naturphilosophie der Romantik der Hauptgesichtspunkt, unter dem man das Meer betrachtete. Damit wurde an die ältesten Überzeugungen angeknüpft, an die Philosophien von Thales, Anaximander und Heraklit, aber jetzt verbunden mit den Ergebnissen neuer Forschung. Auch die gesamte Ausrichtung der Naturbetrachtung änderte sich. Man wollte nicht mehr die ewige oder zufällige Ordnung der Natur darstellen, sondern ihre Entstehung und ihre konsequente Entwicklung zeigen, die zielgerichtet den Menschen als Krone der Schöpfung hervorgebracht hat. Die Grundbewegung der Natur vollzieht sich in diesen Theorien nicht mehr in einem Kreis, sondern beschreibt eine aufsteigende gerade Linie. Von großer Bedeutung war für sie naturgemäß die Frage nach der Entstehung des Lebens. Leibniz hatte noch nicht gewagt, sich gegen die Bibel und alle theologischen Lehrmeinungen zu wenden und den Ursprung des Lebens im Wasser zu vermuten, obwohl seine philosophische Denkweise das durchaus erlaubt hätte. Der französische Diplomat und Privatgelehrte de Maillet, Leibniz' Zeitgenosse, aber hat mit kühnen Spekulationen diese These zu begründen versucht.[36] Hundert Jahre später setzte sich dieser Gedanke schließlich weitgehend durch.

Einer der produktivsten Köpfe jener Epoche war der Naturphilosoph und Mediziner Lorenz Oken, der seine Zeitschrift für Naturforschung nach der ägyptischen Göttin *Isis* benannte. In seinem *Lehrbuch der Naturphilosophie* von 1809 erscheint bei Oken das Meer als der Ursprungsort allen Lebens: »Der Urschleim, aus dem alles Organische erschaffen worden ist, ist der Meerschleim.« Dieser Meerschleim habe sich nicht aus Rückständen von toten Pflanzen und Tieren gebildet, sondern durch die Einwirkung des Lichts hätten sich bestimmte Elemente der Erde mit dem Wasser verbunden. Oken fährt mit lakonischem Nachdruck fort, so als sollten wir seine Lehrsätze Nr. 907–910 nie mehr vergessen:

> Alles Leben aus dem Meere, keines aus dem Kontinent.
> Aller Schleim ist lebendig.
> Das ganze Meer ist lebendig. Es ist ein wogender, immer sich erhebender und immer zusammensinkender Organismus.
> Wo es dem sich erhebenden Meerorganismus gelingt, Gestalt zu gewinnen, da geht ein höherer Organismus aus ihm hervor.
> Die Liebe ist aus dem Meerschaum entsprungen.[37]

Man staunt, inmitten der biologischen Lehrsätze über das Meer unvermittelt auch die Liebe erwähnt zu finden. Aber man kann die Verbindung leicht ergänzen. Da das Meer voller Leben ist und lebendige Organismen hervorbringt, kann man es auch einen Ort der Liebe und des Gebärens nennen, und so wird kurz und knapp der Mythos von der schaumgeborenen Göttin Venus in Erinnerung gerufen und als im Kern richtig verteidigt. Auch der Mensch verdankt laut Oken seine Existenz dem Meer. Er sei »ein Kind der warmen und seichten Meeresstellen in der Nähe des Landes«. Oken mutmaßte, er sei aufgrund sehr günstiger Bedingungen entstanden, die das Wasser und das Land an einer bestimmten Stelle boten, vermutlich in Indien. – Diese Darstellung der Genesis des Lebens und des Menschen überzeugt uns heute natürlich nicht. Aber dass das Leben im Meer entstand, durch das Zusammenwirken von Wasser, Erde und Wärme, das hat die spätere Forschung bestätigt.

Auch Hegel äußerte ähnliche Gedanken, nur drückte er sich ein wenig vorsichtiger aus. In seiner Philosophie der Natur – dem schwierigsten Teil seines philosophischen Systems – erklärt er, das Meer sei viel fruchtbarer als die Erde.[38] Es sei nämlich ein »lebendiger Prozess, der immer auf dem Sprunge steht, in Leben auszubrechen«. Ständig schlage es »in *punktuelle* und *vorübergehende* Lebendigkeit aus«, und Hegel verweist dafür auf die Flechten im Meer und auf die Infusorien, die Kleintiere, sowie auf die »unermesslichen Mengen phosphorisierender Lebenspunkte im Meere«, d. h. auf die Mikroorganismen, welche das Meeresleuchten verursachen. Sie verwandeln die Oberfläche in »ein unermessliches, unübersehbares Lichtmeer, das aus lauter lebendigen Punkten besteht«. Hegels Stil verrät, wie diese mächtige Gegenwart des Lebens den Philosophen geradezu in Begeisterung versetzte: »Das Meer zeigt auf diese Weise ein Heer von Sternen, in Milchstraßen dicht zusammengedrängt, die so gut als die Sterne am Himmel sind«, – ja welche für Hegel die Sterne am Himmel in ihrer Bedeutung noch weit übertreffen, da mit ihnen das Leben beginnt. Das Meer ist deshalb auch für Hegel ein riesiger Zeugungs- und Geburtsraum: »die Fische abgerechnet, enthält auch sonst die Meerwelt Polypen, Korallen, Steinpflanzen, Steintiere, Pflanzentiere usw.; jeder Tropfen ist ein lebendiger Erdball von Infusionstierchen«. Kaum ein Philosoph hat zuvor das Meer so emphatisch gepriesen, und gerade die wissenschaftlichen Erkenntnisse hatten das möglich gemacht. Für Aristoteles war der Fixsternhimmel göttlich – für Hegel ist es eher das Meer. Jener bewunderte die gleichförmigen Kreisbewegungen – dieser das wimmelnde Leben. Aber auch noch Hegel betrachtet die Erde als einen lebendigen Organismus.

Wie die damalige Naturwissenschaft allgemein, so waren auch Oken und Hegel noch immer von der sogenannten *gene-*

ratio aequivoca überzeugt, d. h., sie glaubten, die anorganische Natur und besonders das Meer brächten spontan Organismen hervor, und zwar aus dem gallertartigen Schleim, mit dem laut Hegel das Meer von oben bis unten erfüllt ist. Schon in der antiken Philosophie wurde diese Auffassung in ähnlicher Weise vertreten. Im 17. Jahrhundert widerlegte der Florentiner Arzt und Naturforscher Francesco Redi sie durch Experimente,[39] aber erst 1862 verlor sie endgültig durch den französischen Chemiker Louis Pasteur ihre Geltung. Ganz genau kann man den Sprung von der anorganischen zur organischen Natur jedoch auch heute noch nicht erklären. Dass aber das Meer, unseren Augen verborgen, voller Leben steckt, das hat die wissenschaftliche Forschung der Folgezeit bestätigt. Und insofern haben die modernen Naturwissenschaften keineswegs, wie Karl Löwiths berühmter Vortrag suggeriert, die Natur nur in tote Materie verwandelt.

Und auch der bewundernde Blick auf das Ganze der Welt war durch die modernen Erfahrungswissenschaften keineswegs unmöglich geworden. Das berühmteste Beispiel für die Verbindung von empirischer Forschung, philosophischem Geist und Naturbewunderung bietet Alexander von Humboldt mit seinem ebenso großen wie großartigen Werk *Kosmos*, das in fünf Bänden von 1845 bis 1862 erschien. Der auch geisteswissenschaftlich hochgebildete Naturforscher knüpfte mit dem Titel *Kosmos* ausdrücklich an das Denken der griechischen Antike an, für welches die Natur ein bewundernswertes Ordnungsgefüge war, und übergab den modernen Naturwissenschaften ganz gezielt die Rolle der aristotelischen *theoria*: Nur eine einseitige und unvollständige Naturwissenschaft zerstöre den Zauber und den Reiz der Natur. Die wahre Naturwissenschaft aber sei »denkende Betrachtung«, erblicke alles in seinem größeren Zusammenhang und begreife in der Mannigfaltigkeit der Erscheinungen ihre Einheit und Notwendigkeit – sie sei eine »großartige Betrachtung des Weltbaus«.[40] So wie die antike Theorie nicht die Naturkatastrophen wie Vulkanausbrüche und Überschwemmungen vergaß, so schreibt auch Humboldt, dass selbst das Schreckliche der Natur »zur Quelle des Genusses werden könne«, wenn man den Sinn der Vorgänge begreife.

Sein Werk zielt auf »Weltanschauung«, wie wir wiederholt lesen – aber nicht im Sinne einer bloß subjektiven Überzeugung vom richtigen Leben, sondern im Sinne einer Zusammenschau aller Kenntnisse, die Humboldt durch seine ausgedehnten Expeditionen und durch die Forschungsliteratur von der Natur erreichen konnte. Solche Anschauung als denkende Betrachtung verbinde erwiesene Tatsachen mit Ideen und sei keineswegs nur eine Sache des Verstandes, sondern auch der Einbildungskraft und des Gefühls. Sie bereite sogar Genuss, wie Humboldt wiederholt versichert, und sei verbunden mit dem Gefühl für die Erhabenheit der Naturerscheinungen: Der Astronom z. B. könne zeigen, dass der Kosmos noch viel größer sei als geahnt, wodurch »der Zauber des Unbegrenzten« intensiviert werde. Die wissenschaftliche Betrachtung lässt also keineswegs das lebendige Gefühl für die Schönheit und Größe der Natur erkalten, wie manche befürchten, nein: laut Humboldt fördert sie den Naturgenuss, der sich jedem aufdrängt, und hebt ihn auf eine höhere Stufe, auf welcher Gefühl und Vernunft sich verbinden.

Gerade Humboldts Betrachtung des Meeres gibt uns das beste Beispiel für diesen Zugang zur Natur. Viel genauer noch als Oken und Hegel bestätigt Humboldt die riesige Fülle an Pflanzen und Tieren und damit die »Allbelebtheit des Ozeans«, und so kennt er auch die blitzenden Leuchttiere, die »jede Welle in einen Lichtsaum verwandeln«.[41] Aber er verbindet diese reichen Kenntnisse von den einzelnen Organismen mit dem Blick auf das Ganze, auf die unendliche Weite des Meeres, und bekundet dabei auch seine »eigentümliche Vorliebe für das Meer«, dem er die vielfältigsten Eindrücke verdanke. Hier schreibt ein Wissenschaftler, der sehr wohl Tatsachen berichtet, für den aber auch ihre Bedeutsamkeit, ihr Zusammenhang und ihre Wirkung auf unser Gefühl wichtig sind. Wissenschaft, Philosophie und Ästhetik werden eng verknüpft, und so gewinnt seine »physische Weltbeschreibung« zuweilen sogar einen poetischen Charakter. Nachdem er auf die vielen kleinen Lebewesen des Meeres aufmerksam gemacht hat, fährt Humboldt fort:

> Die Fülle dieser kleinen Tiere und des animalischen Stoffs, den ihre schnelle Zerstörung liefert, ist so unermesslich, dass das ganze Meerwasser für viele größere Seegeschöpfe eine nährende Flüssigkeit wird. Wenn schon der Reichtum an belebten Formen, die Unzahl der verschiedenartigsten mikroskopischen und doch teilweise sehr ausgebildeten Organismen die Phantasie anmutig beschäftigt, so wird diese noch auf eine ernstere, ich möchte sagen feierliche Weise angeregt durch den Anblick des Grenzenlosen und Unermesslichen, welchen jede Seefahrt darbietet. Wer, zu geistiger Selbsttätigkeit erweckt, sich gern eine eigene Welt im Innern baut, den erfüllt der Schauplatz des freien, offenen Meers mit dem erhabenen Bild des Unendlichen. Sein Auge fesselt vorzugsweise der Horizont, wo unbestimmt wie im Duft Wasser und Luft aneinander grenzen, in den die Gestirne hinabsteigen und aus dem sie sich erneuern vor dem Seefahrer. Zu dem ewigen Spiel dieses Wechsels mischt sich, wie überall bei der menschlichen Freude, ein Hauch wehmütiger Sehnsucht.[42]

Man staunt, bei einem Naturwissenschaftler zu lesen, nur die geistige Welt im Innern des Menschen erschließe den Charakter der äußeren Natur. Und doch kann man ihm folgen. Die Erhabenheit des Ozeans ist keine wissenschaftliche Tatsache. Sie zeigt sich nur demjenigen, der bereits einen Begriff von der Unendlichkeit hat. Möglich, dass Humboldt an Kants Theorie des Erhabenen dachte, mit der wir uns später ebenfalls noch befassen werden. Überhaupt lag für Humboldt der Schlüssel für die Natur im menschlichen Geist. Denn auch die Ideen, die den Naturerscheinungen Einheit verleihen, waren für ihn keine wahrnehmbaren, messbaren Fakten, sondern lagen diesen zugrunde. Humboldt war von einer Verwandtschaft zwischen unserer Vernunft und der Natur überzeugt. Er setzt sie voraus, wenn er schreibt, es sei die »erhabene Bestimmung des Menschen, den Geist der Natur zu ergreifen, welcher unter der Decke der Erscheinungen verhüllt liegt«.[43] Oken hatte bereits Ähnliches gesagt. Uns mag diese Vorstellung fremd vorkommen, doch in der Zeit um 1800 waren fast alle humanistisch Gebildeten davon überzeugt, dass Gleiches nur von Gleichem erkannt werden könne. Goethe brachte diese Weisheit der antiken Philosophie in poetische Form:

> Wär nicht das Auge sonnenhaft,
> Die Sonne könnt' es nie erblicken;
> Läg' nicht in uns des Gottes eigne Kraft,
> Wie könnt' uns Göttliches entzücken?[44]

Humboldt hat sich verschiedentlich auf Goethe berufen, sie teilten dieselbe Einstellung zur Natur. Die Folge dieser Auffassung: Die Naturerscheinungen treten dem erkennenden Geist des Menschen nicht als tote Objekte gegenüber, sondern als das, was dem Menschen untergründig ähnlich ist. Dieser Gedanke dürfte eher die Achtung als die Ausbeutung der Natur begünstigen. Wer das Meer als Quelle des Lebens betrachtet, der wird es als solche erhalten und nicht zerstören wollen. Humboldt empfahl das Studium der Naturwissenschaften zwar auch wegen ihres Nutzens für die Gesellschaft, aber die Zerstörung der Natur hat er dadurch nicht befürchtet. Sein *Kosmos* hat eine große Wirkung ausgeübt und wurde vielfältig übersetzt. Seine Bewunderung für die Natur und auch für das Meer wird nach wie vor von vielen Wissenschaftlern geteilt. Und deshalb zögert man, wie Löwith den wissenschaftlichen Fortschritt nur ein Verhängnis zu nennen. – Aber ist damit auch Löwiths These vom Fortschrittsfatalismus widerlegt?

Die Wende zur Bioethik

Die *theoria* war bei Aristoteles selbst eine Form der Tugend, die höchste sogar, weil der Mensch hier sein bestes Vermögen, die Vernunft, dem vornehmsten Gegenstand zuwandte, dem göttlichen Kosmos. Auch Humboldts denkende Betrachtung des Ganzen der Natur hatte noch diese Ausrichtung, denn sie war sinnvoll in sich selbst, mochten die Naturwissenschaften daneben auch bestimmten Zwecken dienen. Je mehr aber die Eingriffe des Menschen die Natur veränderten, desto mehr musste die Theorie auch dieses menschliche Handeln in Betracht ziehen und, wenn nötig, zu leiten versuchen. Das ist in einem der berühmtesten Bücher der Fall, die über das Meer geschrieben wurden, in dem bewundernswerten Werk *La Mer* von Jules Michelet, das 1861 erschien.[45] Michelet war kein Philosoph, sondern ein bekannter Historiker. Gleichwohl gehört sein Buch in den Bereich der Naturphilosophie, und zwar ebenso sehr wie Humboldts *Kosmos*.

Platon und Aristoteles kannten keine tote Materie, der Kosmos war für sie belebt, lebendig, bei Platon und bei den Stoikern sogar von einer Weltseele durchzogen und beherrscht, in der alle Bewegungen der Natur ihren Ursprung haben. Genauso denkt auch Michelet. Er interpretiert das Meer als einen lebendigen Organismus, bezeichnet es gelegentlich sogar als eine Art Person. Diese Auffassung wird sehr genau erläutert: Ebbe und Flut sind die Atmung des Organismus und die Meeresströmungen sein Blutkreislauf, ein Kreislauf, wie wir ihn auch bei niederen Tieren feststellen; der Rhythmus dieser Strömungen sind sein Puls und das Pulsieren der Winde und Meeresströmungen »das eigentliche Leben der Erde«. Noch viel deutlicher als die antiken Philosophen hebt Michelet die Ordnung in diesem Organismus heraus. Allenthalben macht er auf die Harmonie, das Gleichgewicht und die Symmetrie aufmerksam, die in den Naturvorgängen herrschen: das Gleichgewicht zwischen Verdunstung und Niederschlag, im Austausch von Süß- und Salzwasser, von warmen und kalten Strömungen; ja sogar die gefährlichen Stürme, welche alle Ordnung aufzuheben scheinen, folgen bestimmten Gesetzen. Man wird an Heraklit erinnert, wenn der Autor von Kampf und Liebe zwischen den Elementen der Natur berichtet und auch in ihrer Zwietracht Harmonie erkennt. Michelet äußert diese Gedanken in poetischer Prosa, in der Form eines literarischen Kunstwerkes, aber er stützt sich dabei auf die Forschungsergebnisse der damaligen Wissenschaften. Sogar den alten Gedanken der Sphärenharmonie sieht er durch neuere Beobachtungen der Gezeiten gerechtfertigt, denn die Beziehung unserer Erde zu anderen Himmelskörpern folge mathematischen Regelmäßigkeiten wie die Musik.

Konzentriert auf die Sache, das Meer, erwähnt Michelet selten das philosophische Erbe. Ja er markiert seine Sichtweise als typisch modern: Früher habe man das Meer wie eine Maschine, als fertiges Gebilde Gottes, betrachtet – für die neuere Naturauffassung aber sei das Meer »etwas Belebtes, eine vitale Kraft, ja fast eine Person, der zufolge die Weltseele in ständig weiterschaffender Tätigkeit begriffen ist«.[46] Michelet stützt sich auf Lamarck, den Evolutionstheoretiker, der von der »Einheit des Lebens« überzeugt gewesen sei. Nichts war für ihn ganz tot. Michelet fügt dem hinzu: »Unter dem Blick der Wissenschaften ergriff der Tod die Flucht. Der Geist tritt allüberall als Sieger hervor und drängt ihn zurück.«[47] Die modernen Wissenschaften bringen für ihn also das Leben als universales Weltprinzip zur Geltung, und deshalb kann Michelet wie die antiken Philosophen vom »Einklang der Natur« und von der »Weltseele« sprechen und so alte und neue Deutungen der Natur verbinden.

Die »Weltseele«, die »große, harmonische Seele«, »das große Ich«: Das ist bei ihm nichts anderes als das Leben. »Leben« ist Michelets Grundbegriff. Sein Buch ist eine Philosophie des Lebens: Die ganze Welt ist nichts als Ausdruck von Leben. Die »große Mutter« und die »Amme der Lebewesen« ist das Meer – die Sprache des Autors ruft die antike Muttergöttin Demeter oder Rhea Kybele in Erinnerung, die auch Große Mutter, Magna Mater, genannt wurde. Wenn er das Meer als »heftige Mutter« und »gestrenge Herrin« bezeichnet, verleiht er ihm durchaus den Charakter einer Gottheit. Es ist einerseits unnahbar, fremd und rätselhaft, das Erscheinen einer Unendlichkeit, die man nicht sieht, sondern nur fühlt und erahnt, und es sagt zu uns: »Morgen vergehst du, doch ich vergehe nie.« Andererseits aber kann man das Meer als den erzeugenden und tragenden Grund allen Lebens doch verstehen. Es ist uns in diesem Sinne sogar befreundet und man darf es wagen, mit ihm zu sprechen, wie der Autor versichert. Wir begegnen hier einer Art säkularer Theologie, einem Pantheismus, der jetzt als Selbstentfaltung des Lebens gedacht wird – und zwar verfasst aus der Perspektive eines sehr feinfühligen Beobachters, der die Wissenschaften seiner Zeit studierte, aber auch seine ganz eigenen Erfahrungen mit dem Meer für die Theorie fruchtbar machte.

Das gilt besonders auch für Michelets Darstellung des Meeres als Quelle des Lebens: »So stellt sich uns die See dar. Sie ist – so scheint es – das große Weib des Erdballs, dessen nie versiegendes Begehren, dessen unausgesetztes Empfangen und Gebären ohne Ende ist.« Seine »schrankenlose Fruchtbarkeit« ist so gewaltig, dass auch Zerstörung und Tod vonnöten sind, damit das Gleichgewicht erhalten bleibt und neues Leben entstehen kann:

> Der universelle Kampf des Todes und der Liebe scheint fast inexistent auf der Erde, vergleicht man ihn mit dem, was er auf dem Grunde des Meeres ist. Er nimmt dort ein unvorstellbares Ausmaß an und erschreckt durch seine wütende Raserei. Betrachtet man ihn allerdings aus größerer Nähe, so erkennt man, dass er im Grunde sehr harmonisch und von ungeahnter Ausgeglichenheit ist. Die Raserei ist notwendig; der betörend schnelle Austausch der Substanz, die Vergeudungssucht des Todes sind selbst das Heil. – Nichts Trauriges. Eher scheint in allem eine wilde Freude zu herrschen. Aus dem Leben des Meeres, das bitter aus diesen beiden, sich anscheinend gegenseitig zerstörenden Kräften zusammengemischt ist, strömt eine wunderbare Gesundheit und unvergleichliche Reinheit, eine schreckliche und erhabene Schönheit aus.[48]

Michelet veranschaulicht die allmähliche Ausformung der wichtigsten Lebewesen des Meeres von den ersten Wesen an, die man als lebendig betrachtete – den Wasserfäden, dem Venushaar –, bis zu den Seehunden und Walfischen, und er beweist dabei überall das »Mitgefühl«, das er »die göttliche Krönung des Lebens« nennt, sowie seine »Zärtlichkeit« gegenüber der Natur, die er eigentlich nur den Frauen zuerkennt. Man kann ihm vorwerfen, er habe alle Naturphänomene vermenschlicht. Aber wenn er z. B. die Korallen sprechen lässt, so will er uns durch die Lebendigkeit und Eindringlichkeit der Darstellung die Natur näherbringen, ganz ähnlich wie Franz von Assisi, der in seinem berühmten *Sonnengesang* die Naturphänomene, sogar die Himmelskörper, seine Schwestern und Brüder nannte. Und wenn Michelet die Suche nach »Freiheit« und »Sicherheit« schon sehr früh bei einfachen Meerestieren wahrnimmt – die Freiheit bei der Meduse, einer Qualle, die sich selbstständig fortbewegt, und die Sicherheit beim Seeigel, der sich gegen die Feinde abschirmt –, dann macht er deutlich, dass man Vorformen unserer typisch menschlichen Eigenschaften bereits in der Natur finden kann. Im 20. Jahrhundert hat der Philosoph Hans Jonas ganz ähnlich gedacht.

Der auch naturwissenschaftlich gebildete Historiker las und zitiert zwar Darwin, aber seine eigene Entwicklungslehre ist eine ganz andere: Verändern sich bei Darwin die Arten letztlich aufgrund von Zufällen, die eine bessere Anpassung an die Umwelt erlauben, so wohnt bei Michelet dem Leben von vornherein eine bestimmte Tendenz inne, ein Streben nach Beharrlichkeit und nach Entwicklung von Vielfalt. Aus dem Lebensquell des Meeresschleims ringe sich allmählich die Seele heraus und mit ihr die individuelle Liebe, zu welcher dann der Mensch erst wahrhaft fähig sei. Dieser aber betritt die Weltbühne bei Michelet keineswegs als die vornehmste Schöpfung des Meeres, sondern als ein Landtier, und zwar als »grausam feindlicher Bruder« der Meerestiere, als »grausamer König der Welt, als tyrannischer Gott«, der im Begriff ist, das Leben des Meeres zu zerstören.[49] Und hier geht seine Liebe zum Meer in eine harsche Kritik am menschlichen Verhalten über.

Zwar lobt er den Wagemut der Seefahrer, die den ganzen Ozean erobert und eine Fülle an neuen Erkenntnissen möglich gemacht haben, und Michelet hebt sogar die Leistungen der Walfänger heraus, die bei der Erschließung von Wasserstraßen Pioniere waren. Aber dann fügt er hinzu, dass der Mensch seinen neuen Entdeckungen sehr bald nur noch als »Feind« begegnet ist: Er versklavte die jungen Völker, die er fand, oder rottete sie aus, und ebenso verbrecherisch verhielt er sich zur Tierwelt. Die »gutartigen Seehunde« und die »sanftmütigen Wale« werde es bald nicht mehr geben. Selten ist mit solcher Vehemenz moralische Anklage gegen die menschliche Barbarei gegenüber den Tieren erhoben worden. Es sei ein regelrechter grausamer »Krieg«, den der Mensch gegen die Tiere führe, »durch kaufmännische, industrielle Gier« auf den Weg gebracht:

> Es ist schwer, sich das Ausmaß dieses Krieges vor hundert oder zweihundert Jahren vorzustellen, als das Meer noch voller Wale war, die in ganzen Familien dahinzogen, als ganze Völker von Amphibien sämtliche Küsten bewohnten. Man verübte unerhörte Massaker und richtete Blutbäder an, wie man sie selbst in den größten Schlachten nie gesehen. Man tötete an einem Tag 15 oder 20 Wale und 1500 See-Elefanten! Das heißt, man tötete, um zu töten. – Man war auf das Vergnügen der Tyrannen und Henker aus, das Vergnügen zuzuschlagen, zu unterwerfen, seine Kraft und Raserei auszukosten, sich an dem Schmerz und dem Tod zu laben. Oft machte

> man sich einen Spaß daraus, Tiere, die zu schwerfällig oder zu sanftmütig waren, um sich zu rächen, zu martern und zur Verzweiflung zu treiben, und sie eines langsamen Todes sterben zu lassen. Auf den südlichen Shetland-Inseln habe man in vier Jahren alle Seehunde ausgerottet. Diese Gemetzel sind eine scheußliche Schule der Grausamkeit, die den Menschen schmachvoll verdirbt. Die abscheulichsten Instinkte treten in dieser trunkenen Schlächterei an den Tag. O Schande der Natur![50]

Es sei, als ob ein Fluch auf dem Menschen laste, als sei er wider den Willen Gottes auf der Erde.

Michelet belässt es nicht bei der moralischen Empörung, sondern er entwirft auch die Grundzüge einer Ethik für das richtige Verhalten zur Natur, einer Bioethik also, wie man heute sagt. Sein Grundsatz: Wir müssen davon ausgehen, dass Tiere ebenso fühlen wie Menschen. Daraus folgt: »Der Mensch ist es sich und ihnen schuldig, nicht ohne Grund zu töten und Schmerzen zu verursachen.« Er ist es sich selbst schuldig – d. h., er verletzt durch grausames Verhalten gegen die Tiere auch sich selbst, sein moralisches Gefühl, er korrumpiert seine moralische Natur und damit auch seine Selbstachtung. Er zerstört seine prinzipielle Fähigkeit zu Mitgefühl mit allen Kreaturen und sinkt unter das moralische Niveau der Tiere herab, deren Aggressivität nur ihrer Selbsterhaltung dient. Zwar kann der Mensch nicht leben, ohne zu töten, aber er muss die Ordnung der Natur respektieren und das heißt vor allem: Wenn er schon einzelne Lebewesen töten muss, sollte er doch versuchen, die Arten zu erhalten. Denn sie alle dienen der Natur als ganzer. Michelet erweist sich als sehr vorausschauend, wenn er schreibt: »Die Ausrottung einer einzigen Art kann einen fatalen Eingriff in die Ordnung, in die Harmonie des Ganzen darstellen.« Deshalb fordert er internationale Regelungen, die der Tiervernichtung Einhalt gebieten. Es sei besonders für die Wale eine Schonzeit, ein »Gottesfriede« nötig, damit die Gattung sich erneuern könne.

Wie angedeutet, findet man auch bei Michelet noch immer Denkweisen, die zuerst in der Philosophie der Antike ausgebildet wurden. Doch es vollzieht sich bei ihm ein grundlegender Wandel im Verhältnis zur Natur, da die Eingriffe des Menschen eine ganz neue Situation herbeigeführt haben. Schienen in früheren Zeiten die Natur und besonders das Meer ein unerschöpfliches Reservoir an nützlichen Gütern zu bieten, so zeigen diese Güter sich nun als begrenzt, ja sie können für immer vernichtet werden. Für die alten Naturphilosophen stand die Ordnung der Natur unverrückbar fest, und der Mensch war ihr unterworfen. Aber diese Ordnung verlor ihre Selbstverständlichkeit. Sie ist nicht mehr das, was ist und immer sein wird, sondern eher das, was sein soll, was es zu erhalten gilt. Die neue Philosophie erkennt den Menschen nun als mitverantwortlich für die Ordnung der Natur. Damit verwandelt sich die Theorie der Natur in Ethik, sie wird zur Natur- oder Umweltethik, zur Bioethik. War die *theoria* der alten Griechen sinnvoll in sich selbst, ein sich selbst genügendes Wissen, so steht die neue bioethische Theorie nicht mehr nur im Dienst des Erkennens und Wissens, sondern vor allem im Dienst des richtigen Verhaltens zur gefährdeten Natur. Jene war eine Form des Glücks, diese aber versucht, Unglück zu verhüten oder zumindest einzugrenzen. Deshalb sucht die neue Philosophie nun die Gründe für die Zerstörungen aufzudecken und Grundregeln für einen verantwortlichen Umgang mit der Natur zu entwerfen, auch für das Verhältnis zum Meer.

1972 veröffentliche der Club of Rome seinen Bericht über die *Grenzen des Wachstums.* Die dadurch zugänglichen Daten über die bedrohliche Erschöpfung der natürlichen Ressourcen unserer Erde lösten weltweit große Sorge aus. 1975 suchte Herbert Gruhl mit dem Buch *Ein Planet wird geplündert* Auswege aus der Krise. 1979 erschien *Das Prinzip Verantwortung* von Hans Jonas, die bis heute wohl bekannteste Ethik zum Umgang mit der Natur im Zeitalter technischer Verfügungsmacht. Als sich eine Seerechtskonferenz mit den Folgen der industriellen Nutzung der Meere befasste, gaben Wissenschaftler aus unterschiedlichen Disziplinen 1981 flankierend den Sammelband *Die Plünderung der Meere* heraus. Sie nennen darin die Gefahren, welche die Überfischung und die Rohstoffgewinnung wie Ölbohrungen für die Meere bedeuten, und formulieren die Hoffnung auf internationale, begrenzende Abkommen, mit unterschiedlichem Optimismus. Der Beitrag des Naturphilosophen Meyer-Abich zu dieser Diskussion lautet *Das Meer vor uns und das Meer hinter uns*; gemeint: das Meer, aus dem das Leben hervorging, und das Meer, das von der industriellen Nutzung bedroht und dessen Zukunft ungewiss ist. Ähnlich wie Löwith sieht auch dieser Autor den einzigen Ausweg aus der Gefahr der völligen Meeresverschmutzung in einer Rückbesinnung auf die Philosophie der Antike: Der Kosmos müsse als »eine Rechtsgemeinschaft aller Dinge und Lebewesen« betrachtet werden.[51] Das verpflichte den Menschen, allen natürlichen Erscheinungsformen ihr Daseinsrecht zuzuerkennen; wenn wir die Natur nutzen, müssen wir respektieren, dass sie nicht nur uns gehört. Meyer-Abich gewinnt den Gedanken des Kosmos als Rechtsordnung aus überlieferten Gedankensplittern der ältesten Philosophen, der Vorsokratiker, die von der Gerechtigkeit (*dike*) in der Natur sprachen und damit den Ausgleich und das Gleichgewicht zwischen den Dingen meinten. Es soll also nicht der

Mensch mit seiner Moral das Maß aller Dinge sein, sondern das ihm übergeordnete Ganze der Natur.

Wenn wir aber heute von einer Rechtsgemeinschaft aller Lebewesen sprechen, kann dann nicht nur der Mensch der Anwalt dieses Rechtes sein? Wenngleich auch Michelet für die Lebensrechte der Tiere kämpfte, begründete er seine ethischen Forderungen anders, nämlich mit dem Gedanken, dass der Mensch durch die Vernichtung der Tierwelt im Meer sich selbst schädige; und zwar nicht nur durch die Vernichtung seiner Nahrungsgrundlagen, sondern durch die Verletzung seines moralischen Gefühls. Das hatte auch schon Kant behauptet. Bereits das sinnlose Zerstören von schönen Dingen der Natur, so ist bei ihm zu lesen, widerspreche der Pflicht des Menschen gegen sich selbst. Denn es korrumpiere seine Fähigkeit, etwas ohne Rücksicht auf jeden Nutzen lieben zu können – ein sehr bedenkenswertes Wort. Dieses Gefühl sei zwar selbst noch nicht moralisch, aber es führe hin zur moralischen Gesinnung. Für viel schlimmer hält er allerdings die grausame Behandlung von Tieren, weil dadurch auch das Mitgefühl gegenüber den Mitmenschen abstumpfe. Deshalb weist er vermeidbare Tierversuche scharf zurück. Wir schädigen also laut Kant in jedem Fall uns selbst, wenn wir die Natur zerstören, wir zerstören damit die Grundlagen unseres moralischen Vermögens, das uns zu Menschen macht.[52]

Wie Löwith sieht Meyer-Abich die Wurzeln für die wachsende Naturzerstörung und die Gefährdung der Meere in der europäischen Kultur, jedoch nicht erst in den modernen Naturwissenschaften, sondern schon in der jüdisch-christlichen Religion. Anders als in den Naturreligionen und im Buddhismus sei der Mensch im Christentum zur Herrschaft über die Natur befugt worden. Deshalb orientiert sich Meyer-Abich an den ältesten Philosophien, den Vorsokratiken. Aber wie gezeigt, versuchte schon Thales, die Macht des Menschen über die Natur durch Technik zu erweitern, und man ging in der Antike mit der Natur keineswegs schonend um. Die Bibel enthielt andererseits eine Tierethik: »Der Gerechte erbarmt sich seines Viehs«, lesen wir im Alten Testament. Die Kirchenväter des Christentums interpretierten die Natur nicht als großes Materiallager für die Bedürfnisse der Menschen, sondern als ein bewundernswertes Kunstwerk Gottes. Der kenntnisreiche Alexander von Humboldt belegt mit ausführlichen Zitaten, wie sie die Schönheit der Natur und auch des Meeres priesen.[53] Diese bewundernde Zuwendung zur Natur hat sich in der Zeit der aufblühenden Naturwissenschaften seit dem 17. Jahrhundert noch intensiviert. So wird man die Zerstörung der Natur schwerlich mit der Religion und ihren Folgen erklären können. Aber wohl auch nicht durch die Herrschaft der Wissenschaften, welche ja die Fülle an Leben in den Meeren erst recht deutlich machten. Heute werden die Wissenschaften dringend gebraucht, um die Ursachen und die Grade der Naturzerstörung zu erfassen. Dieser Aufgabe gilt z. B. das Projekt *Ozean der Zukunft* der Kieler Universität, an dem Wissenschaftler aus verschiedenen Bereichen zusammenarbeiten.[54] Michelet nannte als Ursache unserer Probleme die Erwerbsgier, und in der Tat: Ohne Aussicht auf ökonomischen und politischen Nutzen wären auf dem Meer ganz sicher keine Bohrinseln entstanden.

Durch die Eingriffe des Menschen in die Natur hat sich also die philosophische Theorie der Natur einschneidend in ihrem Charakter verwandelt: Sie wurde zur Ethik, zur Bio- oder Umweltethik, welche nach den Ursachen der Zerstörung und nach möglichen Auswegen sucht, und zwar auch durch eine Rückkehr in die Vergangenheit, zu den Gedanken der alten Philosophie. Meyer-Abich schreibt: »Ohne Furcht und Ehrfurcht ist kein angemessenes Verhältnis zum Meer.« Aber sollte man ernstlich zum Denken der ältesten Philosophen zurückkehren müssen, um sich solche Gefühle zu eigen zu machen? Dieselbe Frage drängt sich auf, wenn eine bestimmte Umweltethik in neuer Weise die mythische Figur der Gaia, der Erde als Mutter, beschwört.[55] Solche Weltanschauungen mahnen uns einzusehen, dass auch wir Menschen wie die anderen Lebewesen nur Teile der Natur sind und keinen Sonderstatus beanspruchen dürfen. Wäre es so, könnte und müsste man uns dann ermahnen?

Es fragt sich, ob nicht gerade in der modernen Kultur Einstellungen zum Meer nachweisbar sind, die sich der Zerstörung widersetzen, z. B. im Bereich der Kunst und der ästhetischen Wahrnehmung.

5.
Der Anblick des Erhabenen

Von der Theorie des Universums zur Anschauung des Meeres

Da Kant die Unmöglichkeit von rationalen Gottesbeweisen dargelegt hat, nannte Moses Mendelssohn ihn den »Alleszermalmer«. Heinrich Heine drückte es noch drastischer aus: Durch Kant schwimme Gott unbewiesen in seinem Blute. Man sollte aber nicht übersehen, dass Kant zuvor, mit neununddreißig Jahren, einen Beweis für das Dasein Gottes entwickelt hatte, und zwar so scharfsinnig, dass er damit seinen Interpreten bis heute zu denken gibt.[1] Und Kants *Allgemeine Naturgeschichte und Theorie des Himmels* von 1755 darf man durchaus noch eine Theorie im Sinne der *theoria* des Aristoteles nennen. Denn zwar hat das Weltbild bei Kant die frühere Anschaulichkeit verloren, da sich seine Gedanken über den Kosmos kaum mehr in ein Bild bringen lassen. Aber sein Versuch einer rationalen Erklärung der Entstehung des Universums hebt wie die antike Theorie noch immer die Vollkommenheit und die Bewunderungswürdigkeit des Weltenbaues heraus: »Das Weltgebäude setzt durch seine unermessliche Größe und durch die unendliche Mannigfaltigkeit und Schönheit, welche aus ihm von allen Seiten hervorleuchtet, in ein stilles Erstaunen.« Nicht nur die Einbildungskraft, sondern auch der Verstand gerate in »Entzückung«, denn die ganze Pracht und Größe gehe aus einer einzigen allgemeinen Regel hervor.[2] Diese allgemeine Regel besteht darin – so formuliert Kant es mit Blick auf Newton –, dass schon die kleinsten Teile der Materie zwei gegenläufige Kräfte besitzen: Attraktion und Repulsion, Anziehungs- und Abstoßungskraft, und dass aufgrund dieser Kräfte die Materie von einem Zentrum aus, in dem sie die »dichteste Häufung« hat, allmählich eine Ordnung aufbaut, die wachsend den gesamten unendlichen Raum erfüllt. Ohne die Anziehungskraft zerstreute sich die Materie nur in ihre Einzelteile, ohne die Zurückstoßungskraft klumpte sie zusammen, doch durch die gemeinsame Wirkung von Attraktion und Repulsion bildet sich das System der Weltkörper heraus, die Abstand zueinander halten und ihre geordneten Bahnen ziehen.

Kant sagt ausdrücklich, dass seine Hypothese Ähnlichkeiten mit der Philosophie von Epikur und Lukrez hat. Dennoch befinde sie sich keineswegs im Widerspruch mit der christlichen Religion, sondern könne im Gegenteil den Plan Gottes erläutern. Denn die Atome existierten nicht für alle Ewigkeit, wie die alten Atomisten glaubten, sondern seien von Gott geschaffen, und der habe sie so klug eingerichtet, dass sie aus sich selbst seinen Willen erfüllen und in ihrer Selbstorganisation die bewundernswerte Ordnung des Universums ausbilden müssen. Die Tätigkeit der Natur ist insofern eine fortwährende Vollendung der Schöpfung. Diese bringt im unendlichen Raum und in der Unendlichkeit der Zeit »ein unendliches Heer von Weltordnungen« hervor – weshalb Kant sogar Bewohner anderer Planeten für wahrscheinlich hält. Er fügt hinzu: »Ich finde nichts, das den Geist des Menschen zu einem edleren Erstaunen erheben kann, indem es ihm eine Aussicht in das unendliche Feld der Allmacht eröffnet, als diesen Teil der Theorie, der die sukzessive Vollendung der Schöpfung betrifft.«[3]

Anders als bei Aristoteles – aber ähnlich wie bei Lukrez und in Übereinstimmung mit der christlichen Religion – haben die Weltkörper und unser bewohnter Erdball bei Kant keineswegs ewigen Bestand. Auch das Meer hat bei ihm keinen festen Platz mehr in einer ewigen Ordnung, sondern es wirkt im Gegenteil mit an der Labilität und Vergänglichkeit unserer Erde. Kant vertrat damals in Beantwortung einer Preisfrage der Berliner Akademie die Auffassung, das Meer bremse die Erdumdrehung, sodass »die Erde sich dem Stillstand ihrer Umwälzung mit stetigen Schritten nähert«, was natürlich auch das Ende allen Lebens bedeuten würde. Den Grund sieht er in der Anziehungskraft des Mondes, der im Weltmeer ein »beständiges Fortströmen« verursache, das der Erdumdrehung entgegengesetzt sei und diese verlangsamen müsse.[4] In einer weiteren Abhandlung über das *Veralten der Erde* diskutiert er vier Theorien seiner Zeit, die das mögliche Ende unseres bewohnten Planeten erklären, und findet nur die folgende überzeugend: Da der Regen nachweislich ständig Land über die Flüsse ins Meer spült, wird die Trennung von Meer und Festland künftig immer weiter aufgehoben, das Erdreich wird aufgeweicht und schließlich unbewohnbar.[5] Eine Bedrohung der bewohnten Erde durch Wasser kennen wir auch heute, nämlich durch den Anstieg des Meeresspiegels aufgrund des abschmelzenden Polareises. Aber zur Zeit Kants fürchtete man eher die langsame Austrocknung des Meeres. Jedenfalls war die Endlichkeit der Menschheit, ja unserer gesamten Erde, schon in der Gelehrtenwelt des 18. Jahrhunderts ein offen diskutiertes Thema.

In seiner *Allgemeinen Naturgeschichte* nimmt Kant den Untergang der Erde in seine Kosmologie auf – sie werde einst mit der Sonne verschmelzen – und er betont die prinzipielle Endlichkeit aller Dinge der Natur, die ebenso zu Gottes Plan gehöre wie die fortwährende Hervorbringung neuer Erscheinungen:

> Unzählige Tiere und Pflanzen werden täglich zerstört und sind ein Opfer der Vergänglichkeit; aber nicht weniger bringt die Natur durch ein unerschöpftes Zeugungsvermögen an andern Orten wiederum hervor und füllt das Leere aus. Beträchtliche Stücke des Erdbodens, den wir bewohnen, werden wiederum in dem Meere begraben, aus dem sie ein günstiger Periodus hervorgezogen hatte; aber an andern Orten ergänzt die Natur den Mangel und bringt andere Gegenden hervor, die in der Tiefe des Wassers verborgen waren, um neue Reichtümer ihrer Fruchtbarkeit über dieselbe auszubreiten. Auf die gleiche Art vergehen Welten und Weltordnungen und werden von dem Abgrunde der Ewigkeiten verschlungen; dagegen ist die Schöpfung immerfort geschäftig, in andern Himmelsgegenden neue Bildungen zu verrichten und den Abgang mit Vorteile zu ergänzen.[6]

Zwar hatte auch Aristoteles Land und Meer in stetem Wandel gesehen, doch der Untergang der Erde war für ihn noch schlicht undenkbar.

Für Kant aber gehört auch ihr Entstehen und Vergehen zur göttlichen Ordnung, die wir akzeptieren müssen, ja die wir bewundern sollten: »Lasst uns also unser Auge an diese erschrecklichen Umstürzungen als an die gewöhnlichen Wege der Vorsehung gewöhnen und sie sogar mit einer Art Wohlgefallen ansehen.«[7] Das steht noch in gewissem Einklang mit der Naturbetrachtung der antiken Philosophie. Aber ganz anders als bei Aristoteles und Lukrez weiß jetzt die Theorie durch die Religion, dass die Seele des Menschen unsterblich ist und deshalb hoffen darf, zukünftig das vollkommene Glück der Anschauung des Universums zu erfahren:

> O glücklich, wenn sie [die Seele] unter dem Tumult der Elemente und den Trümmern der Natur jederzeit auf eine Höhe gesetzt ist, von da sie die Verheerungen, die die Hinfälligkeit den Dingen der Welt verursacht, gleichsam unter ihren Füßen kann vorbeirauschen sehen! Eine Glückseligkeit, welche die Vernunft nicht einmal zu erwünschen sich erkühnen darf, lehrt uns die Offenbarung mit Überzeugung hoffen.[8]

Wenn der junge Kant in teils poetisierender Prosa sein Bild vom Universum und vom Weltganzen entwirft, weckt er damit bei uns gemischte Gefühle. Das Universum, das sich in den unendlichen Raum ausdehnt und sich in eine unbegrenzte Zukunft erstreckt, verrät eine unerschöpfliche Macht, die Dinge hervorbringt und zerstört, und dem Menschen wird bewusst, dass er darin vergänglich, klein und abhängig ist, so wie alle anderen Geschöpfe der Natur auch. Zugleich aber weiß er, dass seine Seele unsterblich und er selbst deshalb dem Vergehen letztlich entzogen ist: So wankt er zwischen Überwältigung und Überlegenheit, vollkommener Abhängigkeit und Freiheit. Als eine solche Verbindung entgegengesetzter Empfindungen wird Kant später das Gefühl des Erhabenen beschreiben. Diese Gefühlsmischung findet er dann aber nicht mehr vom Gedanken an das Universum ausgelöst, sondern vom Anblick bestimmter Naturerscheinungen, z. B. des wildschäumenden Meeres.

Im 18. Jahrhundert hatten die exakten Naturwissenschaften große Fortschritte erzielt. Das verrät auch der Name Newtons, auf den Kant sich in seiner *Allgemeinen Naturgeschichte* berief. Aber in anderen Bereichen kam das Wissen nicht so recht vom Fleck. Es gab Kunstwerke, seitdem Menschen existierten, und die Philosophie hatte nicht nur über das Gute und die Wahrheit, sondern auch über die Schönheit nachgedacht. Aber selbst im Zeitalter der aufgeblühten exakten Wissenschaften stritt man sich noch darüber, was mit guten Gründen als schön gelten könne und was nicht, ob es bestimmte Kriterien für das Schöne gebe oder das ästhetische Empfinden schlicht subjektiv sei. Mit den Verfahrensweisen der exakten Wissenschaften – Beobachtung, Messung, Experiment – ließ sich der Sache nicht so leicht näher kommen, ja man konnte mit ihrer Hilfe nicht einmal sagen, was denn das Schöne überhaupt sei. Zugleich aber wuchs das allgemeine Interesse an diesem Bereich, an den schönen Künsten ebenso wie an den Schönheiten der Natur. Die Philosophie bildete deshalb in der Mitte des 18. Jahrhunderts eine neue, eigene Unterdisziplin aus, die sehr bald den Titel *Ästhetik* erhielt.[9] Da man in neuer Weise für den Bereich der Wahrnehmung sensibilisiert war, tauchte in den ästhetischen Diskussionen auch eine Frage auf, die bis heute ihre Aktualität nicht verloren hat: Ist der Begriff »schön« wirklich angemessen für alles, dessen Anblick uns fasziniert? Was durch seine ungeheure Größe oder durch seine bedrohliche Macht in seinen Bann schlägt, nannte man bald allgemein »erhaben«.

1757 veröffentlichte der irisch-britische Philosoph und Politiker Edmund Burke eine philosophische Untersuchung über die Herkunft unserer Ideen vom Schönen und Erhabenen[10] und stellte erstmals beide als Gegensätze gegenüber. Was wir schön nennen, sei klein, hell, glatt, habe weich geschwungene Linien und erwecke unsere Liebe. Als erhaben aber empfänden wir Gegenstände, die groß, dunkel und rau sind und die uns Furcht und Schrecken einflößten. Beide Ideen wurzeln laut Burke in zwei verschiedenen Grundtrieben des Menschen. Der Sinn für Schönheit stamme aus unserem Sozialtrieb, aus der Liebe. Dem Gefühl des Erhabenen aber liege der Selbsterhaltungstrieb zugrunde, denn es erzeuge Schrecken. Ein Beispiel für das Schöne sei die Taube mit ihren sanften Formen, als erstes und vorzüglichstes Beispiel für das Erhabene aber dient Burke das Meer:

> Eine riesige ebene Landfläche ist gewiss keine geringe Idee; die Aussicht auf eine solche Ebene kann sich ebenso weit erstrecken wie eine Aussicht auf den Ozean, – aber sie kann doch niemals das Gemüt mit etwas erfüllen, das so groß wäre wie der Ozean selbst. Dies ist auf verschiedene Ursachen zurückzuführen, in erster Linie aber doch darauf, dass der Ozean Objekt eines starken Schreckens ist. In der Tat ist der Schrecken in allen Fällen ohne Ausnahme – bald sichtbarer, bald versteckter – das beherrschende Prinzip des Erhabenen.[11]

Es ist natürlich kein Zufall, dass Burke als erstes Beispiel für einen erhabenen Gegenstand das Meer einfiel. In Dublin geboren, verfügte er diesbezüglich über einschlägige Erfahrungen. Außerdem war auch in der Malerei seit dem 17. Jahrhundert das gefährliche Meer zu einem bevorzugten Sujet geworden – allenthalben wurden Schiffe gemalt, die sich in den brausenden Wogen und im Sturmwind behaupten müssen oder schon in Seenot geraten und vom Untergang bedroht sind.[12] Man schätzte das Motiv, und Burke lieferte die Theorie dazu: Das Meer und auch seine bildlichen Darstellungen erwecken das Gefühl des Erhabenen.

Burke hält die Malerei zwar für viel weniger geeignet, erhabene Gegenstände darzustellen, als die Dichtung und die Musik, welche der Einbildungskraft einen größeren Spielraum eröffneten als ein Gemälde, das immer nur einen klar umgrenzten Raum ausfüllt und etwas Bestimmtes sichtbar macht. Dennoch lässt sich aus seiner Auflistung der Eigenschaften, die den Erscheinungen einen erhabenen Charakter verleihen, ableiten, was für ihn die eindrucksvollsten Meeresszenen waren. Der Himmel darf nicht blau, er muss bewölkt sein, am besten überzogen von dunklen Gewitterwolken, denn das Dunkel erzeugt leichter Schrecken als die Helligkeit, und Gewitter sind gefährlich. Man muss mehr ahnen, als man deutlich auf dem Bilde mit dem Auge erkennen kann, denn die Fantasie wird gerade von dunklen, unscharfen Eindrücken in Bewegung versetzt; je weniger man weiß und klar erkennt, desto unheimlicher wirkt ein Anblick. »Das Gemüt wird gleichsam außer sich gebracht durch eine Menge großer und verwirrender Bilder.« Es muss sich der Eindruck einstellen, das Meer dehne sich grenzenlos in unendliche Weite. Vor allem muss die Macht des Meeres deutlich sein, und zwar als eine Macht, die Schrecken und Todesangst einflößt, was in der Malerei durch die bedrohten Schiffe in den aufgepeitschten Wellen gelingt. Aber auch das Fehlen aller gewohnten Eindrücke kann erhabenes Gefühl erwecken: Leere, Finsternis, Einsamkeit, Schweigen. Burke zitiert zur Veranschaulichung dafür Virgils Darstellung des Eingangs zur Hölle, doch auch jeder Seefahrer wird diese Abwesenheit alles Gewohnten kennen. Besonders die »scheinbare Unendlichkeit« des Meeres, dessen Grenzen wir zwar kennen, aber nicht sehen können, ruft die erhabenste Wirkung hervor. Denn gerade die »Unendlichkeit hat die Tendenz, den Geist mit derjenigen Art frohen Schreckens zu erfüllen, die die eigentümliche Wirkung und das sicherste Merkmal des Erhabenen ist«. Auch durch die Abfolge von gleichartigen Teilen kann ein Gegenstand den Eindruck erhabener Unendlichkeit vermitteln. Denn durch die Abfolge, die Sukzession, wird der Eindruck einer grenzenlosen Fortsetzung erweckt. Burke erinnert an die Säulenhalle eines Tempels, hätte aber ebenso gut die hohen Meereswellen anführen können. Auch was er über die Pracht des erhabenen Sternenhimmels sagt, kann in bestimmten Fällen für das Meer gelten, wenn wir etwa von einer Steilküste aus das windgepeitschte Meer mit unzähligen weißen Schaumkronen bedeckt sehen. Dasselbe gilt für die akustischen Erfahrungen, die uns laut Burke überwältigen und in Schrecken versetzen: »das Geräusch gewaltiger Wasserfälle oder tosender Stürme, das Dröhnen von Gewittern oder Geschützen«. Auch durch das gewaltige Rauschen und Dröhnen wirkt demnach das Meer erhaben.

Burkes *Philosophische Untersuchung des Schönen und Erhabenen* gehört zu den klassischen Texten aus der Geschichte der Ästhetik. Seit Erscheinen dieser Abhandlung stellte man dem Schönen fast immer das Erhabene zur Seite, und das Meer blieb für längere Zeit ein vorzügliches Beispiel für erhabene Erscheinungen. Aber Burkes Theorie hat nicht alle in jeder Hinsicht überzeugt. Bewirken bei uns wirklich eine kahle, hohe Wand oder eine Giftschlange immer und überall erhabene Gefühle? Setzen wir Burkes Kriterien für das Schöne voraus – klein, hell, glatt –, wäre ein weißes Hühnerei schöner als Rembrandts Bild *Die Nachtwache*. Burke meinte, eine naturgesetzliche Verknüpfung zwischen den Eigenschaften der Gegenstände und unserer gefühlsmäßigen Reaktion feststellen zu können. Erlebten wir etwas Schreckliches, gerieten unsere Nerven in Anspannung, und wenn nicht unmittelbar unser Untergang drohe, entstehe das Gefühl des Erhabenen als »eine Art von frohem Schrecken«. Da Burke das Gefühl des Erhaben auch zur Bekämpfung von Depressionen empfahl, witzelte der Romantiker Friedrich Schlegel, man werde es dann wohl bald auch in der Apotheke bekommen.

Kant übernahm zwar die klare Unterscheidung zwischen dem Schönen und dem Erhabenen. Aber er akzeptierte Burkes physiologische Erklärungen nicht, sondern entwarf eine ganz andere Theorie. Schärfer als Burke fordert er für ein ästhetisches Verhältnis zur Natur zunächst das Gefühl unserer Sicherheit; wir dürfen keine Angst empfinden. Ist das gegeben, spüren wir im Anblick übergroßer oder mächtiger Naturerscheinungen, dass wir als Vernunftwesen prinzipiell unabhängig von der Natur sind. Während die Größe der Naturerscheinung unsere Fassungskraft überfordert und während wir die Gewalt der Natur als lebensbedrohlich erkennen, wird uns zugleich auch unsere eigene geistige Natur deutlich. Wir gelangen zu der Überzeugung: Die Gewalt der Natur kann uns zwar als leibliche Wesen vernichten, nicht aber unsere Vernunft und unsere Freiheit. Im Angesicht der Natur, die uns erhaben erscheint, erfahren wir deshalb zweierlei: einerseits unsere Kleinheit, Ohnmacht und Endlichkeit als Naturwesen, aber andererseits auch unsere prinzipielle Unabhängigkeit von der Natur als Vernunftwesen. Im Gefühl des Erhabenen sind also unser Gefühl von physischer Ohnmacht und unser Gefühl von geistiger Überlegenheit verbunden. Es ist deshalb eine Mischung aus Lust und Unlust. Das gilt auch für die Begegnung mit der Gewalt des Meeres:

> Kühne, überhängende, gleichsam drohende Felsen, am Himmel sich auftürmende Donnerwolken, mit Blitzen und Krachen einherziehend, Vulkane in ihrer ganzen zerstörenden Gewalt, Orkane mit ihrer zurückgelassenen Verwüstung, der grenzenlose Ozean, in Empörung gesetzt, ein hoher Wasserfall eines mächtigen Flusses u. d. gl. machen unser Vermögen zu widerstehen in Vergleichung mit ihrer Macht zur unbedeutenden Kleinigkeit. Aber ihr Anblick wird nur desto anziehender, je furchtbarer er ist, wenn wir uns nur in Sicherheit befinden; und wir nennen diese Gegenstände gern erhaben, weil sie die Seelenstärke über ihr gewöhnliches Mittelmaß erhöhen und ein Vermögen zu widerstehen von

> ganz anderer Art in uns entdecken lassen, welches uns Mut macht, uns mit der scheinbaren Allgewalt der Natur messen zu können.[13]

Die erhabene Natur – sie existiert nur aufgrund unserer eigenen physischen und geistigen Natur. Und wir erleben die Erhabenheit auch nur dann, so betont Kant, wenn die Kultivierung unserer geistigen Vermögen so weit entwickelt ist, dass uns unsere Vernunft und Freiheit sozusagen zu Gefühl kommen kann. Die Natur selbst aber können wir nicht erhaben nennen. Sie ist nur in abgekürzter Redeweise oder in uneigentlichem Sinne erhaben:

> So kann der weite, durch Stürme empörte Ozean nicht erhaben genannt werden. Sein Anblick ist grässlich; und man muss das Gemüt schon mit mancherlei Ideen angefüllt haben, wenn es durch eine solche Anschauung zu einem Gefühl gestimmt werden soll, welches selbst erhaben ist.[14]

Es ist also nicht die Natur selbst, die uns dazu zwingt, sie erhaben zu finden, sondern es sind unsere Einstellung, unsere Bildung, unsere Kultur, die dieses Gefühl hervorrufen, und deshalb müssen es auch nicht alle Menschen teilen:

> Man sieht hieraus auch, dass die wahre Erhabenheit nur im Gemüte des Urteilenden, nicht in dem Naturobjekte, dessen Beurteilung diese Stimmung desselben veranlasst, müsse gesucht werden. Wer wollte auch ungestalte Gebirgsmassen, in wilder Unordnung über einander getürmt, mit ihren Eispyramiden, oder die düstere tobende See u. s. w. erhaben nennen?[15]

Damit sich das Gefühl des Erhabenen in uns bilden kann, müssen wir die richtige ästhetische Einstellung einnehmen, und das ist eine Stimmung des Gemüts, die dem moralischen Gefühl sehr ähnlich ist. Keine Gedanken an einen Zweck und einen Nutzen der Natur dürfen sich in den Anblick der Natur einmischen. Wir müssen ihr kontemplativ, nur als Zuschauer begegnen. Um den Ozean erhaben zu finden, dürfe man ihn laut Kant deshalb auch nicht mit allerlei Kenntnissen und Überlegungen im Kopf betrachten; »etwa als ein weites Reich von Wassergeschöpfen, als den großen Wasserschatz für die Ausdünstungen, welche die Luft mit Wolken zum Behuf der Länder beschwängern, oder auch als ein Element, das zwar Weltteile von einander trennt, gleichwohl aber die größte Gemeinschaft unter ihnen möglich macht«. Stattdessen sollte man ihn gleich den Dichtern nur aufgrund dessen, »was der Augenschein zeigt«, als erhaben empfinden, »etwa, wenn er in Ruhe betrachtet wird, als einen klaren Wasserspiegel, der bloß vom Himmel begrenzt ist, aber, ist er unruhig, wie einen alles verschlingenden drohenden Abgrund«.[16]

Es sind noch immer dieselben Eigenschaften der Natur und dieselben Situationen wie bei Burke, die laut Kant das Gefühl des Erhabenen hervorrufen: Dunkelheit, Einsamkeit, Macht, Ewigkeit, Unendlichkeit. Nur wird bei Kant der Begriff des Unendlichen noch viel wichtiger, und mit ihm nimmt er es sehr genau. Bei Burke hatte die scheinbare Unendlichkeit des Meeres nur deshalb eine Gefühlswirkung, weil er sie für eine sehr unbestimmte Idee hielt. Bei Kant aber ruft letztlich *nur* die Idee des Unendlichen das Erhabenheitsgefühl hervor: »Erhaben ist also die Natur in derjenigen ihrer Erscheinungen, deren Anschauung die Idee ihrer Unendlichkeit bei sich führt.«[17] Oder einfacher ausgedrückt: »*Erhaben* nennen wir das, was *schlechthin groß ist.*« Unser Gefühl für das Erhabene kann also ohne den Bezug zum Unendlichen gar nicht erklärt werden. Die Idee des Unendlichen aber erhalten wir nicht aus der Erfahrung, sondern nur durch unsere Vernunft, und sie führt letztlich zum Gedanken an ein »übersinnliches Substrat«, das sowohl der Natur als auch unserem Denkvermögen zugrunde liegt, und das ist Gott. Man kann ihn nicht erkennen oder gar begreifen, aber das Gefühl des Erhabenen legt den Gedanken an ihn nahe. Setzt man also Kants Analyse des Erhabenheitsgefühls voraus, dann kann die Betrachtung des Meeres in eine geheime Nähe zur Religion kommen, da die Einbildungskraft auf ein zugrunde liegendes unendliches Prinzip geführt wird, das den Betrachter mit der Natur verbindet. Diesem Prinzip wäre dann letztlich zu verdanken, dass uns der Anblick so tief beeindruckt. Wenn Kant schreibt, »Erhaben ist das, mit welchem in Vergleich alles andere klein ist«, so erinnert das ohnehin an einen alten Begriff von Gott. Anselm von Canterbury bestimmte im 13. Jahrhundert Gott als das, »über welches hinaus Größeres nicht gedacht werden kann« (*quo majus cogitari non potest*).

Auch bei Burke führte die Erörterung des Erhabenheitsgefühls zur »Idee Gottes, dieses großen und furchterregenden Wesens«, wie es uns im Alten Testament begegnet. Solange wir diese Idee nur intellektuell, nur mit dem Verstand betrachten, so Burke, bleibt unsere Einbildungskraft noch unberührt. Aber wenn wir uns Gottes Allmacht in sinnlichen Bildern vergegenwärtigen, dann »schrumpfen wir zu der Winzigkeit unserer eigenen Natur zusammen und werden gewissermaßen vor Gott vernichtet«.[18] Da es nichts Größeres und Mächtigeres geben kann als Gott, ist für Burke die Gottesidee die erhabenste, die man sich überhaupt vorstellen kann. Ein anderer englischer Autor, der sich um die Bestimmung und Erklärung ästhetischer Gefühle bemühte, hat die Gottesidee ganz eng mit der Erfahrung des Meeres verbunden. Nichts habe seine Fantasie so sehr in Bewegung versetzt, erklärte Joseph Addison, wie der Anblick der gewaltigen Wassermassen des Ozeans, die er auf seinen Seereisen erlebte. Vom Sturm aufgepeitscht, löse das Meer einen angenehmen Schrecken aus, und das sei die höchste Form der Freude, welche durch *Greatness*, durch erhabene Größe, überhaupt entstehen könne. Dieser gewaltige Gegenstand erwecke unweigerlich den Gedanken an die Hand, die ihn erschaffen hat, »die Idee eines allmächtigen Wesens«. Dessen Existenz sieht Addison durch den Anblick des Meeres ebenso bestätigt wie durch eine metaphysische Beweisführung. Am besten habe der Psalmist diese Erfahrung geschildert. Addison zitiert Psalm 107, 23–30, wo Gottes Macht über das wilde Meer die Seefahrer aus höchster Not errettet.[19] Der unermessliche Gegenstand der Erfahrung, das Meer, führt für Addison unweigerlich zur Idee des unendlich mächtigen Schöpfers. Bei Aristoteles war es die »prächtige Weltordnung«, welche in der *theoria* die Überzeugung von einer leitenden Gottheit entstehen ließ. Bei neueren Autoren wie Addison genügt der Anblick des Meeres, um zur intuitiven Gewissheit vom Dasein des »höchsten Wesens« zu gelangen. Die Begegnung mit dem Meer bekommt so einen geradezu religiösen Charakter, und dafür ließen sich weitere Zeugnisse nennen.[20]

Wer also heute die oben zitierte Auffassung vertritt, ohne Furcht und Ehrfurcht gebe es kein richtiges Verhältnis zum Meer, der findet diese Einstellung gerade auch im Denken und Fühlen der Neuzeit wieder. Man könnte ergänzend viele Beispiele aus den Künsten, besonders aus der Literatur und der Malerei hinzuziehen. Die Natur wurde in der Neuzeit eben keineswegs nur durch die Brille der Wissenschaften und der Technik betrachtet; typisch für die neue Epoche ist eher ein rationales Verhältnis zu ihr auf der einen Seite und ein emotionales auf der anderen. Beides kann sich anders als in der antiken *theoria* völlig voneinander trennen.

Joachim Ritter hat in einem berühmt gewordenen Essay die These vertreten, in der Moderne sei die Natur zum Gegenstand der mathematischen Naturwissenschaften und der technischen Beherrschung geworden, weil ohne Wissenschaft und Technik die Befreiung des Menschen von sozialem Druck und von den Übeln der Natur nicht möglich war. Aber zeitgleich mit der wissenschaftlich-technischen Vergegenständlichung der Natur habe sich auch ein ganz anderes, ein ästhetisches Verhältnis zu ihr herausgebildet, das sich in allen Künsten, aber auch in unserer Lebensführung zeige, nämlich die Zuwendung zur Landschaft. Die ästhetische Betrachtung der Landschaft hat laut Ritter die Rolle der antiken Theorie übernommen: Sie gibt eine Ahnung von der Natur als einem bewunderungswürdigen Ganzen in einer Zeit, in der sie sonst nur noch in abstrakten Formeln und im Hinblick auf die Möglichkeit ihrer Beherrschung betrachtet wird.[21] Das sei der Hintergrund für die bedeutende Landschaftsmalerei, die erst in der Neuzeit entstand. Diese Interpretation des modernen Naturverhältnisses wird aus unserer Perspektive bestätigt und ergänzt: Nicht nur die Landschaft, sondern auch das ästhetische Verhältnis zum Meer hat einen gewissen Bezug zur antiken Theorie, indem die Natur über sich hinaus auf ihren göttlichen Lenker hinweist. Wie zitiert, hatte z. B. Addison das sehr klar ausgesprochen. – Aber diese Verbindung des Ästhetischen mit Metaphysik und Religion fand keineswegs überall Zustimmung, wie sich später zeigen wird.

Ritter hatte seine Überlegungen an ein Erlebnis von Petrarca angeknüpft, der 1336 erstmals den Mont Ventoux in Südfrankreich bestieg und so überwältigt war von dem Blick auf die weite Landschaft, dass seine Bewunderung für die großartige Schönheit der Welt in Konflikt mit seiner augustinischen Frömmigkeit geriet, welche die Abkehr von allem Irdischen forderte. Ein Zeugnis für die Freude am wilden Meer liefert der Reisebericht des Ulmer Dominikanerpaters Felix Fabri, der 1480 auf einer Pilgerfahrt nach Jerusalem auf dem Schiff in einen Sturm geriet. Er schildert uns eine Nacht mit dem bedrohlichsten Seesturm in einem heftigen Gewitter: Schreckliche Donnerschläge erfüllten die Luft, durch die niederkrachenden Blitze schien das Meer geradezu in Brand geraten, der wilde Sturm ließ die Wellen mit solcher Gewalt krachend gegen das Schiff prallen, als würden Steine von hohen Bergen gegen die Planken geschleudert, der Regen goss herab, als wären die Wolken geborsten. Man sollte annehmen, die Angst habe den Pater betend auf die Knie sinken lassen. Doch der schreibt ganz im Gegenteil, es habe ihm ein großes Vergnügen (*delectationem magnam*) bereitet, auf dem Deck zu stehen oder zu sitzen und den heranbrausenden wunderbaren Sturmböen und dem schrecklichen Heranrollen der Wogen zuzusehen.[22] Vermutlich fühlte er sich sicher, weil er auf Pilgerreise war und den Sturm nicht als Strafe Gottes empfinden konnte. Könnte man nicht interpretieren, dass auch er schon das Gefühl des Erhabenen genoss, eine gewisse Angstlust? Als Petrarca von der unendlichen Weite der Landschaft tief beeindruckt wurde, fühlte er – in Kants Begriffen ausgedrückt – das »mathematisch Erhabene«, das Erhabene der unermesslichen Größe. Pater Fabris Vergnügen hingegen war das am »dynamisch Erhabenen«, am Erhabenen der gewaltigen Macht. Wie dem auch sei: In der Neuzeit vollzog sich ein Umschwung. Sowohl auf den Höhen der Berge als in den Tiefen des Ozeans hatte man lange Zeit Götter und Dämonen vermutet, die mit Angst erfüllten. Diese Angst verwandelte sich in das ästhetische Gefühl des Erhabenen – jedenfalls dann, wenn man sich und sein Leben nicht unmittelbar bedroht fühlte.

Der Streit um die Ästhetik der Natur

Kant hatte seinen philosophischen Neuansatz mit Bezug auf die Tat des Kopernikus erläutert. So wie dieser nicht mehr die Erde, sondern die Sonne in den Mittelpunkt der Welt gerückt habe, so müsse die Philosophie nicht mehr die Dinge, sondern das menschliche Erkenntnisvermögen in den Mittelpunkt ihrer Untersuchungen stellen. Denn nur dadurch lernen wir, was für uns überhaupt erkennbar ist und was uns verschlossen bleiben muss. Die Folge dieser Wende zur Analyse unserer Erkenntnisfähigkeiten war die Einsicht in die menschlichen Grenzen: Zu den großen Themen der vormaligen Philosophie wie Gott, Freiheit und Unsterblichkeit lassen sich prinzipiell keine sicheren Erkenntnisse gewinnen. Was wir mit unserem Verstand erkennen können – hier greift Kant zu einem maritimen Vergleich –, gleicht einer Insel im riesigen Ozean der bloß scheinbaren Wahrheiten, der Irrtümer, wilden Spekulationen und Fantastereien.[23]

Diese neue Beschränkung auf die Insel des Erkennbaren veränderte auch die Philosophie des Schönen und Erhabenen. Burke hatte noch geglaubt, die Ursachen für diese Ideen lägen in der menschlichen Physiologie. Kant hält das für unmöglich. Man könne nur unser Gemüt beschreiben, das uns anleitet, etwas schön oder erhaben zu nennen. Stark vereinfacht, stellt Kant die beiden Begriffe so gegenüber: Was für uns schön ist, z. B. eine Blume, hat seine bestimmte Form und Gestalt – das Erhabene aber ist grenzenlos, ja es kann chaotisch sein wie zuweilen das Meer, und nur unsere Vernunft formt daraus einen Totaleindruck. Das Schöne gefällt uns, und wir spüren eine rätselhafte Passung zwischen ihm und unserem Erkenntnisvermögen; unsere Einbildungskraft gerät in ein freies Spiel, ohne dass wir zu einem abschließenden Gedanken kommen. Das Erhabene hingegen überfordert unser Fassungsvermögen und unsere Einbildungskraft und macht uns so unsere Freiheit bewusst. Das Schöne lädt uns ein, bei seinem Anblick zu verweilen, es stimmt uns sogar fröhlich und lässt uns lächeln, wir fühlen unser Leben gefördert; wir wollen es nicht besitzen, gebrauchen und verändern, sondern es so sein lassen, wie es ist. Die Begegnung mit dem Erhabenen aber hat mit dieser ruhigen Kontemplation keinerlei Ähnlichkeit, sie steckt voller Dramatik; wir fühlen uns angezogen und wieder abgestoßen und zuletzt auf unsere eigene Vernunft verwiesen. Der Anblick des Erhabenen erlaubt kein Spiel der Fantasie, denn er ist ernst, wir fühlen uns eher bedroht und unser Leben gehemmt, zugleich aber auch zu Achtung und Hochschätzung angeregt – jedoch nicht zur Achtung für den wahrgenommenen Gegenstand, sondern für die Idee des Unendlichen und die Idee der Freiheit. Die Gefühle des Schönen und Erhabenen sind bei Kant keine moralischen Gefühle, zeigen jedoch beide eine große Nähe zur Moral. Das Schöne stimmt uns ein, etwas um seiner selbst willen zu lieben, und kann ein Symbol des Sittlich-Guten genannt werden. Das Erhabene leitet uns hin zum Gedanken der Freiheit, zur Grundlage des sittlichen Handelns. Das Schöne der Natur bereichert unseren Begriff von ihr, das Erhabene aber nicht, es verweist nur auf Ideen unserer eigenen Vernunft.[24]

Kant wollte sich auf sichere Einsichten beschränken und dadurch in der Philosophie ein wenig Frieden stiften. Dennoch hat er die ästhetische Diskussion erst richtig angefacht, und zwar besonders durch zwei Fragen, die seine Ästhetik aufwarf: Sollten das Schöne und das Erhabene wirklich nur in unserer Wahrnehmung entstehen und nicht doch auch Eigenschaften der Dinge sein? Platon hatte mit vielen Beispielen und Bildern die Macht des Schönen dargelegt, und da das Schöne auf uns eine so große Wirkung ausübt, hat die Philosophie seine Wirklichkeit selten bestritten. Die andere Frage galt der Unterscheidung des Schönen und Erhabenen. Ist sie wirklich in jeder Erfahrung so deutlich gegeben, wie Burke und Kant sie beschrieben haben? Oder kann das Erhabene nicht zugleich auch schön sein und das Schöne erhaben? Gerade die Erfahrungen mit dem Meer führten in der Folge zu sehr verschiedenen Stellungnahmen.

Hegel ergriff Partei für Kant: Die Erhabenheit der Naturerscheinungen wie diejenige »des unermesslichen, aufgewühlten Meeres, die ruhige Größe des Sternenhimmels« entsteht nur in unserer erregten Gemütsstimmung, sie liegt nicht in den Gegenständen selbst.[25] Allerdings ist das Schöne und Erhabene, das die Natur in uns hervorruft, für Hegel anders als bei Kant noch unvollkommen. Es fehle die Einheit und die Geistigkeit, die erst im Bereich der Kunst entstehen kann. Gemeint: Das gemalte Bild einer Seelandschaft offenbart mit seiner Komposition den ästhetischen Blick und den künstlerischen Willen eines bestimmten Malers, die unbegrenzte Natur in ihrer steten Veränderung aber tut das nicht. Nur in der Kunst begegnen wir – die wir selbst geistige Wesen sind – Produkten des Geistes. Hegels Ästhetik ist deshalb Kunstphilosophie, und das wahre Erhabene findet er besonders in der jüdischen Religion, z. B. in den Psalmen, die in feierlicher Sprache den allmächtigen Gott preisen. Bei seinen Schülern, den Hegelianern, taucht die erhabene Natur dann allenfalls als Gleichnis für die Unendlichkeit auf, die der Geist in sich selbst finde. »Kant hat recht«, schreibt Arnold Ruge, »wahrhaft erhaben ist der Wille des Freien im Meersturm, der sich in sich selbst und in seine unerreichbare Unendlichkeit zurückzieht, wenn er gar nicht auf diesen endlichen Kampf der geistlosen Natur eingeht, und sterbend seine Seele Gott befiehlt.«[26]

Aber diese Subjektivierung, diese Verlegung des Schönen und Erhabenen in unsere Wahrnehmung, wurde keineswegs allgemein akzeptiert. Kants bedeutendster Schüler, der Philosoph und Theologe Herder, hat seinen ehemaligen Lehrer schon sehr früh scharf kritisiert und die entgegengesetzte Ansicht vertreten. Der für das gesamte Geistesleben der Folgezeit anregende Kopf hatte schon als junger Mann selbst Seereisen unternommen, war mit einem Segelschiff von Riga über Skandinavien nach Frankreich gefahren und hatte später sogar eine Seenot überstanden. In seinem Reisebericht, der voller neuer Ideen und Pläne ist, nannte er sich den »Philosoph auf dem Schiffe«.[27] In seiner späteren Kritik an Kant skizziert er alle Formen des Erhabenen, welche die Menschen im Verlauf der Geschichte beeindruckt haben, und dabei erinnert er sich auch an seine eigene erste Begegnung mit dem Meer. Man merkt sofort: Hier schreibt ein Philosoph, dem die eigenen Erfahrungen für das Denken wichtig waren:

> Als zuerst ich das Meer sah; auch ein Unendliches, eine himmlisch-weite Ansicht; bis wo es sich in die Wolken verlor und der Himmel sich zu ihm senkte, verlor sich mein Blick in die ungemessene Höhe und Tiefe. Auf einem Brett schwebend zwischen dem Endlosen über und unter mir, durch Fluten und Winde über einem unbekannten Abgrunde, welche Empfindung![28]

Schon Herders Schilderung eines ersten Seesturms, den er auf dem Schiff erlebte, enthält eine Kritik an Kant. Denn während dieser das Schöne und Erhabene trennte, sieht Herder in der aufgewühlten, erhabenen See auch Ordnung und Schönheit. Die Wellen haben ihren mächtigen Rhythmus, und das Schiff steht im Einklang mit ihnen. Das Erhabene kann schön und das Schöne erhaben sein. Diese Einschätzung fand später größere Zustimmung als diejenige Kants. Man liest bei Herder die lebendige, plastische Darstellung eines Autors, der ebenso gut beobachten und denken wie schreiben konnte – in einem expressiven Stil, der sprachliche Konventionen zuweilen mutig durchbricht:

> Der Sturm erwachte, es öffnete sich der Abgrund; die Winde heulten; Höhe und Tiefen, die Wolken und der Abgrund, Himmel und Hölle sind Eins; wir werden hinauf- und hinabgeschleudert. »Tritt an den Mastbaum, sagte der Schiffer dem Unerfahrenen, und umfass' ihn; es ist keine Gefahr!« Ich rief die Sinne zusammen; und in diesem Aufruhr der Natur erblickte ich welch' Erhabnes in einer höheren Ordnung! Bewirkt von allen Kräften der Natur in ihrer wirksamsten Bewegung und ergriffen vom ruhigen Auge. Die tausend Wellen und Wogen, die mit Einem Schlage himmelan steigen und ihre Häupter krausen, dann über einander stürzen und niedersinken, im Takt des vielstimmigsten Akkords, nach allen Krümmungen und Linien der Schönheit, bis wo die letzte Welle in den dunkeln Horizont hinansteigt; die Bewegung des Schiffs gleichstimmig den großen Elementen, es schwebe in den Wolken oder spalte den Abgrund.[29]

Als hätte Herder schon gewusst, dass Hegel die Einheit im Schönen und Erhabenen der Natur vermissen würde, hob er nachdrücklich hervor, dass alles geordnet an *einer* Linie hänge, dem

Horizont, und auf *einen* Punkt bezogen sei, den Fluchtpunkt der Perspektive, den das ruhig betrachtende Auge fixiert.

Für Herder ist es geradezu lächerlich, dass Kant das Unendliche nur in unserem Kopf zu finden meint. Zu glauben, man könnte sich die Unendlichkeit vorstellen, sei so absurd, als wenn ein Kind mit seiner kleinen hohlen Hand versuche, das Meer auszuschöpfen. Die Unendlichkeit der Wirklichkeit ist für die menschliche Vernunft laut Herder nicht erreichbar, sie kann nicht gedacht werden. Kant habe die Idee des Unendlichen nur herbeifantasiert. Die Zurückweisung des Schreckens als Bedingung von erhabenen Gefühlen übernimmt Herder zwar von Kant: »Ästhetische Gefühle müssen ohne die hochpeinliche Halsgerichtsbarkeit gefühlt werden: denn freilich dem im Meer Ertrinkenden, dem vom Haifisch Verschlungenen ist der Ozean *grässlich*.« Aber er verteidigt das Sehen, die sinnliche Erfahrung, die auch unsere Sprache geprägt habe. Herder war einer der Ersten, die lehrten, genau auf die sprachlichen Ausdrucksformen und Wortgestalten zu achten, in die wir unsere Gedanken fassen. Das Wort »erhaben« sei mit »erheben« und mit »Höhe« verwandt, und deshalb ist es laut Herder zur Charakterisierung des Meeres auch nicht immer sehr geeignet:

> Auch ist's gewiss, dass der Anblick des ruhigen Ozeans (wenn man die Worte genau nehmen will) das Gemüt eigentlich *weite*, nicht *hebe*. Desto gewaltiger aber heben es die empörten Wellen, die allenthalben umher, ringsum den Horizont, sich in die Wolken stürzen und heben. So in der Natur, und sogar im Gemälde des kämpfenden Schiffes oder des Schiffbruchs. [...] Ist bei einem solchen Auftritt der Natur alles in Sicherheit, so dass kein Angstgesicht sich uns darstellt, keine weibliche Klage ertönet; wer könnte, dass der Anblick des empörten Meers *groß*,

> ja, wie man sich ausdrückt, *furchtbarschön* sei, leugnen?[30]

Herder bezweifelt nicht, dass das Erhabene eine Sache des Gefühls ist. Aber er möchte Kants Annahme der reinen Vernunftideen den ästhetischen Charakter der sichtbaren Natur hinzufügen. Vermutlich werden die meisten ihm heute eher recht geben als Kant, denn es ist doch der überwältigende Eindruck des erlebten wilden Meeres, den wir erhaben nennen. Seine Sichtweise fand im 19. Jahrhundert ebensolche Resonanz wie Kants und Hegels, und so lesen wir in manchen Theorien der Ästhetik sehr genaue Beschreibungen des Eindrucks, den das Meer mit seinen verschiedenen Erscheinungsweisen auf unser Gefühl ausüben kann.

Das umfänglichste System der Ästhetik publizierte 1846 in sechs Bänden Friedrich Theodor Vischer, ein Philosoph, der selbst auch poetische Werke verfasste und der den ersten Lehrstuhl für Ästhetik in einer Universität innehatte. Er stand zunächst unter dem Einfluss Hegels, ging dann aber eigene Wege und entwickelte auch eine Ästhetik der Natur. Was die modernen Naturwissenschaften nicht erfassen können, die Schönheit der Natur, machte Vischer zum Gegenstand der Ästhetik, die er durchaus ebenfalls als Wissenschaft verstand. Die Ästhetik rettet gleichsam all die Aspekte der Wirklichkeit, welche die exakten Wissenschaften und die Technik außer Acht lassen. Mit großer Sorgfalt werden die ästhetischen Qualitäten der Natur beschrieben und in bestimmte Bereiche gegliedert. Was für die alte Naturphilosophie physikalische Elemente waren – Erde, Wasser, Luft, Feuer –, das sind jetzt ästhetische Erfahrungsbereiche. Und deshalb enthält diese Ästhetik auch eine Analyse der Schönheit des Wassers.[31]

Sein ästhetischer Reiz gründe besonders im Reiz der Linie,

wie sie als Wellenlinie und als gerade Linie am Wasser zu beobachten sei und die seine Schönheit und Erhabenheit ausmache. Die Linie markiere die Grenze eines Körpers, wirke aber nur dann ästhetisch, wenn sie den Charakter der Zufälligkeit habe und nicht konstruiert sei. Sie müsse den Anschein erwecken, vom Naturgebilde selbst hervorgebracht worden zu sein. In ihrer einfachsten Form sehen wir die Linie auf dem glatten Meer. Auch dieses hat erhabenen Charakter, nicht nur die bedrohlich aufgewühlte See. Vischer beschreibt es so, dass man Richtlinien für die Malerei zu lesen glaubt, denn er hebt auf die größte Wirkung ab. Bei den schaffenden Künstlern hat seine Ästhetik denn auch viel mehr Anerkennung gefunden als bei den Kollegen in der Universität. Da es kaum jemanden in der Philosophie gegeben haben dürfte, der so ausführlich und genau den Anblick des Meeres in seinen ästhetischen Qualitäten zu beschreiben versuchte, seien einige Passagen zitiert, die Lust machen, sich auch selbst in den Anblick des Wassers zu verlieren. Über die Schönheit der Linie heißt es:

> Sie ist im Wasser durch das mechanische Gesetz der unendlichen Glätte seiner Teile bedingt und kann daher nicht zu einer festen Harmonie des Graden und Gerundeten sich bilden. Die waagrecht gerade Linie der ruhigen Wasserfläche nun erreicht die Wirkung des Erhabenen [...] bei einer Ausdehnung, deren Grenze nicht abzusehen ist. Es ist dies der eine Grund der unendlichen ästhetischen Bedeutung des Meers. Dabei ist jedoch auf irgend einer Seite eine Linie vorausgesetzt, welche die waagrechte durchschneidet; die Meeresfläche muss sich von Uferformen und dergleichen absetzen, damit das Auge einen Anhalt, Gegensatz habe, sonst wird das Gefühl des Unendlichen zum Gefühl des un-

> wirtlich Öden, ja des Einförmigen. Dass die Linie des Wasserspiegels hinter der durchbrechenden anderer Körper in's Unendliche fortgesetzt werde, dafür sorgt der Sinn des Zuschauers.[32]

Die Betrachtung des Meeres also geschieht nicht nur durch unsere Augen, sondern unsere Einbildungskraft ergänzt das Gesehene und zieht die Linien ins Unendliche fort. So wie die Linien des Wassers Erhabenheit ausdrücken, so zeigen sie auch Schönheit – beides sieht Vischer, wie vor ihm Herder, eng miteinander verknüpft. Die schönste Linie sei die, die in sich zurückkehrt oder Teil eines Kreisbogens ist. Aber auch das Runde müsse den Anschein des Natürlichen erwecken und dürfe deshalb nicht ganz regelmäßig sein, sondern sollte wie die Linien des Wassers einen eher zufälligen Charakter zeigen:

> Gerade das freie und unregelmäßige Spiel des Runden an größeren Wassermassen ist es, wovon hier allein die Rede sein kann. Solche frei geschwungene Linien lassen sich nirgends in höherer Schönheit beobachten, als an den Meereswellen, wenn man bei bewegter See sie am Ufer branden sieht. Über eine schlanke Einziehung wölbt sich ein Rücken mit dem Profil des reizendsten Schwanenhalses. Ist die Welle satt, so gießt zunächst an einem oder mehreren Punkten des Kammes das Wasser über jene Einziehung in einem freien Bogen herab, dann wird dies allgemein und die Welle löst sich auf, um einer zweiten Platz zu machen. Es kommen noch die verschiedensten anderen Wellenformen vor und die Seeleute haben bestimmte Namen dafür. Eine reiche Mannigfaltigkeit zeigt sich bei stürmischer Brandung, die Woge zerblättert sich zu Fächern, fährt in Säulen auf, die sich

> in Büsche ausbreiten, ein krauses Geringel scheint an Schlangen und die mannigfaltigsten Tiergattungen zu erinnern.[33]

Die Schönheit der Linienbildung wird ergänzt durch die Wirkungen des Lichts und der Farbe und dann auch durch die Bewegungen des Wassers:

> Jene Linien sind in stetem Übergange begriffen und können sich nie zu einer festen Gestalt zusammenschließen; dagegen ist das Spiel ihrer Bewegung um so reizender und erregt, indem ihre mechanische Wirkung vergessen wird, verbunden mit seinem Rauschen das Gefühl einer immer frischen Lebendigkeit. Zugleich ist es ebendies Spiel, welches die Schönheiten des Lichts und der Farbe erhöht. Als Quelle hervorsprudelnd ruft das Wasser die ganze geheimnisvolle und dankbare Empfindung eines aus der Tiefe gespendeten, erfrischenden Segens hervor, als Bach, Fluss, Strom sich fortbewegend mahnt es bald durch die Eintönigkeit seines Laufs an das Unendliche der Zeit, bald zieht es das strebende Gemüt in die Ferne, bald wirkt es als majestätische und doch freundlich den Völkerverkehr vermittelnde oder, überschwellend und verheerend, als furchtbar zerstörende Kraft. Unter den in Becken gesammelten Wassern vereinigt am vollsten alle Wirkungen dieses Elements das *Meer.*[34]

Vischer lenkt unsere Aufmerksamkeit auf den ästhetischen Charakter unserer Erfahrungswelt und konzentriert sich deshalb auf die Formen der Erscheinungen. Dennoch ist seine Ästhetik keine sogenannte Formalästhetik, denn die ästhetische Würdigung der Natur verknüpft Vischer eng mit ihrer Bedeutung für uns. So unterstreicht er die Wichtigkeit des Wassers für unser Leben. Da alle Lebewesen Wasser benötigen, empfänden wir Wasser als Geschenk und Segen; das Baden bereite einen Genuss, »den der poetische Sinn nicht nur als Erfrischung überhaupt, sondern als ersehnte Vereinigung, ein Versenken in das fremdartige und doch lockende Element fühlt«.[35] Vischer schreibt in einer Zeit, als der Besuch der Meeresküsten als Orte der Erholung und des Naturerlebens schon sehr populär geworden war.[36]

Durch seine ästhetische Betrachtungsweise wird für uns die alte Mythologie, die überall in der Natur Gottheiten am Werke sah, neu verständlich gemacht und gerechtfertigt: Die Natur ist nicht nur Materie und Material für unsere Zwecke, sondern sie ist auch schön und bedeutend. Die Philosophie ersetzt die Götter aber durch den Menschen. *Wir* sind es, die die Natur deuten, *wir* leihen ihr unsere Seele. Da Vischer aber verhindern möchte, dass alle Naturschönheit nur als unser Produkt erscheint, fügt er hinzu, die Natur müsse für unsere deutende Einfühlung geeignet sein, sie müsse uns entgegenkommen. Letztlich geht er von einer geheimen Verbindung zwischen unserem geistigen Vermögen und der Natur aus. Im Zusammenhang der Erläuterung des Erhabenen heißt es:

> Der Geist legt ein Gefühl seiner Unendlichkeit in die Erscheinungen der Natur, aber es ist eben ein Unterschied, ob er sie *da hineinlegt* oder ob er sie *dort findet*, wo sie in adäquater Form ist, und um sie dort hineinzulegen, dazu treibt ihn ein Instinkt, der guten Grund hat und tiefer liegt, als ein Vergleichen, ein Instinkt des Geistes, der ihm zuflüstert, dass er in seiner dunkeln Wurzel selbst Natur ist.[37]

Was er über die Ästhetik des Wassers ausführte, macht Vischer auch für die »See-Malerei« fruchtbar, die er als einen eigenen Zweig der Landschaftsmalerei zur Geltung bringt. Auch in dieser Kunst leihe der Mensch der dafür geeigneten Natur seinen eigenen Geist. Denn der Gehalt dieser Bilder besteht laut Vischer aus Seelenstimmungen, die wir der Natur »leihen«, die wir in sie hineinlegen. »Die Landschaftsmalerei idealisiert eine gegebene Einheit von Erscheinungen der unorganischen und vegetabilischen Natur zum Ausdruck einer geahnten Seelenstimmung.«[38] Sowohl der Maler als auch der Betrachter eines solchen Bildes übertragen in die Anmutungsqualität der Natur die Stimmungen der menschlichen Seele, und dadurch gewinnt das Landschaftsbild seine Bedeutsamkeit und Faszination: Wir erkennen dunkel die eigenen Stimmungen, zu denen wir fähig sind, das Bild ruft sie in uns wach:

> Ruhe wird Seelenruhe, zum Frieden der Selbstbetrachtung, spannendes Grollen zu einem ahnungsvollen Bilde der zur Entladung gerüsteten Leidenschaft, Schlag und Gegenschlag im ausgebrochenen Gewitter, See-Sturm gemahnt wie Zorn und Aufruhr der Geister, wie tragische Katastrophen, Ruhe nach Sturm wie das versöhnende Schlussgefühl des Tragischen.[39]

Wir werden noch sehen, wie eng sich an dieser Stelle die Ästhetik mit der Psychologie berührt.

Vischer wollte in Abgrenzung zu Hegel die Schönheit der Natur verteidigen. Aber da er noch immer die halb unbewusste Projektion des menschlichen Geistes betonte, rückte er für andere längst nicht weit genug von Kants und Hegels Idealismus ab. Der Philosoph und Literat Moritz Carriere, der sich ebenfalls von Hegel abgewendet hatte, schrieb 1859 in seiner Ästhetik, es sei nicht wahr, »dass der betrachtende Mensch seine eigene Erhabenheit dem Meer oder dem Gebirge unterschiebt; vielmehr ist es gerade in der Natur, dass die überwältigende Größe auch den noch roheren Menschen ergreift, dass sie geschmückt mit Lieblichkeit ihn anzieht und erfreut«.[40] Erhaben ist für Carriere die Natur, die durch ihre Größe unmittelbar das Unendliche im Endlichen offenbart und die unserem Gefühl als eine Einheit entgegentritt, die nicht wir stiften, sondern die aus einer unendlichen Kraft hervorgeht, die alles Einzelne in sich befasst, »wie der Sternenhimmel, oder wie das Meer die Wellen«.[41] Allerdings muss auch Carriere einräumen, dass die Unendlichkeit kein empirisches Datum, sondern eine »Idee« ist, die uns aufgeht.[42]

Noch viel eindeutiger als Vischer löst Carriere auch den Gegensatz des Schönen und Erhabenen wieder auf. Wäre das Erhabene nicht schön, es würde nicht gefallen, es hätte keinen ästhetischen Wert. Gerade der Anblick des Meeres mache deutlich, wie sehr beides ineinander übergeht und sich verbindet. Carriere erinnert an den Blick auf den Golf von Neapel:

> Wir stehen am Rand des Meeres auf der Felsenklippe; weit breitet sein Bogen sich vor uns aus, aber nicht starr und tot, sondern lebensrege im Spiel der Wellen; in reizenden Linien schwellen sie auf und ab, bis sie am Gestade sich brechen und mit dem verstiebenden weißen Perlenschaume sich schmücken, während ihre Bläue den Himmel spiegelt, und sie das Bild der Sonne tausendfach gleich funkelnden Lichtern und blinkenden Sternen dahinwiegen. Immer neue Wellen kommen heran, ihr Wogen will nicht enden, das Meer ist unerschöpflich, und in der Fülle seiner Bewegung, die unsere Fassungskraft oder die Bestimmtheit des Vielen in der Anschau-

> ung übersteigt, erhebt sich unser Geist zur Idee des Unendlichen, und sieht im Wellenspiel des Meeres ein Unendliches gegenwärtig, und wie die mannichfachen wohlgefälligen Formen und Farben des Besondern harmonisch zusammenklingen, gewinnen wir das Gefühl des Erhabenen als des Schönen in seiner Größe, in welcher Unendlichkeit und Endlichkeit einander offenbaren und sich versöhnen.[43]

Während man in Kants Theorie des Erhabenen die Nähe zur Religion erst bei sorgfältiger Lektüre bemerkt, sprechen Vischer und Carriere den religiösen Charakter dieses Gefühls unmittelbar aus. Vischer schreibt: »alles Erhabene ist unermesslich und in diesem Sinne göttlich«.[44] Und noch eindeutiger heißt es bei Carriere: »aus der Herrlichkeit der Natur leuchtet dem unbefangenen Gemüte unmittelbar ein, dass sie Gott nicht verbirgt, sondern offenbart, dass er in ihr waltet und sie beseelend durchdringt«. Die Anschauung der erhabenen Natur ist in der Sicht Carrieres ein religiöses Erlebnis.[45] Wasser und festes Land zeigen in ihrem Kontrast eine wunderbare Ordnung, ganz ähnlich wie in der aristotelischen Tradition der Kosmos aus Gegensätzen eine harmonische Einheit bildete:

> Das Wasser hat als Quell und Bach, Fluss und See, Strom und Meer seine besonderen Reize, und wird zu einem Grundelement landschaftlicher Schönheit. Das Wasser und der blaue Himmel stellen dann das eine noch nicht unterschiedene Sein der Natur neben die verschiedene Mannigfaltigkeit des Festen und der bestimmten Gestalten; seine Ebene kontrastiert mit dem steil anstrebenden Gebirge, seine bewegliche durchsichtige Flüssigkeit mit dem starren dunkeln Felsen.[46]

Die göttliche Natur, wie Carrieres Ästhetik sie uns als Gesamtblick auf die Landschaft vorstellt, zeigt also starke Parallelen zum Kosmos in der antiken Theorie. Der wenig bekannte Philosoph Christian Herrmann Weisse machte 1830 in seiner umfänglichen Ästhetik die Beziehung zwischen den erhabenen Einzelerscheinungen und der Schönheit des ganzen Kosmos sogar ausdrücklich zum Thema. Von dem einzelnen Schönen und Erhabenen der Natur angeregt, tendiere unser Geist dazu, zur »Schönheit des Universums« aufzusteigen.[47] Erst dieser »Totalzusammenhang aller Erscheinungen« sei sowohl »*das wahre Schöne als auch das wahre Erhabene*« und man könne deshalb mit vollem Recht sagen, »dass *erhaben* jeder einzelne Gegenstand nur dadurch sei, dass er an diesen Makrokosmos der Schönheit, an die Schönheit des Weltalls, des körperlichen oder geistigen, erinnere, und sich als ein Bruchstück aus jenem Weltall kund gebe«.[48] Während nur der göttliche Geist das Universum in seiner Gesamtheit erfassen könne, weise unsere begrenzte ästhetische Erfahrung der Naturerscheinungen immerhin über sich hinaus auf die nicht erfahrbare Schönheit des Ganzen. Weisse hat versucht, altes Gedankengut der Philosophie und Theologie neu zur Geltung zu bringen. Auch für die Kirchenväter war die Welt ja ein Kunstwerk Gottes. Die Ästhetik ist bei Weisse deshalb ein Teil seiner Metaphysik, einer Lehre vom göttlichen Geist, der sich durch die Schönheit und Erhabenheit der Welt zu erkennen gibt.

Aber ist ein solches Verhältnis zur Welt auch für den überzeugend, der alle Naturvorgänge nur als einen blinden Mechanismus interpretiert? Ist das von Oken, Hegel und Humboldt so bewunderte intensive Leben im Meer nicht nur ein grausamer Kampf ums Überleben, in welchem die Starken die Schwachen vertilgen? Schopenhauer hat solchen Zweifeln schon zu

Beginn des 19. Jahrhunderts mit seiner pessimistischen Metaphysik gründlich Rechnung getragen. In seiner Erklärung des Erhabenheitsgefühls bestätigt er zunächst die Sichtweise Kants. Das Erhabene ist auch für Schopenhauer ausschließlich Sache des Gefühls, keine Eigenschaft der Natur oder der Kunst, aber seine Begründung fällt ganz anders aus. Während wir laut Kant die Natur an ihr selbst gar nicht zu erkennen vermögen – sie taucht immer nur in unserer menschlichen Sichtweise auf –, ist uns der Kern der Natur laut Schopenhauer sehr nah, nämlich als blinder Wille zum Leben, als Selbsterhaltungstrieb und besonders als Geschlechtstrieb. Diesen wahren Kern der Natur, der alle Dinge hervorbringt, sie in Streit geraten und wieder untergehen lässt, nennt Schopenhauer den »Weltwillen«. Dieser ist kein göttliches Prinzip, sondern eher ein teuflisches, da er unsägliches Leid erzeugt. Durch den Bereich des Ästhetischen kann sich der Mensch aber von ihm befreien. Im Gefühl des Schönen und Erhabenen lösen wir uns laut Schopenhauer von dem blinden, dumpfen Willen ab und gehen über in den Bereich der Vorstellung, hin zur Erkenntnis der ewigen »Ideen«, den allgemeinen Formen der Dinge. Das ästhetische Erleben wird also psychologisch als eine Befreiung von Triebdruck und Daseinskampf erklärt. Je mehr sich unser Lebenswille bedroht fühle, desto mehr Anstrengung erfordere es, zur Erkenntnis der Ideen zu gelangen. In dieser Selbstüberwindung entstehe das Gefühl des Erhabenen. Wir erheben uns angesichts der bedrohlichen Natur über unseren Lebenstrieb, über den dunklen Weltwillen in uns, und tauchen ein in den Bereich des bloßen Scheins und Erkennens, den uns unsere Vorstellung beschert – ein ambivalentes Gefühl, da uns einerseits noch der Lebenswille plagt, andererseits aber auch die Befreiung durch die Erkenntnis lockt.

Auch Schopenhauer illustriert seine Gedanken zum Erhabenen ausführlich am Anblick, den das sturmgepeitschte Meer vom Ufer aus bietet:

> Häuserhohe Wellen steigen und sinken, gewaltsam gegen schroffe Uferklippen geschlagen, spritzen sie den Schaum hoch in die Luft, der Sturm heult, das Meer brüllt, Blitze aus schwarzen Wolken zucken und Donnerschläge übertönen Sturm und Meer. Dann erreicht im unerschütterten Zuschauer dieses Auftritts die Duplizität seines Bewusstseins die höchste Deutlichkeit: er empfindet sich zugleich als Individuum, als hinfällige Willenserscheinung, die der geringste Schlag jener Kräfte zertrümmern kann, hilflos gegen die gewaltige Natur, abhängig, dem Zufall Preis gegeben, ein verschwindendes Nichts, ungeheuren Mächten gegenüber; und dabei nun zugleich als ewiges ruhiges Subjekt des Erkennens, welches, als Bedingung alles Objekts, der Träger eben dieser ganzen Welt ist und der furchtbare Kampf der Natur nur seine Vorstellung, es selbst in ruhiger Auffassung der Ideen, frei und fremd allem Wollen und allen Nöten. Es ist der volle Eindruck des Erhabenen.[49]

Das Gefühl des Erhabenen vereint hier wie bei Kant verschiedene Tendenzen unserer Seele, aber Schopenhauer verzichtet zur Beschreibung auf den Vernunftbegriff des Unendlichen. Es reicht ihm, das Bewusstsein unserer Kleinheit und Bedrohung mit unserer Erkenntnis zu kontrastieren, durch die die schreckliche Wirklichkeit sich in eine nur »vorgestellte« Welt verwandele. Man fragt sich, ob allein der Übergang zur Erkenntnis jenes Gefühl erklären kann und ob nicht zuweilen gerade die Erkenntnis die realen Gefahren aufdeckt. Aber die Philosophie Schopenhauers birgt hier wie auch sonst mehr Schwierigkeiten, als ihre oft gelobte Sprache vermuten lässt: Der teuflische Weltwille bringt mit seinem sinnlosen Gebären und Zerstören doch eine schöne Ordnung von Ideen und körperlichen Gestaltungen hervor, deren Gipfel der Mensch ist, der den allmächtigen Willen verneinen kann. Dennoch hat Schopenhauers pessimistische Philosophie in der zweiten Hälfte des 19. Jahrhunderts große Aufmerksamkeit auf sich gezogen, und er dürfte einer der populärsten Philosophen überhaupt geworden sein. Auch in anderen philosophischen Strömungen mehrten sich in dieser Zeit die Stimmen, die dem Gefühl des Erhabenen seinen Bezug zum Unendlichen absprachen und ihm dadurch auch den offenen oder geheimen religiösen Charakter nahmen.[50]

Die Abwendung von der religiös geprägten Wahrnehmung des Meeres spiegelt sich auch in dem berühmt gewordenen Briefwechsel zwischen den Freunden Romain Rolland und Sigmund Freud von 1923.[51] Der französische Dichter, der ein Verehrer der Musik war und sich mit der indischen Mystik befasst hatte, schrieb seinem Freund, dass dieser in seiner Religionskritik etwas Wichtiges ganz außer Acht gelassen habe: nämlich die Quelle der Religiosität in der Seele der Menschen. Diese Quelle, so berichtet Freud, sei für Rolland ein »Gefühl, das er die Empfindung der ›Ewigkeit‹ nennen möchte, ein Gefühl wie von etwas Unbegrenztem, Schrankenlosen, gleichsam ›Ozeanischem‹«.[52] Wenn Rolland das religiöse Ewigkeitsgefühl mit Bezug zum Ozean erläuterte, so setzte er eine Einstellung voraus, für die das Meer mit den Begriffen des Unendlichen und Erhabenen verknüpft war. Aber dieses Erhabenheitsgefühl hatte bereits seine Selbstverständlichkeit verloren. Freud antwortete seinem Freund Rolland, er habe ein solches Gefühl bei sich nicht feststellen können. Auch der Anblick des Meeres hat bei Freud sicherlich kein tiefes Gefühl mehr hervorgerufen.

Im 20. Jahrhundert hat die Philosophie für die Naturästhetik zumeist wenig Sinn gezeigt, und überhaupt verlor die Kategorie der Schönheit, die bei Platon mit der des Guten und Wahren im Zentrum des Nachdenkens stand, ihre einst große Bedeutung. Inzwischen existieren sogar philosophische Handbücher, die zum Schönen keinen eigenen Artikel aufgenommen haben. Die Philosophie der Postmoderne brachte dem Erhabenen zwar ein neues Interesse entgegen, fand es aber in den Werken der Kunst, nicht mehr in der Natur. Wenn so auch die Erhabenheit des Meeres kein philosophisches Thema mehr zu sein scheint, muss es Gründe dafür geben. Hatte die Philosophie des 18. und 19. Jahrhunderts bereits alles Wichtige ausgeführt, was sich zur Ästhetik des Meeres sagen lässt? Oder hat sich das Bild des Meeres in der allgemeinen Wahrnehmung so sehr zum billigen Verkehrsweg für Containerschiffe und bequemen Müllabladeplatz verändert, dass es als erhaben nicht mehr erlebt und bedacht werden kann? Oder haben vielleicht die einschlägigen Ansichtskarten, Reiseprospekte und Kalenderblätter den Blick aufs Meer so sehr kommerzialisiert und verkitscht, dass wir die wirkliche Natur nicht mehr unbefangen wahrnehmen können und uns lieber abwenden? Kein Zweifel: Sowohl rabiater Missbrauch als auch sentimentales Gefühl bestimmen unser heutiges Verhältnis zur Natur. Wenn dadurch jenes bewundernde Verhältnis, das die philosophische Ästhetik zu ihrem Thema machte, zurückgedrängt wurde, dürfte das die Gedanken Kants und Hegels nur bestätigen: Die Erhabenheit der Natur ist wesentlich ein Produkt des Geistes, der sie als erhaben interpretiert und der sie auch anders deuten kann. Schon Vischer, der das Schöne und Erhabene der Natur in seinem ästhetischen System ausführlich zur Sprache gebracht hatte, korrigierte später seine Ansicht: Die Natur gehöre in das System der Ästhetik nicht hinein, denn jede ästhetische Wahrnehmung der Natur habe bereits einen geheimen oder deutlichen Bezug zur Kunst, die unseren Blick lenke.[53] Damit, so betonte er, wolle er aber den ästhetischen Charakter der Natur keineswegs bestreiten. Wenn auch heute noch viele Menschen verweilend und bewundernd aufs Meer blicken, so zeigt sich, dass er damit recht hatte. Die Dichtung und die Malerei werden fortgehend vom Meer zu neuen Bildern inspiriert.

Der erhabene Charakter des Meeres war nie ganz unbestritten. Wie erwähnt, schrieb Kant, der Anblick des aufgewühlten Ozeans sei »grässlich«, weshalb er das erhabene Gefühl in einem übersinnlichen Vermögen verankerte, den das Meer nur auslöse. Und gerade der Philosoph, der die Schönheit des gesamten Universums gepriesen hat, nämlich Weisse, erwähnt 1830 als Beispiel für die hässliche Seite der Natur »das Weltmeer, dessen Einförmigkeit die Einförmigkeit jeder Wüstenei des festen Landes noch übertrifft«; es biete »jederzeit eine widerwärtige Erscheinung« dar. Das »Naturhässliche«, dessen Charakter das Öde und Wüste sei, gründe ebenso wie das »Naturschöne« in der Natur selbst.[54] Karl Rosenkranz publizierte 1853 eine *Ästhetik des Hässlichen*, in der er das Meer nicht ausdrücklich erwähnte, doch seine Kennzeichen des Hässlichen wie das Formlose, Amorphe, wurden zumeist dem Meer zugeschrieben. – Kein Wunder also, wenn das Meer z. B. auf Philosophen wie Nietzsche einen sehr zwiespältigen Eindruck machte, wie man gleich erfahren wird.

6.

Der Spiegel der Seele und des Daseins

Drei Bekenntnisse zum Meer

Wenn das Meer als Symbol oder Gestalt des Erhabenen interpretiert und so eng mit der Erfahrung von Grenzenlosigkeit verknüpft wird, dann kann es auch Grundfragen wachrufen, die das menschliche Denken schon immer bewegt haben: die Frage nach unserem Verhältnis zu der grenzenlosen sichtbaren Welt; die Frage nach einem sicheren, tragfähigen Grund darin; die Frage nach Begriff und Existenz des Unendlichen, das unser Vorstellungsvermögen überfordert. Wenig erstaunlich deshalb, wenn einige Philosophen ein besonders enges Verhältnis zum Meer bekundeten, freilich besonders dann, wenn früh die Nähe des Meeres ihr Leben und Denken nachhaltig mitgeprägt hatte.

Das traf für Karl Jaspers zu. Während man bei den neueren Erörterungen des Erhabenheitsgefühls dem Begriff des Unendlichen möglichst aus dem Weg ging, hat Jaspers an ihm festgehalten, und zwar gerade auch in seinem Bekenntnis zur philosophischen Bedeutung des Meeres. Jaspers gilt als ein wichtiger Repräsentant der Existenzphilosophie, die das öffentliche Leben zumeist ausklammerte und sich ganz auf den Einzelnen konzentrierte, der – zwar in Kommunikation mit anderen – letztlich doch unvertretbar und einsam selbst über sein Leben entscheiden muss, frei und ungesichert, immer die eigene Begrenztheit und den möglichen Tod vor Augen. Jaspers nahm allerdings auch zu den bedrückenden Herausforderungen der Zeit wie der Atombombe Stellung und verfasste sogar eine Geschichtsphilosophie. 1967 stellte er einem Buch mit autobiografischen Schriften ein »Selbstportrait« voran.[1] Was er darin gleich zu Beginn über das Meer sagt, berührt sich noch mit jenen ästhetischen Theorien des Erhabenen, die hier kurz vorgestellt wurden. Nur geht es ihm nicht um Ästhetik, sondern um die Prägung, die sein gesamtes Denken durch das Meer erfuhr. Der Bericht über seine Herkunft führt ihn sehr schnell auch zu den Grundzügen seines philosophischen Denkens, und schon deshalb lohnt die Lektüre. Der mit vierundachtzig Jahren auf seine Jugend zurückblickende Philosoph beginnt die Erzählung seiner Lebensgeschichte mit dem Hinweis, dass seine Eltern von der Nordseeküste stammen, und er fährt fort:

> In meiner Kindheit waren wir alle Jahre auf den friesischen Inseln. Ich bin mit dem Meer aufgewachsen. Zuerst sah ich es in Norderney. An einem Abend ging mein Vater, mit dem kleinen Jungen an der Hand, den weiten Strand hinunter. Es war tiefe Ebbe, der Weg über den frischen reinen Sand war sehr lang bis an das Wasser. Da lagen die Quallen, die Seesterne, Zeichen des Geheimnisses der Meerestiefe. Ich war wie verzaubert, ich habe nicht darüber nachgedacht. Die Unendlichkeit habe ich damals unreflektiert erfahren. Seitdem ist mir das Meer wie der selbstverständliche Hintergrund des Lebens überhaupt. Das Meer ist die anschauliche Gegenwart des Unendlichen. Unendlich die Wellen. Immer ist alles in Bewegung, nirgends das Feste und Ganze in der doch fühlbaren unendlichen Ordnung. Das Meer

> zu sehen, wurde für mich das Herrlichste, das es in der Natur gibt. Das Wohnen, das Geborgensein ist uns unentbehrlich und wohltuend. Aber es genügt uns nicht. Es gibt dieses andere. Das Meer ist seine leibhaftige Gegenwart. Es befreit im Hinausgehen über die Geborgenheit, bringt dorthin, wo zwar alle Festigkeit aufhört, wir aber nicht ins Bodenlose versinken. Wir vertrauen uns dem unendlichen Geheimnis an, dem Unabsehbaren, Chaos und Ordnung.

Hegel hatte sich ähnlich geäußert: Das Meer befreie von den gewohnten Beschränkungen, denen wir unterworfen sind. Aber bei ihm war dies der Weg zur Bildung, bei Jaspers leitet das Meer das Denken in den Bereich der Metaphysik hinüber, zu dem, was unser gesamtes Dasein trägt.

> Im Umgang mit dem Meer liegt von vornherein die Stimmung des Philosophierens. So war es mir unbewusst von Kindheit an. Das Meer ist Gleichnis von Freiheit und Transzendenz. Es ist eine leibhaftige Offenbarung aus dem Grund der Dinge. Das Philosophieren wird ergriffen von der Forderung, es aushalten zu können, dass nirgends fester Boden ist, aber dadurch der Grund der Dinge spricht. Das Meer stellt diese Forderung. Dort ist keinerlei Fesselung. Das ist das unheimlich Einzige des Meeres.

Der prägende Eindruck des Meeres hat für Jaspers eine faszinierende Zwiespältigkeit, und gerade die Zwiespältigkeit betrachtet er als das Philosophische am Meer. Es bietet uns nichts Festes, keinen Boden – und doch lässt es uns nicht im Bodenlosen versinken, sondern kündet vom Grund aller Dinge. Dadurch ist die Begegnung mit ihm dem Philosophieren verwandt. Wir werden aus unseren gewohnten Existenzweisen und aus jeder Geborgenheit herausgehoben, haben keinen festen Halt mehr und begegnen dem Unendlichen, aber auch der Transzendenz. Das ist das zentrale Stichwort. Transzendenz meint das, was die Philosophie früher Gott oder das Absolute genannt hatte. Die Transzendenz und die Freiheit gehören für Jaspers zusammen, das eine ist nicht ohne das andere möglich. Aufgrund unserer Freiheit können wir die mit unseren Sinnen erfahrbare Welt überschreiten, wie umgekehrt die Transzendenz unsere Freiheit ermöglicht, sodass wir nicht den Naturgesetzen ausgeliefert sind. Jaspers' Denken steht so in der Mitte zwischen einer atheistischen Existenzphilosophie und einer religiösen, zwischen Jean-Paul Sartre und Peter Wust. Sie hat ihren letzten Anker in der Überzeugung, dass der Mensch in seiner ungesicherten Existenz auf etwas verwiesen ist, das sein vertrautes Dasein überschreitet, transzendiert und es trägt. Deshalb kennt Jaspers letztlich auch eine gefühlte Ordnung und einen letzten Grund der Dinge – trotz des sichtbaren Chaos und trotz allen Wankens und Schwankens.

Wie wenig selbstverständlich diese Überzeugung war und ist, zeigt ein französischer Repräsentant der Existenzphilosophie, der sich dem Meer ebenfalls eng verbunden fühlte: Albert Camus. Wenn man sich gerade in dieser Form des Philosophierens auf eigene maritime Erfahrungen beruft, so liegt das an ihrem Bemühen, das stets ungesicherte und bedrohte menschliche Dasein in ein deutliches Licht zu rücken und sich keinen Illusionen hinzugeben.

Camus nahm wie Jaspers kritisch Stellung zu den zentralen politischen Problemen seiner Zeit, besonders zu Frankreichs Algerienkrieg, und er war während der deutschen Okkupation für den französischen Widerstand engagiert. Wie Jaspers verschrieb er sich dabei weder einer rechten noch einer linken Partei, was ihm manche Konflikte eintrug, besonders mit dem für die KP kämpfenden Sartre. 1953 verfasste Camus einen kleinen Essay mit dem Titel *La mer au plus près* (*Journal de bord*), in der deutschen Fassung *Das Meer* (*Bordtagebuch*).[2] Beim ersten Lesen glaubt man Fragmente aus einem Tagebuch von einer Weltreise mit dem Schiff zu lesen: Gedanken, Beobachtungen und Impressionen scheinen locker zu einem kleinen literarischen Kunstwerk zusammengefügt zu sein. Doch sofort befremdet, dass in wenigen Zeilen ganze Ozeane durcheilt werden, und zwar zum Teil mit einem Segelschiff. Die genauere Lektüre zeigt dann die Doppeldeutigkeit des Textes: Es ist eine Hymne an das Meer und zugleich eine Parabel auf die Sonnenseite des menschlichen Lebens, entworfen aufgrund eigener Erfahrungen auf Schiffsreisen. Camus war kein akademischer Philosoph, und er wollte keiner sein; er verstand sich als Künstler, der sich um der Literatur willen gezwungen sah, auch zu philosophieren. *La mer* ist ein Beispiel dafür: Es sind in sprachliche Kunstform verhüllte Gedanken, es ist die poetische Prosa eines Autors, der sein Leben reflektiert.

Schon die ersten Sätze sind etwas rätselhaft: »Ich wuchs im Meer auf, und die Armut schien mir kostbar; dann verlor ich das Meer, und aller Luxus erschien mir fortan grau und das Elend unerträglich. Seither warte ich. Ich warte auf die Schiffe der Rückkehr, auf das Haus der Gewässer, auf den hellen Tag.« Natürlich wuchs Camus nur in der Nähe des Meeres auf, und zwar nahe der Mittelmeerküste Nordafrikas; die Familie lebte in einem ärmlichen Viertel von Algier. Wenn er gleichwohl schreibt »J'ai grandi dans la mer«, »Ich wuchs im Meer auf«, so will er sagen, dass die räumliche Nähe allein seine innere Prägung durch das Meer nicht hinreichend zum Ausdruck bringen kann und das Mittelmeer den Charakter der ganzen Region bestimmte. Das Meer meint hier Algier, seine Heimat, in der alles und sogar die Armut kostbar war und ohne welche der Reichtum in Paris keinen Wert hat. Der Essay beginnt also mit einem sehnsüchtigen Blick zurück zu der hellen, sonnigen Küste des Mittelmeeres, die Camus in seiner Jugend erlebte. Camus fügte den Essay in seine Sammlung *L'été* (*Der Sommer*) ein, in welcher er allenthalben den Blick zur Helle des Mittelmeerraumes wendet – geschrieben in einer Zeit, als er bereits in Paris lebte, wo er sich unglücklich fühlte, wenngleich er besonders durch den Roman *Die Pest* ein sehr bekannter Schriftsteller geworden war, der wenige Jahre später den Nobelpreis für Literatur erhielt. Das Meer war für ihn die befreiende Gegenwelt zu den Zwängen der hektischen Großstadt. Gerade der niederdrückende Alltag in der Stadt sorgte dafür, dass in seiner Vorstellung das freie, sonnige Meer lebendig blieb.

Wie sehr Camus das Meer wie eine göttliche Hand verehrt, die Geborgenheit verleiht und die mit allen Widrigkeiten versöhnt, wird erst am Schluss des Essays deutlich. Wohl in Erinnerung an einen Abend am Strand des Mittelmeeres hält er dort fest:

> Jene Nächte, deren Süße andauert! Ja, es erleichtert uns das Sterben, wenn wir wissen, dass sie nach uns auch sein werden, über dem Land und über dem Meer. Großes Meer, ewig umgepflügt, ewig unberührt, meine Religion der Nacht! Es reinigt uns und erquickt uns in seinen unfruchtbaren Furchen, es befreit uns und hält uns aufrecht. In jeder Welle ist ein Versprechen, ewig dasselbe. Was sagt sie? Müsste ich sterben, umringt von kalten Bergen, ungekannt von allen, von den meinen verstoßen, würde das Meer im letzten Augenblick meine

> Zelle füllen und mich emporheben über mich selber
> und würde mir helfen, ohne Hass zu sterben.[3]

Camus vermeidet das Wort »erhaben«, und doch tönt der Gedanke des Erhabenen durch die zitierten Zeilen: Das schlechthin Große, Dauernde, Unveränderliche des Meeres hebt mich über mich selbst hinweg, lässt allen Streit, alle Einsamkeit, allen Hass vergessen und macht sogar das eigene Sterben erträglich. Die großartige, ewige Natur lässt die konfliktbeladene endliche Menschenwelt als unbedeutend ins Vergessen sinken. Sogar in der Ferne, in den Bergen oder in einer Gefängniszelle ist das Meer durch die Vorstellungskraft noch so lebendig, dass es selbst dort seine befreiende Wirkung ausübt. Mit mehr Verehrung und Emphase kann vom Meer kaum gesprochen werden – das Verhältnis zu ihm ist Camus' Religion, eine »Religion der Nacht«, und das meint sicherlich: die einzige Religion im Dunkel des Daseins.

Die letzten Sätze verraten schließlich, dass der Essay gar nicht nur dem Meer gilt:

> Mitternacht. Allein am Gestade. […] Die Weite und die Stille lasten auf dem Herzen. Eine ungestüme Liebe, ein großes Werk, eine entscheidende Tat, ein verklärender Gedanke, alle bewirken manchmal dieselbe unerträgliche Angst, gepaart mit einem unwiderstehlichen Reiz. Süße Bangigkeit des Seins, süße, aufreizende Nähe der Gefahr, deren Namen wir nicht kennen – ist Leben dann, sich ins Verderben zu stürzen? Von neuem, ohne Aufschub, lasst uns ins Verderben stürzen.

Nach einer Leerzeile, die wie ein langer Gedankenstrich wirkt, fügt der Autor als letzten Satz hinzu: »Ich hatte immer das Gefühl, auf hohem Meer zu leben, bedroht, im Herzen eines königlichen Glücks.« Das gibt dem Ganzen eine neue, überraschende Wendung. Während in den Skizzen der Seereise von Gefahren kaum die Rede war, erscheint nun die Bedeutsamkeit des Meeres auch als bedrohlich, als schöner Schein über einem Abgrund. So bietet das Meer eine sehr zwiespältige Erfahrung, das Gefühl, faszinierend und zugleich todbringend zu sein. Gerade dadurch wird es zum Bild des Lebens. Immer wieder meldet sich in diesem Essay auch der Gedanke an den Tod. Schon eingangs ist von den toten Freunden auf dem Friedhof die Rede; eine Windstille führt später zu der Bemerkung, »auf dem Grunde des Wassers« sei doch »ein königliches Lager«; und schließlich erleichtert das Meer als »Religion der Nacht« das Sterben. Wenn das »Leben« zwiespältig ist wie das Meer, meint das die ganze Welt, in der wir leben. Camus berichtet von Liebe und Streit der Matrosen, und dann heißt es:

> An jenem Tag erkannte ich die Welt, wie sie wirklich ist, und ich beschloss, es hinzunehmen, dass ihr Gutes gleichzeitig bösartig sei und ihre Missetat heilsam.
> An jenem Tag begriff ich, dass es zwei Wahrheiten gibt und dass die eine davon nie ausgesprochen werden darf.[4]

Das sagt ein Autor, der 1942 – also während des Zweiten Weltkrieges – in seiner Abhandlung über den *Mythos des Sisyphos* den Grundzug des menschlichen Daseins absurd genannt und die Absurdität als Dissonanz zwischen den Sinnerwartungen des Menschen und seiner Welt erklärt hatte. Deshalb sah er damals im Selbstmord das einzig ernste philosophische Problem. Der Essay *La mer* verrät, wie sich seine philosophische Perspektive in der Zwischenzeit erweitert hatte. Das Leben bietet in seinen Augen jetzt auch Erfahrungen, die keineswegs immer nur enttäuschend, sondern auch beglückend sein können, wie die Liebe zur »Einsamkeit des Meeres«, die Camus sogar schreiben lässt: »Ich vermähle mich dem Meer.« Nur führt dieses »königliche Glück« letztlich in den Untergang. Die Folge dieser Einsicht könnte der Verzicht, der Rückzug sein, aber der ist gar nicht möglich: Das gefährliche Glück des Lebens muss angenommen und bejaht werden: »lasst uns ins Verderben stürzen«. Das ist die Bejahung des Lebens, wie sie schon Nietzsche forderte. Camus hatte ein Bild dieses Philosophen in seinem Arbeitszimmer.

Auch für Nietzsche erweckte das Meer einen höchst zwiespältigen Eindruck, es war für ihn verlockend schön – und zugleich ausgesprochen furchtbar. Folglich fielen auch seine Äußerungen über das Meer zwiespältig aus. Wir lesen bei ihm einerseits geradezu Liebeserklärungen ans Meer. Zarathustra lässt er sagen: »Wohlauf! Hier ist mein Vorgebirg, und da das Meer: *das* wälzt sich zu mir heran, zottelig, schmeichlerisch, das getreue alte hundertköpfige Hunds-Ungetüm, das ich liebe.«[5] Weil er es liebte, suchte Nietzsche die Nähe des Meeres, und ein Aphorismus in der *Fröhlichen Wissenschaft* lautet:

> Ich würde mir kein Haus bauen (und es gehört selbst zu meinem Glücke, kein Hausbesitzer zu sein!). Müsste ich aber, so würde ich, gleich manchem Römer, es bis ins Meer hineinbauen – ich möchte schon mit diesem schönen Ungeheuer einige Heimlichkeiten gemeinsam haben.[6]

Aber während er seine Nähe liebte und herbeiwünschte, wusste er andererseits, dass dem Menschen »das Meer mit seiner beweglichen Schlangenhaut und Raubtier-Schönheit fremd ist und bleibt«.[7] Der Aufklärer Nietzsche führt unser Gefühl für die Natur auf unsere unwillkürliche Deutung, auf unsere Projektion zurück: Da wir nicht glauben wollen, dass es etwas Unbeseeltes gibt, deuten wir in die unbeseelten Dinge stets Leben und Absichten hinein und entwickeln sogar Mitempfindung mit dem Leblosen. Dahinter stehe die alte Furcht vor der Natur, die uns bedrohe bzw. froh mache, wenn sie uns verschont, und die wir unbewusst personifizierten. Die Natur aber braucht den Menschen nicht, sie zeigt ihm die kalte Schulter und bleibt ihm gegenüber neutral:

> Die Neutralität der großen Natur (in Berg, Meer, Wald und Wüste) gefällt, aber nur eine kurze Zeit; nachher werden wir ungeduldig. »Wollen denn diese Dinge gar nichts *zu uns* sagen? Sind *wir* für sie nicht da?« Es entsteht das Gefühl eines *crimen laesae majestatis humanae* [des Verbrechens, die Majestät des Menschen verletzt zu haben].[8]

Dieses Wissen um die Fremdheit hindert aber nicht, mit der Natur und gerade auch mit dem Meer immer wieder in den Dialog eintreten zu wollen. »Schlaftrunken und fremd blickt sein Auge nach mir«, sagt Zarathustra, als er das Meer sieht, und deutet es als ein menschliches Wesen, in das er sich einfühlen kann. Er fühlt, dass es atmet und träumt, und er teilt auch die Stimmung mit ihm: »Ach, ich bin traurig mit dir, du dunkles Ungeheuer, und mir selbst noch gram um deinetwillen.« Ja, er kann dem Meer in seiner Schönheit sogar Eitelkeit unterstellen. Die Dichter kritisierend, sagt Zarathustra: »Sie lernten vom

Meere auch noch seine Eitelkeit: ist nicht das Meer der Pfau der Pfauen?«[9]

Was zum Meer hintreibt, ist für Nietzsche nicht nur dessen gefährliche Schönheit, sondern mehr noch der Überdruss an dem sinnlosen Getriebe der Stadt mit ihren Resten an unglaubwürdig gewordener Religion – und überhaupt der Überdruss am Menschen, der alles zu erkennen glaubt und doch nie seine menschliche Perspektive verlassen kann. Vernunft und Sprache – also das, was die alte Philosophie als Logos gepriesen hatte – verzerren nur die Wirklichkeit, decken sie zu und deuten sie so, wie der Mensch sie braucht. »Gehen wir ans Meer!«, endet eine Kritik der menschlichen, nur menschlichen Erkenntnis.[10]

Aber das Meer bleibt stumm. Unsere Zuwendung zu ihm und unsere Mitempfindung finden keine Antwort. Diese Erfahrung verunsichert, sie bedroht die Selbsteinschätzung des Menschen, und zwar für Nietzsche so dramatisch, dass die Enttäuschung, die der Mensch durch das Meer erfährt, für ihn zur Herausforderung wird. Der Aphorismus *Im großen Schweigen* bringt das eindringlich zur Sprache:

> Hier ist das Meer, hier können wir der Stadt vergessen. Zwar lärmen eben jetzt noch ihre Glocken das Ave Maria – es ist jener düstere und törichte, aber süße Lärm am Kreuzwege von Tag und Nacht –, aber nur noch einen Augenblick! Jetzt schweigt alles! Das Meer liegt bleich und glänzend da, es kann nicht reden. Der Himmel spielt sein ewiges stummes Abendspiel mit roten, gelben, grünen Farben, er kann nicht reden. Die kleinen Klippen und Felsenbänder, welche ins Meer hineinlaufen, wie um den Ort zu finden, wo es am einsamsten ist, sie können alle nicht reden. Diese ungeheure Stumm-

> heit, die uns plötzlich überfällt, ist schön und grausenhaft, das Herz schwillt dabei. – O der Gleißnerei dieser stummen Schönheit! Wie gut könnte sie reden, und wie böse auch, wenn sie wollte! Ihre gebundene Zunge und ihr leidendes Glück im Antlitz ist eine Tücke, um über dein Mitgefühl zu spotten! – Sei es drum! Ich schäme mich dessen nicht, der Spott solcher Mächte zu sein. Aber ich bemitleide dich, Natur, weil du schweigen musst, auch wenn es nur deine Bosheit ist, die dir die Zunge bindet: ja, ich bemitleide dich um deiner Bosheit willen! – Ach, es wird noch stiller, und noch einmal schwillt mir das Herz: es erschrickt vor einer neuen Wahrheit, *es kann auch nicht reden*, es spottet selber mit, wenn der Mund etwas in diese Schönheit hinausruft, es genießt selber seine süße Bosheit des Schweigens. Das Sprechen, ja das Denken wird mir verhasst: höre ich denn nicht hinter jedem Worte den Irrtum, die Einbildung, den Wahngeist lachen? Muss ich nicht meines Mitleidens spotten? Meines Spottes spotten? – O Meer! O Abend! Ihr seid schlimme Lehrmeister! Ihr lehrt den Menschen *aufhören*, Mensch zu sein! Soll er sich euch hingeben? Soll er werden, wie ihr es jetzt seid, bleich, glänzend, stumm, ungeheuer, über sich selber ruhend? Über sich selber erhaben?[11]

Das ist Philosophie im Gewande der Literatur, einer Darstellungsweise, welche bewusst das eigene Empfinden ausspricht und die Fantasie anregt. Nietzsche radikalisiert unsere Neigung zur Vermenschlichung der Natur, um sie scheitern zu lassen – und dadurch kommt die Fremdheit des Meeres erst recht zu Bewusstsein. Um die Distanz aufzuheben, drängt sich sogar der Gedanke auf, man müsse vielleicht selbst werden wie die stumme Natur, man müsse sich dem Meer angleichen. Hier schreibt ein Philosoph, der sich weder in der menschlichen Gesellschaft noch in der Natur zu Hause fühlt, der das menschliche Reden genauso schwer ertragen kann wie das Schweigen der Natur. Die Schönheit der Natur ist nur eine Illusion, ein Produkt des Menschen – aber man kann und darf sie nicht aufgeben, man muss an ihr weiterdichten. Damit ist auch die Naturästhetik des 19. Jahrhunderts untergraben. Das Verhältnis zur Natur ist in Nietzsches Darstellung so prekär wie das zur Gesellschaft.

Nicht nur seine Schönheit macht das Meer für ihn anziehender als die Gesellschaft, sondern auch seine so deutliche Verwandtschaft oder Ähnlichkeit mit dem menschlichen Leben. Nietzsche legt Zarathustra in den Mund: »Wahrlich, der Sonne gleich liebe ich das Leben und alle tiefen Meere.« Und an anderer Stelle ruft er aus: »Wahrlich, mit tückischer Schönheit schaut mich rings Meer und Leben an!«[12] Das Leben selbst ist zwiespältig, schön und abgründig, verlockend und gefährlich zugleich, im Spiegel des Meeres wird das besonders deutlich. Und deshalb sind Nietzsches Aussagen über das Meer eine Philosophie des menschlichen Daseins.

Bereits einige Jahre zuvor waren bei Charles Baudelaire die Verbundenheit und die ambivalente Beziehung zwischen dem Menschen und dem Meer, auf die Nietzsche abhebt, das Thema eines Gedichtes seines Bandes *Die Blumen des Bösen*. Der Mensch und das Meer lieben und bekämpfen sich, weil sie sich so ähnlich sind: beide zwiespältig in sich selbst und undurchsichtig, letztlich dunkel.

Der Mensch und das Meer
Freier Mensch, immer wird das Meer dir lieb sein!
Das Meer ist dein Spiegel; du schaust deine Seele

in der unendlichen Entrollung seiner Wogen,
und dein Geist ist kein minder bitterer Abgrund.

Gerne tauchst du in deines Bildes Tiefe;
du umarmst es mit Augen und Armen,
und bisweilen vergisst dein Herz
seinen eigenen Aufruhr über dem Brausen dieser
unbezähmbar wilden Klage.

Beide seid ihr finster und verschwiegen: Mensch,
niemals hat jemand deine Abgründe ausgelotet;
o Meer, niemand kennt deinen verborgenen Reichtum,
so eifersüchtig seid ihr, eure Geheimnisse zu hüten!

Und doch unzählbare Zeiten schon
bekämpft ihr unbarmherzig euch und ohne Reue,
so heftig liebt ihr das Gemetzel und den Tod,
o ewige Streiter, o unversöhnliche Brüder! [13]

Die Meereswogen der Seele und des Schicksals

Die Doppelseitigkeit des Meeres, das eine spiegelglatte Oberfläche ebenso wie die wildesten Wogen zeigen kann, war freilich dem Menschen von jeher bewusst. Auch in den Diskussionen seiner Erhabenheit ist es sowohl schön als auch hässlich genannt worden, wie wir sahen. Deshalb eignete es sich auch schon immer als Spiegelbild der menschlichen Seele. Schon die antike Philosophie und Dichtung entlehnten dem

Meer und der Schifffahrt die Bilder, um seelische Zustände zu charakterisieren. Bereits Demokrit hat die Ruhe und die Bewegung der Seele erläutert, indem er sich auf das Meer bezog.[14] Das ist ein erstaunlicher Vorgang: Der Mensch interpretiert sich selbst, seine Seele, sein unsichtbares Inneres, indem er es auf ein ihm ganz fremdes Terrain bezieht, das sich weit draußen in unermessliche Weite dehnt und nicht zu seinem Lebensraum gehört. Offensichtlich ist er sich selbst zu nah und erkennt sich nur mittelbar, über einen großen Umweg. Umgekehrt aber interpretiert er auch das Meer mithilfe seiner eigenen Eigenschaften. Schon in der antiken Literatur wird das Meer freundlich und wütend, gastlich und bedrohlich, ja sogar gerecht und gierig genannt. Nietzsches Vermenschlichung des Meeres ist deshalb nicht so ganz ungewöhnlich. Eine amüsante Geschichte dazu finden wir auch bei dem Renaissance-Philosophen Giordano Bruno. In einem Dialog lässt er einen der Diskutanten über die Frauen schimpfen: Sie bedeuteten für die Männer den Schiffbruch. In dieser Schimpftirade heißt es:

> Treffend hat jener Biskajer es bestätigt, der durch ein schreckliches Schicksal und die Wut des Meeres in Zorn versetzt sich mit grimmigem Blicke gegen die Wellen wandte und sprach: O Meer, Meer, dass ich dich verheiraten könnte! Er wollte damit zu erkennen geben, dass das Weib der Sturm der Stürme ist.[15]

Solche Beispiele und Sprachbilder in der Literatur verraten, wie sehr sich die Deutungen des Meeres und die Selbstdeutung des Menschen verbinden können. So wird auch verständlich, weshalb es in den ästhetischen Theorien um 1900 heißt, die Wahrnehmung der Natur als schön oder erhaben komme durch »Einfühlung« zustande.[16] Wenngleich wir uns im engeren Sinn nur in andere Menschen einfühlen können, so übertragen wir doch, wie die Sprache zeigt, unser Gefühl auch auf die äußere Natur, und das Meer erweist sich dafür als in besonderer Weise geeignet.

Schon in der alten Philosophie hatte man oft die menschlichen Leidenschaften mit den Stürmen und Wogen des Meeres verglichen. Das ist besonders in den Schriften der stoischen Philosophen der Fall. Die Leidenschaften sind wie das von den Winden gepeitschte Meer, schrieb Cicero.[17] Bei Seneca liest man: Wer der Sklave von Leidenschaften und Wollust wurde, findet nie Glück und Ruhe, sondern er wird entweder von Entbehrung oder von Genuss gepeinigt, so wie ein Seefahrer an einer Sandbank oder in einem Strudel scheitern kann.[18] Auch wenn diese von der Wollust geplagten Menschen einmal zufällig zur Ruhe kommen, finden sie nicht zu sich selbst und bleiben an ihre Begierden gefesselt – »dann schwanken sie hin und her wie das tiefe Meer, das auch nach dem Sturm noch in Bewegung ist; kurz, niemals lassen ihre Begierden sie in Ruhe«.[19] Sogar der Übergang zu einem besonnenen Leben bringt nicht unmittelbar die erhoffte Befreiung von der körperlich gewordenen Unruhe; sie dauert vorerst noch fort, denn der Körper ist an die Gesundheit noch nicht gewöhnt: »so zeigt auch das ruhige Meer eine gewisse zitternde Bewegung, wenn der Sturm sich gelegt hat«.[20] Von den Stürmen und Wogen im Meer der Leidenschaften zu sprechen bot sich also immer dann an, wenn Gewalt und Bewegung der Emotionen unterstrichen werden sollten. Aber auch für die seelische Ruhe und die Gelassenheit lieferte das Meer den passenden Vergleich.

In Goethes Gedicht *Meeresstille*[21] erscheint die Kalme, die Windstille, als eine niederdrückende Situation, die sogar Todesangst hervorruft, können doch die Segelschiffe, von ihr gelähmt, keinen Hafen ansteuern. In der Philosophie der Antike aber wurden die entsprechenden Wörter für die Meeresstille – griechisch *galēnē* und lateinisch *tranquillitas* – zu den gebräuchlichsten Begriffen für die Gemütsruhe, für das seelische Gleichgewicht.[22] Meeresstille der Seele, *tranquillitas animi*: Darunter stellte man sich einen Zustand des Glücks vor, der Gelassenheit und Zufriedenheit, ein ethisches Ideal, das sich durch wahres Philosophieren verwirklichen lässt. Darin waren sich sogar die verschiedensten Philosophenschulen einig, mochten sie sich über die Prinzipien noch so streiten. Platon, dem es um das Gute ging, pries die seelische Meeresstille ebenso wie der auf Leidfreiheit bedachte Epikur, die skeptischen Philosophen machten sie genauso zu ihrem Ideal wie die Stoiker.

Besonders diese Letzteren waren echte Lebensphilosophen in dem Sinne, dass sie Lebenshilfe und Lebensberatung boten. Dabei nahm ihre Lehre von der Seelenruhe die wichtigste Stelle ein. Seneca hat eine ganze Abhandlung über das Ideal der Gemütsruhe im Sinne der *tranquillitas animi* verfasst. Hier ein Beispiel von Cicero für die Meeresstille als Vorbild für den sittlich-besonnenen Gemütszustand, in dem alle verderblichen Leidenschaften, jede Vergnügungssucht und alle sinnlose Umtriebigkeit überwunden sind:

> Wer in Leichtfertigkeit sich begeistert und sich in leerer Ausgelassenheit bedenkenlos gehen lässt, ist der nicht umso unseliger, je glücklicher er sich vorkommt? Wenn also diese elend sind, so sind umgekehrt jene glückselig, die keine Furcht erschreckt, kein Kummer zerfrisst, keine Begierden aufstacheln und keine einfältigen Ausgelassenheiten in weichlichen Genüssen auflösen. Wie man die Ruhe des Meeres daran erkennt, dass nicht der kleinste Lufthauch die Fluten bewegt, so sieht man den ruhigen und friedlichen Zustand der Seele daran,

> dass keine Leidenschaft da ist, die ihn zu stören vermöchte.[23]

Gemeint ist damit aber nicht Apathie, nicht Gefühlskälte und die Abwehr von allem Mitgefühl, schließlich waren die Stoiker von einer die Menschen verbindenden Sympathie überzeugt. Marc Aurel lehrte sogar die Liebe zu seinen Mitmenschen. Sondern es wurde Ataraxie, also Unerschütterlichkeit, angestrebt, das schädliche Übermaß der Leidenschaften sollte überwunden werden, das krank und abhängig macht. Es galt, mit der Natur in Einklang zu leben – aber eben mit der gesunden, nicht mit der krank gewordenen Natur. Diesen Einklang mit der vernünftigen Natur priesen die Stoiker als eine Form des Glücks und zugleich auch der Tugend. Den Weg dahin sahen sie in der Einsicht, dass unsere gefährlichen Affekte aus unseren falschen Überzeugungen hervorgehen und dass sie deshalb auch durch Erkennen und Wollen beherrschbar sind. Dieses Ideal der Meeresstille der Seele blieb lange prägend.[24]

Aber nicht nur die krankhaften Begierden verlangen den befreienden Zustand der geglätteten Seele. Mehr noch sind es die unberechenbaren Schläge des Schicksals, die in ständige Unruhe und Angst versetzen. Und gerade das Wirken dieses Schicksals, das uns begünstigt oder bedroht und vernichtet, konnte am besten durch Vergleiche mit dem gefährlichen Meer deutlich gemacht werden. Seneca tröstet einen Freund, der um seinen Bruder trauert, indem er die Unerbittlichkeit des Schicksals betont, dem wir alle ausgesetzt sind und dem der Bruder mit dem Tod entkommen ist:

> Gebannt an dies tiefe und ruhelose Meer mit dem Wechsel von Ebbe und Flut, das uns bald hoffnungsfreudig stimmt, bald uns um so mehr darniederwirft und uns

> beständig umhertreibt, finden wir niemals einen festen Standort; wir schweben und schwanken, stoßen einer auf den anderen, und Schiffbruch ist mitunter unser Los: zu fürchten haben wir ihn immer. In diesem stürmischen und jedem Unwetter ausgesetzten Meere gibt es für den, der es befährt, nur *einen* Hafen, und das ist kein anderer als der Tod.[25]

Dieselbe Illusionslosigkeit gegenüber dem Schicksal, dem wir unausweichlich ausgesetzt sind, spricht auch aus einer anderen Trostschrift Senecas, in der er dann auch das moralisch richtige Verhalten lehrt: Wir müssen gefasst und besonnen unser Leben in die Hand nehmen, solange das möglich ist. Hat sich gezeigt, dass all unsere Klagen das Geschick nicht ändern können, so sollen wir auch unsere Trauer aufgeben, das Steuer unseres Lebens wieder fest in die Hand nehmen und alle Betrübnis beherrschen:

> Fügen wir uns also einer vernünftigen Leitung, und lassen wir uns nicht durch diese ungestüme Kraft vom richtigen Wege abziehen! Schmach über den Lenker des Schiffes, dem die Fluten das Steuerruder entrissen, der die flatternden Segel verlässt und das Schiff dem Wind und Wetter preisgibt; Preis dagegen dem, der, den Schiffbruch vor Augen, sich von den Wellen begraben lässt, die Hand festgefügt an das Steuerruder und den Wogen trotzend.[26]

Diese Haltung ist laut Seneca nicht nur angesichts unerwarteter Schicksalsschläge hilfreich, sondern auch, wenn gemäß dem Gang der Natur der Mensch alt und schwach wird. Dann gleicht sein Leib einem defekten Schiff, das er steuern muss:

> Wie in einem nicht mehr wasserdichten Schiff wohl der eine oder andere Spalt verstopft werden kann, aber, wenn alles sich lockert und wankt, dem lecken Fahrzeug nicht mehr zu helfen ist, so lässt sich der Schwäche eines alten Körpers nur eine Zeit lang noch Abwehr schaffen und Einhalt tun.

Besonders in dieser Lebenslage erweist sich die Philosophie als hilfreich, da sie zumindest geistig frisch erhält und ermöglicht, Herr seiner selbst zu bleiben:

> Sie macht ihre Jünger heiter auch angesichts des Todes und verleiht trotz körperlicher Unzulänglichkeit doch freudigen Mut und Kraft, so sehr auch die Leibeskraft versagt. Ein echter Steuermann setzt die Fahrt auch fort mit zerrissenem Segel, und hat er das Takelwerk verloren, so hält er doch den Rumpf des Schiffes noch immer zur Fahrt bereit.[27]

Das ist die prinzipielle Lebensregel der Stoiker: Wir können zwar nicht die Welt und das Leben ändern, aber unser Verhalten dazu. Und das richtige Verhältnis ist die Ruhe, die Meeresstille der Seele mitten im stürmischen Meer der Schicksalsschläge. Dazu ist vor allem die Tugend der Standhaftigkeit verlangt, die sich in jeder Situation bewähren muss. Den Gehässigkeiten seiner Mitmenschen ausgesetzt, bekennt Seneca stolz seine Unerschütterlichkeit:

> Ich darf mich vergleichen einem einsamen Fels in seichtem Meeresgrund, den die Wogen, von allen Seiten andringend, unaufhörlich peitschen, ohne ihn doch von der Stelle zu rücken oder durch den im Laufe so vieler

> Menschenalter oft wiederholten Anprall zum Abbröckeln zu bringen.[28]

Daraus ergibt sich auch: Das Ideal der Gemütsruhe verlangt keinen Handlungsverzicht und keinen Eskapismus, keinen Rückzug von allen öffentlichen Aufgaben. Nur Umtriebigkeit und Machtstreben gilt es zu meiden. Wenn allerdings das staatliche Gefüge kein sinnvolles Mitwirken mehr erlaubt, soll man sich in den Hafen des Privatbereichs zurückziehen und sich dort z. B. wissenschaftlichen oder pädagogischen Aufgaben zuwenden.

Wenn Seneca das Schicksal ein gefährliches Meer nennt, das uns emporhebt und hinabstürzt, dann will er damit weder über das Schicksal noch über das Meer Klage führen. Das Schicksal war für die Stoiker zugleich die Vorsehung, die alles in den Dienst der Menschen stellt; alle vermeintlichen Übel dienen der Ausbildung der Tugend und kommen letztlich immer denen zugute, die sich auf dem rechten Weg befinden, und die Tugend bedeutet Glück. Gerade das Meer zeigt uns die von der Vorsehung gelenkte Weltordnung, die kein blinder Zufall sein kann:

> Beobachtet man, wie das Gestade entblößt wird, wenn das Meer sich in sich selbst zurückzieht, und wie es nach kurzer Zeit wieder von der Flut bedeckt wird, soll man dann glauben, es sei eine blindlings wirkende Strömung, durch welche die Wogen bald zusammengezogen und in sich selbst zusammengedrängt werden, bald wieder hervorbrechen und in mächtigem Andrang sich wieder über ihren alten Platz ergießen, während sie doch in bestimmtem Maße anschwellen und pünktlich nach Stunde und Tag sich vergrößern und vermindern, je nach dem bestimmenden Einfluss des Mondes, der den Fluten des Ozeans ihr Gesetz vorschreibt?[29]

Auch wundersame Ereignisse, dass z. B. warme Quellen und neue Inseln aus dem Meer aufsteigen, geschehen in Senecas Augen nach festen Gesetzen und nicht durch blinden Zufall. Das Meer reinigt sich sogar selbst, indem es von Zeit zu Zeit allen Schmutz und Unrat an die Küsten wirft.[30] Diese Gesetzmäßigkeit gibt uns Vertrauen in die Weltordnung, die mit einschließt, dass von Zeit zu Zeit die ganze Welt in einem Weltenbrand oder durch eine Sintflut vernichtet wird, um das menschliche Geschlecht zu erneuern. Seneca hat sehr plastisch die mögliche Katastrophe einer Sintflut ausgemalt, die als ein Werk der Vorsehung zur Ordnung der Welt hinzugehöre.[31] Wenn dieser Philosoph im 1. Jahrhundert n. Chr. den Menschen unausweichlich dem gefährlichen Meer des Schicksals ausgesetzt sah, dann entsprach das auch seiner eigenen Lebenserfahrung. Er stand zeitweise in engem Kontakt mit den römischen Kaisern und lebte deshalb gefährlich. Kaiser Claudius schickte ihn für acht Jahre in Verbannung, und Kaiser Nero zwang ihn später zum Selbstmord.

Ein ähnlich schlimmes Schicksal musste zu Beginn des 6. Jahrhunderts der hochgebildete Boethius erdulden. Er lebte in einer Zeit des Übergangs, am Ende des Römischen Reiches. Der Kaiser herrschte nur noch im Osten, in Byzanz, das Westreich aber war von den Ostgoten besetzt. Deren König Theoderich der Große hatte Boethius, der aus vornehmer römischer Familie stammte, zum Konsul und zu seinem höchsten Verwaltungsbeamten gemacht. Doch dann geriet Boethius in den Streit zwischen Ost- und Westrom und wurde durch falsche Anschuldigungen wegen Hochverrats zum Tode verurteilt und hingerichtet. Im Gefängnis von Pavia auf den Tod wartend, verfasste er das einflussreiche kleine Buch *Trost der Philosophie*, einen ebenso tiefsinnigen wie kunstvoll gearbeiteten Text: Die platonische Dialogform lockert er durch Gedichte noch weiter auf. Die Bedrohungen des Lebens und der Wechsel von Glück und Unglück werden auch hier immer wieder durch Vergleiche mit dem Meer ins Bild gebracht. Der Autor, der verzweifelt mit seinem Schicksal hadert, lässt die Philosophie in Gestalt einer Frau persönlich in Erscheinung treten und ihn durch Belehrung und Gespräch zu einem neuen Verständnis seiner Lage kommen.

Die Philosophie erinnert ihn zunächst daran, dass die Menge in ihrer Dummheit schon immer die hervorragenden Geister bekämpft hat: Anaxagoras wurde verbannt, Sokrates musste den Giftbecher nehmen und Zeno wurde gefoltert. »Daher brauchst du dich nicht zu wundern, wenn wir auf der hohen See dieses Lebens von Stürmen umbraust und umgetrieben werden, wir, deren oberster Grundsatz ist, den Schlechten zu missfallen!«[32] Sodann macht sie ihm klar, dass er völlig zu Unrecht Fortuna vertraut, der blinden Glücksgöttin mit dem zweideutigen Antlitz. Diese ist grundsätzlich und immer unberechenbar, sonst wäre sie gar kein Schicksal. Um das zu unterstreichen, lässt die Philosophie diese unstete Gottheit selbst zu Wort kommen. Und die Glücksgöttin belehrt Boethius, dass die Menschen nie zufrieden sind und nie genug des Guten kriegen können: »Des Meeres Recht ist es, bald mit glattem Spiegel zu schmeicheln, bald in Stürmen und Fluten zu erstarren. Uns aber soll an eine Beständigkeit, die unserem Wesen fremd ist, die unersättliche Begier der Menschen binden?«[33] Die Philosophie bekräftigt das, auch mit einem Gedicht: Die Dinge dieser Welt sind niemals beständig, die gesamte Welt ist deshalb so zwiespältig und schwankend wie der Charakter des Meeres, und wir dürfen folglich auch gar kein dauerhaftes Glück in ihr erwarten:

Bald erstrahlt am Tag in der heitern Sonne
Unbeweglich und still die See,
Bald, zerwühlt in Wut, bei des Nordsturms Stößen
Wandelt schnell sich der Fläche Bild.
Wenn so selten feststeht der Welt Gestaltung,
Wenn sie stets im Wechsel kreist,
Wisse, Menschenglück ist gar wankelmütig,
Wisse, flüchtig die Güter auch.[34]

Diese Lehre vom Schicksal, das unstet ist wie das Meer, wurde bereits ganz ähnlich von den Stoikern vertreten. Aber Boethius, tief geprägt von der Philosophie Platons und schon in Berührung mit der christlichen Theologie, gibt dem Gedanken eine neue Wendung. Das höchste Gut und das zu erstrebende Glück ist nicht die Tugend, sondern Gott, an dem wir Anteil gewinnen sollen. Er ist die ursprüngliche Heimat, der wir entstammen, und er ist auch der »stille Hafen«, dem wir zusteuern müssen auf der bewegten Seefahrt des Lebens. Was wir Schicksal nennen, ist abhängig von der Vorsehung Gottes, der mit dem »Steuerruder der Güte« alles lenkt und das Böse nie siegen lässt. Da er selbst »Einer«, eine Einheit ist, fügt er alle Dinge zu einem geordneten Zusammenhang. Ihm ist zu verdanken, dass die Liebe die Menschen und alle Dinge in einer Friedensordnung zusammenhält; die Liebe ist – wie schon in Platons Dialog *Das Gastmahl* – auch ein kosmisches Prinzip, das sogar das wilde Meer bändigt:

Dass das gierige Meer die Flut
In gesicherten Grenzen hält,
Dass das Land nicht hinaus ins Meer
Seine Küsten zu schieben wagt;
Solche Ordnung der Dinge knüpft

Sie, die Länder und Meere lenkt,
Liebe, die Himmelsbeherrscherin![35]

Anders als die Stoiker kennt Boethius also einen festen Bezugspunkt jenseits alles Schwankens und Wankens: den einen Gott, und ebenso fest steht für ihn die Unsterblichkeit der Seele, die zu Gott zurückstrebt. Das gesamte christliche Mittelalter hat deshalb dieses Buch sehr geschätzt. Boethius diskutiert auch neue Schwierigkeiten: die Existenz des Bösen in der Welt und die Fraglichkeit der menschlichen Freiheit. Beidem hatte die Stoa noch wenig Beachtung geschenkt, und beides beschäftigt die Philosophie bis heute. Die Gefahren und die Leiden des Menschen werden unter den neuen Bedingungen zwar nicht geringer, aber das wilde Meer des Schicksals wird als Strafe oder Erziehungsmittel eines guten Gottes aufgefasst, der einen sicheren Hafen und ein Lebensziel bietet. Dadurch sind die Leiden leichter zu ertragen. Die Seefahrt des Lebens ist eine Rückkehr zum himmlischen Hafen.

Das ist auch bei Augustinus ähnlich, dessen Auffassungen Boethius kannte. In einer Frühschrift verbildlicht er das Philosophieren mit einer Schiffsreise durch ein verlockendes, aber gefährliches Meer und unterscheidet drei Typen von Seefahrern: Die Ängstlichen trauen sich kaum aus dem Hafen heraus und warnen die andern vor den Gefahren des Meeres. Andere fahren in ihrem Streben nach Lust und Ehre weit hinaus und vergessen ihr Vaterland, gelangen aber schon bei widrigen Winden ins Elend, und nur ein Sturm kann sie an ihr Ziel bringen. Schließlich gebe es solche – und zu ihnen zählte sich Augustin –, die ihr Ziel und ihr Vaterland zwar nicht vergessen, aber dennoch in viele Gefahren und Schwierigkeiten geraten und ebenfalls erst durch einen Schicksalsschlag in das ersehnte Vaterland gebracht werden. Dieses Vaterland ist die Erkenntnis

Gottes als Grund der Wahrheit. Philosophie und Leben werden auch hier so eng verknüpft, dass die Gefahren des Meeres sowohl die falschen Philosophien als auch die Verlockungen des Lebens bedeuten und das »selige Leben« die Gotteserkenntnis meint. Die Misslichkeiten und das Unglück auf dem Meer des Lebens sind wie in der stoischen Philosophie Erziehungsmittel und jetzt auch Eingriffe Gottes, um die irrenden Menschen zur Wahrheit zu führen.[36]

Später wird von Augustin die ganze Welt verschiedentlich ein gefährliches, grausames, hässliches Meer genannt.[37] So wie man damals das Meer von schrecklichen Ungeheuern bevölkert glaubte,[38] zu denen etwa der Chaosdrache Leviathan gehörte, ein Ungetüm, das man oft mit dem Teufel identifizierte, so ist auch die Welt bei Augustin von den Eingriffen des Teufels gezeichnet und deshalb voll des Bösen und Hässlichen. Platons kritische Sicht wird noch verstärkt. Aber das gefährdet bei Augustin nicht den Gedanken eines guten, lenkenden Gottes, sondern es macht ihn als Retter nötig. Und so weiß man jenseits aller Übel, unter denen man leidet, einen Garanten für die Erlösung von ihnen.

Seefahrt ohne Hafen

Die philosophische Aufklärung hat im 17. und 18. Jahrhundert mit ihrer Überzeugung von der Macht der menschlichen Vernunft den Teufel schließlich abgeschafft und das Meer von den fantastischen Ungeheuern befreit. Der schreckliche Leviathan, dieser Meeresdrache aus dem Buch Hiob der Bibel, wurde in der Staatsphilosophie des Thomas Hobbes zu einem

Symbol für den Souverän, der mit seiner Macht für Frieden zwischen den Bürgern zu sorgen hat. Das Meer bot für die Philosophie in der Neuzeit, wie schon gezeigt, die Chance für einen völkerverbindenden Welthandel, es wurde zum Ort utopischer Inseln sowie zum Gegenstand ästhetischer Reflexionen. Aber das Leid und das Böse waren längst nicht verschwunden. Der Versuch, das Glück von den erträumten utopischen Inseln durch Revolutionen in die Wirklichkeit herüberzuholen, brachte neues Blutvergießen, und wer unter sozialem Elend nicht zu leiden hatte, war dennoch nicht immer rundum glücklich. Auch das Meer gewährte nicht nur Erholung und Naturgenuss, sondern forderte nach wie vor viele Tote. Deshalb konnte es in neuer Weise die Bilder für das stets bedrohte menschliche Leben liefern. Sogar der Teufel kehrte zurück, wenn auch verkleidet. Man findet ihn z. B. in der Dichtung Charles Baudelaires und in der Philosophie Arthur Schopenhauers.

Auf den ersten Blick scheint Schopenhauers Sicht der menschlichen Lebensfahrt sich nicht von der des Stoikers Seneca zu unterscheiden:

> Das Leben der Allermeisten ist auch nur ein steter Kampf um diese Existenz selbst, mit der Gewissheit ihn zuletzt zu verlieren. Was sie aber in diesem so mühseligen Kampfe ausdauern lässt, ist nicht sowohl die Liebe zum Leben, als die Furcht vor dem Tode, der jedoch als unausweichbar im Hintergrunde steht und jeden Augenblick herantreten kann. – Das Leben selbst ist ein Meer voller Klippen und Strudel, die der Mensch mit der größten Behutsamkeit und Sorgfalt vermeidet, obwohl er weiß, dass, wenn es ihm auch gelingt, mit aller Anstrengung und Kunst sich durchzuwinden, er eben dadurch mit jedem Schritt dem größten, dem totalen, dem unver-

> meidlichen und unheilbaren Schiffbruch näher kommt, ja gerade auf ihn zusteuert, – dem Tode: dieser ist das endliche Ziel der mühseligen Fahrt und für ihn schlimmer als alle Klippen, denen er auswich.[39]

Wenngleich diese Auffassung des menschlichen Lebens an die Überzeugungen der alten Stoiker erinnert, so wird sie von Schopenhauer doch durch einen ganz anderen Grundgedanken fundiert, und das hat seine Folgen. Bei den Stoikern hatte die Natur – im Hintergrund aller Schicksalsschläge – ihre vernünftige Ordnung und Schönheit, und deshalb sollte man ja auch gemäß der Natur zu leben lernen. Bei Schopenhauer aber ist die Ordnung des Universums nur die Bedingung seines Fortbestehens, nichts Bewundernswertes. Und der Kern der ganzen Welt – bei den Stoikern die göttliche Weltseele – ist der sinnlos gebärende und zerstörende Weltwillen, den man prinzipiell überwinden muss. Er ist wie vormals der Teufel für alle Übel und alles Leid verantwortlich. Wir alle kennen oder erahnen ihn, denn wir tragen ihn in uns, er ist es, der uns streben und begehren lässt und immer weiterzuleben antreibt. Deshalb ist er es auch, der unser Leben zu einer Seefahrt ohne Ziel und glücklichen Hafen macht.

Diese dunkle Macht in ihrer dumpfen Grausamkeit zu erkennen und zu akzeptieren, verhindert unsere rationale Erkenntnisfähigkeit, die eine Welt der Vorstellung, der bloßen Erscheinungen, erzeugt. Schopenhauer nennt diese Erkenntnis mit Blick auf den Buddhismus den »Schleier der Maja«. Mit ihm vor Augen erkennen wir rational begreifbare Zusammenhänge, wo letztlich nur Irrationalität herrscht, und sehen überall – auch in uns selbst – Individuelles, wo der schlechthin allgemeine Wille seine Macht ausübt. So wird uns die schreckliche Wahrheit verdeckt, dass alles Leben zwischen Lust, Schmerz und Langeweile hin und her schwankt und letztlich immer nur Leiden bedeutet. Aber da der Schleier dünn ist, ahnen wir zumeist, was sich darunter verbirgt, und wir leben in einer unaufrichtigen Scheinsicherheit. Das wird von Schopenhauer wiederum mit einer Fahrt durch die wilde See verdeutlicht:

> Denn, wie auf dem tobenden Meere, das, nach allen Seiten unbegrenzt, heulend Wasserberge erhebt und senkt, auf einem Kahn ein Schiffer sitzt, dem schwachen Fahrzeug vertrauend; so sitzt, mitten in einer Welt voll Qualen, ruhig der einzelne Mensch, gestützt und vertrauend auf das principium individuationis, oder die Weise wie das Individuum die Dinge erkennt, als Erscheinung. Die unbegrenzte Welt, von Leiden überall, in unendlicher Vergangenheit, in unendlicher Zukunft, ist ihm fremd, ja ist ihm ein Märchen: seine verschwindende Person, seine ausdehnungslose Gegenwart, sein augenblickliches Behagen, dies allein hat Wirklichkeit für ihn: und dies zu erhalten, tut er alles, solange nicht eine bessere Erkenntnis ihm die Augen öffnet.[40]

Die stoischen Philosophen machten mit dem Bild des bewegten Meeres klar, dass das Leben Höhen und Tiefen durchläuft, die der Mensch nicht beherrschen, mit denen er aber mithilfe seines Verstandes leben lernen kann und muss. Für Schopenhauer hingegen gibt es letztlich nur die eine Wirklichkeit, das grauenhafte Meer, vor dem wir allzu gern die Augen verschließen, dem wir aber prinzipiell entkommen müssen.[41] Damit ist alles Vertrauen in die Welt und in die Vernunft zerstört. Der Struktur nach hat diese Position größere Ähnlichkeit mit der religiösen Weltsicht Augustins als mit der Stoa. Ganz ähnlich wie die Religion will auch Schopenhauers Philosophie erlösen:

Durch Kunst, Mitleid und Askese muss die Herrschaft des Willens zum Leben gebrochen und überwunden werden.

Nietzsche jedenfalls erkannte bei Schopenhauer noch immer den Geist der jüdisch-christlichen Religion. Wenn er sich von Schopenhauers Pessimismus abwandte, so gab dazu schon eine gedankliche Schwierigkeit genügend Anlass: Wenn tatsächlich die wahre Realität jener dunkle, allmächtige Weltwille ist und auch den trügerischen Schein hervorbringt, wie soll man sich dann ehrlicherweise von diesem Willen abkoppeln können? Ist dann überhaupt noch ein Raum jenseits von dem sinnlosen Lebenstrieb denkbar? Nietzsche schafft diese Fragen durch eine radikale Kehrtwende beiseite. Da man im Leben nicht dem Leben entkommen kann, muss man den Willen zum Leben bejahen – alles andere führt zu Unaufrichtigkeiten. Schopenhauer bekommt zwar recht, wenn er auf der Irrationalität des Weltengrundes besteht. Aber wer leben will, muss auch den schönen Schein wollen, der die Welt aushalten lässt. Der dunkle Weltgrund und der schöne Schein gehören für uns Menschen zusammen. Da man beides nicht leugnen und loswerden kann, muss man beides bewusst akzeptieren, und nur dadurch lässt sich weiterleben.

Diese Verknüpfung von dunkler Realität und schönem Schein spiegelt sich in Nietzsches Verhältnis zum Meer, es hat dasselbe Doppelgesicht wie das Leben. Das Meer ist und bleibt fremd und gefährlich – erscheint aber zugleich auch als vertraut und schön, und Zarathustra versucht mit ihm sogar zu reden. Diese ambivalente Rolle spielt das Meer auch, wenn seine Weite und seine Grenzenlosigkeit die Möglichkeiten der Freiheit und die offene Zukunft bezeichnen. Nietzsche, der alle bindenden Traditionen kritisch »hinterfragt« – er hat dieses Wort geprägt – und der scharf beobachtet, wie auch die modernen Wissenschaften die Kultursysteme untergraben, begrüßt emphatisch wie ein Abenteurer, dass nun das alte feste Land der religiösen Überzeugungen verlassen wird und die menschliche Erkenntnis unbegrenzt Entdeckungsreisen unternehmen kann. In seinen Aphorismen *Wir Furchtlosen* heißt es:

> In der Tat, wir Philosophen und »freien Geister« fühlen uns bei der Nachricht, dass der »alte Gott tot« ist, wie von einer neuen Morgenröte angestrahlt; unser Herz strömt dabei über von Dankbarkeit, Erstaunen, Ahnung, Erwartung – endlich erscheint uns der Horizont wieder frei, gesetzt selbst, dass er nicht hell ist, endlich dürfen unsre Schiffe wieder auslaufen, auf jede Gefahr hin auslaufen, jedes Wagnis des Erkennenden ist wieder erlaubt, das Meer, *unser* Meer liegt wieder offen da, vielleicht gab es noch niemals ein so »offnes Meer«.[42]

Aber diese Freude über die gewonnene Freiheit und die künftigen Abenteuer des Erkennens wird auch von Sorge und Angst begleitet:

> Wir haben das Land verlassen und sind zu Schiff gegangen! Wir haben die Brücke hinter uns – mehr noch, wir haben das Land hinter uns abgebrochen! Nun, Schifflein! Sieh dich vor! Neben dir liegt der Ozean, es ist wahr, er brüllt nicht immer, und mitunter liegt er da wie Seide und Gold und Träumerei der Güte. Aber es kommen Stunden, wo du erkennen wirst, dass er unendlich ist und dass es nichts Furchtbareres gibt als Unendlichkeit. Oh des armen Vogels, der sich frei gefühlt hat und nun an die Wände dieses Käfigs stößt! Wehe, wenn das Land-Heimweh dich befällt, als ob dort mehr *Freiheit* gewesen wäre – und es gibt kein »Land« mehr! [43]

Das ist die Kehrseite der Befreiung, die Folge des Bruchs mit den tradierten Überzeugungen, die lange selbstverständlich waren: die Angst, die vollkommene Bindungs- und Orientierungslosigkeit könnten lähmen wie ein Käfig, aber eine Rückkehr zu den verlassenen Kulturformen wie der Religion sei nicht mehr möglich, weil sie endgültig zerstört sind.

Sowohl Karl Jaspers, mit dem dieses Kapitel begann, als auch Friedrich Nietzsche verbinden mit dem Meer den Gedanken an das Unendliche. Aber am Verhältnis zu diesem Begriff scheiden sich die Geister und treten in einen scharfen Gegensatz. Jaspers schließt sich noch an die Traditionen an, in denen das Unendliche eine Idee der Vernunft oder sogar das Göttliche oder Gott war – eine überschwängliche, großartige Idee, welche die Fassungskraft unseres Verstandes und unserer Einbildungskraft übersteigt. Die genannten Belege zur Erhabenheit des Meeres haben es gezeigt. Deshalb reißt uns laut Jaspers das Meer, der Repräsentant des Unendlichen, zwar aus unserem alltäglichen Umgang mit den Dingen heraus, versetzt uns aber letztlich nicht in Angst. Bei Nietzsche aber ist das Unendliche furchtbar und bedrohlich und so auch das Meer. In seinem Gedicht *Nach neuen Meeren*, das die Perspektive des Kolumbus einnimmt, wird das sehr deutlich:[44]

Dorthin – *will* ich; und ich traue
Mir fortan und meinem Griff.
Offen liegt das Meer, ins Blaue
Treibt mein Genueser Schiff.

Alles glänzt mir neu und neuer,
Mittag schläft auf Raum und Zeit –:
Nur *dein* Auge – ungeheuer
Blickt michs an, Unendlichkeit!

Nietzsches Buch *Morgenröte* endet mit der Frage, ob »*Wir Luft-Schiffahrer des Geistes*«, die wir kein letztes Ziel vor Auge haben, sondern immer nur weiter über Meer, Meer, Meer fliegen wollen, nicht an der Unendlichkeit scheitern.[45] Wenn es kein Ziel des Strebens und des Lebens gibt, dann ist das Leben wie eine Seefahrt ohne eine Landung in einem Hafen und das unendliche Meer unser Ende. So wird verständlich, »dass es nichts Furchtbareres gibt als Unendlichkeit«. Ganz folgerichtig hat Nietzsche das Meer auch eng mit dem Gedanken an den Tod verbunden. In dem Aphorismus *Der Gedanke über den Tod* wird das drängende, lärmende Leben in den engen Gassen einer Stadt in Erinnerung gerufen. Und dann heißt es:

> Und doch wird es für alle diese Lärmenden, Lebenden, Lebensdurstigen bald so stille sein! Wie steht hinter jedem sein Schatten, sein dunkler Weggefährte! Es ist immer wie im letzten Augenblick vor der Abfahrt eines Auswandererschiffes: man hat einander mehr zu sagen als je, die Stunde drängt, der Ozean und sein ödes Schweigen wartet ungeduldig hinter alle dem Lärme – so begierig, so sicher seiner Beute! [46]

Nietzsche begrüßt, ja er freut sich, dass man diese traurige Wahrheit um des Lebens willen schlicht ignoriert.

Man kann vereinfacht Jaspers und Nietzsche so gegenüberstellen, dass für Jaspers das Unendliche noch das Transzendente und ein Geheimnis ist, das dem Menschen Halt gibt, bei Nietzsche aber diesen Bezug verloren hat und deshalb leer und dunkel bleibt und Angst bereitet. Alle Sicherheiten und letzten Ziele sind fraglich geworden. Das ist der Preis für den Aufbruch vom Festland der bindenden, aber haltenden Traditionen in das weite, offene Meer der Freiheit.

Diese Überzeugung finden wir nicht nur bei Nietzsche. Auch ein anderer Philosoph hat diese Doppelseitigkeit der Emanzipation des modernen Geistes aus den alten Denk- und Verhaltensweisen deutlich beim Namen genannt: Nietzsches Zeitgenosse Wilhelm Dilthey. Die Wissenschaften und besonders die historische Forschung, die alles relativiert, so sagte Dilthey, ist »die Befreierin des menschlichen Geistes« – und dann fügte er die Frage hinzu: »aber wo sind die Mittel, die Anarchie der Überzeugungen, die hereinzubrechen droht, zu überwinden?«. Die Unsicherheit, in welche der wissenschaftliche Fortschritt versetzt, macht sich schon dadurch geltend, dass es keine eindeutige Stellung zum Leben mehr gibt. Dilthey notierte sich: »Angestrengter als je sucht unser Geschlecht zu lesen in dem geheimnisvoll unergründlichen Antlitz des Lebens mit dem lachenden Munde und den schwermütig blickenden Augen.«[47] Bei Boethius war es Fortuna, die Glücksgöttin, die ein ambivalentes Gesicht zeigt – der Lenker der Welt aber war eindeutig Gott, das höchste Gut, und auch die eigene Seele konnte sich von Zweideutigkeiten befreien. Bei Dilthey und Nietzsche aber ist das *Leben* undurchsichtig und vieldeutig geworden, und hinter das Leben kann die Philosophie jetzt nicht mehr zurückgehen, es ist ihr neues Grundprinzip. Da man dieses Leben selbst ist, trägt man seine Unergründlichkeit auch in sich selbst. Daher rührt die gedankliche Nähe zum Meer: Es ist bei Nietzsche genauso doppeldeutig und unergründlich wie das Leben. Einen sicheren Halt sucht man in dem einen so vergeblich wie in dem anderen.

Der Philosoph Hans Blumenberg hat das als Grundzug der Moderne bestätigt. Sein Buch *Schiffbruch mit Zuschauer* nimmt seinen Ausgang von der Szene, die Lukrez als Beispiel für das philosophische Weltverhalten gezeichnet hat: die Beobachtung eines sinkenden Schiffes vom sicheren Ufer aus.[48] Herder hatte das als Beispiel für den Anblick des erhabenen Meeres zitiert.[49] Blumenberg hingegen zeigt uns, wie dieses Motiv in der Geistesgeschichte als Bild für die Stellung des Menschen zur Welt und zu seinem eigenen Dasein aufgenommen und variiert wurde. Damit gibt er ein Beispiel für seine These, dass die Philosophie auf bildliche Ausdrucksweisen, auf Metaphorik, nicht verzichten kann, da sie sich anders kaum so prägnant und mit Erfahrung gesättigt zu äußern vermag und da alle philosophischen Begriffe letztlich auch solch bildlicher Sprache entstammen. Das kleine Buch endet deshalb mit theoretischen Ausführungen dazu. Zugleich macht Blumenberg aber deutlich, wie sich das Weltverhalten geändert hat. Der Mensch, ein verletzliches Wesen, das um seine Endlichkeit weiß, sucht einen festen Standort. Doch den Strom des geschichtlichen Geschehens kann er in der Moderne nicht mehr aus einer sicheren Distanz beobachten, und es drängt sich die Einsicht auf, dass auch der Beobachter nur eine Welle in diesem Strom der Geschichte ist.[50] Blumenbergs Essay beschreibt so die Entstehung des modernen Bewusstseins. Zu diesem gehört die neuere Philosophie, welche von der Relativität und von der unaufhebbaren »Geschichtlichkeit« aller unserer Welt- und Daseinsdeutungen überzeugt ist.

Als wir an Heraklit, den Denker des steten Fließens, und an seine Aktualität erinnerten, stellte sich die Frage, ob denn auch die Einsicht, dass alles fließt, sich im Fluss steter Veränderungen auflöse oder ob sie richtig bleibe. Diese Frage betrifft natürlich auch die Geschichtlichkeit des Menschen und seiner kulturellen Welt: Ist auch sie nur geschichtlich, nur relativ und zeitbedingt, und wird sich diese Annahme vielleicht als falsch erweisen? Wenn man überzeugt ist, dass alles dem geschichtlichen Fluss unterworfen ist, muss man dann nicht etwas – nein – muss man dann nicht *sehr viel* von der Geschichte wissen, *sicher* wissen, um das behaupten zu können? – Diese Fragen führen zu einem eigenen Gebiet der Philosophie, zur Philosophie der Geschichte. Diese befasst sich heute überwiegend mit der Geschichte als Geschichtswissenschaft und fragt nach der Möglichkeit und nach der Bedeutung von historischer Wahrheit. Vormals aber galt das Interesse der Geschichtsphilosophie vor allem der Geschichte als dem Inbegriff allen Geschehens in der menschlichen Welt, der Weltgeschichte. Nur in dieser ursprünglichen Form der Geschichtsphilosophie fand auch das Meer große Beachtung.

7.
Das Meer und die Weltgeschichte

Die Grundlage des Fortschritts

Wenn sich alles ändert, will man sich die Form dieses Wandels begreiflich machen und man sucht nach Gesetzen oder zumindest nach Tendenzen. Wie erwähnt, meinte die alte Philosophie zumeist, in Natur und Geschichte Kreisbewegungen erkennen zu können. Viele Phänomene wie der Gang der Gestirne, die Folge der Tages- und Jahreszeiten und das Aufblühen und Verwelken der Pflanzen stützten diese Sichtweise. Auch die politische Geschichte schien sich ähnlich zu bewegen, und man skizzierte eine Lehre vom Kreislauf der Staatsverfassungen. Die Philosophie der Neuzeit aber gründete auf der Erfahrung, dass durch die Wissenschaften und die Technik etwas gänzlich Neues entstanden war und die Zivilisation sich überhaupt grundlegend geändert hatte. Diesen Wandel insgesamt zu begreifen und zu beurteilen, machte sich seit dem 18. Jahrhundert die damals neue Disziplin Geschichtsphilosophie zur Aufgabe.

Eines der bedeutendsten und einflussreichsten Werke stammt aus der Feder des philosophischen Theologen Herder. Er wird immer als einer derjenigen genannt, welche dem geschichtlichen Forschen und Denken die wichtigsten Impulse gaben. Anders als die meisten Historiker und Geschichtsphilosophen bezog Herder in die geschichtliche Entwicklung auch die Natur mit ein. Ja, es war ihm wichtig zu betonen, dass ein und dieselbe Kraft in der natürlichen und in der menschlichen Welt am Werke sei. Sein unvollendetes geschichtsphilosophisches Hauptwerk beginnt deshalb mit einer ausführlichen Darstellung der Naturentwicklung. Auf der Grundlage damaliger Kenntnisse wird die allmähliche Herausbildung der Erdgestalt im Kontext des Universums, dann die Entstehung der Pflanzen und Tiere sowie des Menschen beschrieben – eine frühe Evolutionstheorie, die eine produktive göttliche Kraft annimmt, die sich sowohl in der Geschichte der Natur als auch in der des Menschen manifestiert.[1] Das heißt jedoch nicht, dass die Menschheit hier nur als Mittel für göttliche Zwecke eingespannt wird. Herder schreibt: »die Gottheit hilft uns nur durch unsern Fleiß, durch unsern Verstand, durch unsre Kräfte«.[2]

Inwiefern die äußere Natur, die Gestaltung der Erde, für die menschliche Geschichte große Bedeutung hat, wird schnell klar. Herder möchte die Einheit des Menschengeschlechts in der Vielfalt seiner sehr unterschiedlichen Erscheinungsweisen zeigen, oder umgekehrt: Er möchte die Unterschiede, die Individualität der Einzelnen und der Völker beachtet wissen, dabei aber die Einheit der Menschheit nicht aufgeben. Die Vielfalt der natürlichen und kulturellen Differenzen der Menschen aber lässt sich nicht ohne Beachtung der geografischen und klimatischen Bedingungen verständlich machen. Meere, Bergketten und Ströme trennen die Menschen und ermöglichen Sonderentwicklungen. Deshalb bilden sie, wie Herder ausführt, den »festen Grundriss aller Menschengeschichte« und sind auch immer »die Direktionslinien oder die Grenzen der Weltgeschichte« gewesen. Sie entscheiden mit, ob sich ein Hirtenvolk, ein Volk der Jäger oder der Fischer und Händler herausbildet. Je differenzierter durch das Nebeneinander von Wasser und

Land die natürliche Grundlage ist, desto vielfältiger gestaltet sich auch die Welt des Menschen. Da in den Weiten Asiens das trennende Meer fehlt, nahmen die Nationen Einfluss aufeinander und zeigen nun eine ähnliche Kulturstufe – hingegen erkennt man rings um das kleine Rote Meer große Unterschiede in Lebensart und Kultur der Völker.[3]

Darin liegt für Herder auch ein wichtiger Schlüssel zum Verständnis der kulturellen Vielfalt Europas: Es ist die Vielgestaltigkeit der Natur, die um das Mittelmeer herum durch Bergketten, Ströme, Inseln, Meeresbuchten und Landzungen vielfältige Grenzen setzte. Die Nationen, die sich hier von Osten kommend trafen, »konnten zusammen sein und sich trennen, auf einander wirken und wieder in Friede leben; der vielgegliederte kleine Weltteil ward also der Markt und das Gedränge aller Erdvölker im Kleinen«. Gerade aus der Mischung der verschiedenen Völker und Kulturen erklärt sich die Entstehung Europas:

> Das einzige mittelländische Meer, wie sehr ist es die Bestimmerin des ganzen Europa worden! So dass man beinahe sagen kann, dass dies Meer allein den Über- und Fortgang aller alten und mittlern Kultur gemacht habe. Die Ostsee stehet ihm weit nach, weil sie nördlicher, zwischen härtern Nationen und unfruchtbarern Ländern, gleichsam auf einer Nebenstraße des Weltmarkts, liegt; indessen ist auch sie dem ganzen Nordeuropa das Auge. Ohne sie wären die meisten ihr angrenzenden Länder barbarisch, kalt und unbewohnbar. Ein gleiches ist's mit dem Einschnitt zwischen Spanien und Frankreich, mit dem Kanal zwischen diesem und England, mit der Gestalt Englands, Italiens, des alten Griechenlandes. Man ändere die Grenzen dieser Länder,

> nehme hier eine Meerenge weg, schließe dort eine Straße zu, und die Bildung und Verwüstung der Welt, das Schicksal ganzer Völker und Weltteile geht Jahrhunderte durch auf einem andern Wege.[4]

Die vielgestaltige Natur des europäischen Kontinents begünstigt die Entwicklung der Humanität: Die christliche Religion bewirkte einen gewissen Zusammenhalt der Völker, die Naturbedingungen aber garantierten auch kulturelle Verschiedenheiten. Um das richtige Verhältnis von Einheit und Vielfalt kreist Herders gesamtes Humanitätsdenken.

Die bestimmende Kraft des Mittelmeeres zeigt sich zuerst und vor allem an der erstaunlichen Kulturentwicklung im alten Griechenland. Als »ein meerumgebenes Busen- und Küstenland oder gar ein Sund von Inseln« lieferte dieses Land den zuziehenden Völkern eine wichtige Grundlage für Abgrenzung und Kontakt, für Kriege und Handel und überhaupt für die vielfältigsten Tätigkeiten. Dadurch wurden ein Austausch von Ideen und ein kultureller Aufschwung in dieser Region möglich, die wir auf den Weiten des Festlandes nicht finden. Dass eine solch geografische Lage günstig für die Kulturentwicklung ist, lässt sich laut Herder auch andernorts erkennen: »In allen Meeren haben die Reisenden gefunden, dass sich auf Inseln, Halbinseln oder Küsten von glücklicher Lage eine Bestrebsamkeit und freiere Kultur erzeugt hatte, die sich unter dem Druck einförmiger, alter Gesetze des festen Landes nicht erzeugen konnte.«[5]

Das Mittelmeer erwies sich als »Bestimmerin« Europas auch durch den späteren Seehandel. Es hat die Blüte berühmter Küstenstädte ermöglicht. Venedig, aus einem Zufluchtsort entstanden, gibt uns ein Beispiel, wie Handelsstaaten durch Klugheit und Fleiß »von Nichts zu Allem kommen« können:

> Spät wagte es sich aus seinen Morästen hervor, und suchte, wie ein scheues Tier des Schlammes, am Strande des Meers einen kleinen Erdstrich, tat sodann einige Schritte weiter, und stand, um die Gunst des reichsten Kaisertums bemüht, seinen schwachen Exarchen zu Ravenna bei [den oströmischen Machthabern]. Dafür erhielt es denn, was es gewünscht hatte, die ansehnlichsten Freiheiten in diesem Reiche, bei welchem damals der Haupthandel der Welt war.

Schließlich wurde Venedig die das Mittelmeer beherrschende Seemacht, welche die Güter des Vorderen Orients nach Europa brachte und damit die europäische Kultur beeinflusste. Allerdings blieben die Aktivitäten der italienischen Seemächte wie Venedig, Genua, Pisa und Amalfi noch auf das Mittelmeer begrenzt. Anders bald die Völker an Nord- und Ostsee: »den nordischen Seefahrern gehörte der Ozean und mit dem Ozean die Welt«.[6]

Für die Herausbildung eines einigen Europa aber war laut Herder vor allem die Vereinigung der großen Handelsstädte von Bedeutung, in denen sich mit dem »Bürgerrecht« auch eine »gemeinschaftliche Freiheit« durchsetzte. Diese Städte, deren »Fürstin« Lübeck war, dehnten ihren Handel über Nord- und Ostsee und das Mittelmeer auch auf den gesamten Atlantik aus und kooperierten mit vielen anderen Nationen. Ihr Zusammenschluss zu einem »Handelsstaat«, zur Hanse, hat Europa laut Herder »mehr zu einem Gemeinwesen gemacht, als alle Kreuzfahrten und römischen Gebräuche«:

> Denn über Religions- und Nationalunterschiede ging er hinaus, und gründete die Verbindung der Staaten auf gegenseitigen Nutz, auf wetteifernden Fleiß, auf Redlich-

> keit und Ordnung. Städte haben vollführt, was Regenten, Priester und Edle nicht vollführen konnten und mochten: *sie schufen ein gemeinschaftlich-wirkendes Europa.*[7]

Macht Herder so plausibel, dass auch die Erde als »Schauplatz der Menschengeschichte« den Ablauf des welthistorischen Dramas bestimmt, so war er kritisch genug, darin nicht die einzige Entwicklungsbedingung zu sehen. Fragt man, woher z. B. die griechischen Stämme ihre bewundernswerte Sprache, Poesie und Weisheit hatten, so antwortet Herder: »Der Genius der Natur gab sie ihnen, ihr Land, ihre Lebensart, ihre Zeit, ihr Stammescharakter.« Zumeist nennt er drei Bestimmungsfaktoren der Entwicklungen: den Charakter des jeweiligen Volkes, die äußere Natur und die Zeit, d. h. die allgemeine Weltlage. Seine Geschichtsphilosophie möchte nicht spekulieren, geheime Absichten aufdecken, sondern sie möchte die Geschichte zur Wissenschaft erheben: »Geschichte ist die Wissenschaft dessen, was da ist.« Er war sogar überzeugt, dass auch in der menschlichen Geschichte Gesetze nachweisbar sind, ja dass »die ganze Menschengeschichte eine reine Naturgeschichte menschlicher Kräfte, Handlungen und Triebe nach Ort und Zeit« ist.[8]

Zugleich aber nimmt er kritisch Stellung zu den historischen Ereignissen. Er hebt alle Übel hervor, mit denen sich die Menschheit aufgrund von Torheit und blinder Leidenschaft seit jeher plagte, sodass manche »auf dem wüsten Ozean der Menschengeschichte den Gott zu verlieren glaubten, den sie auf dem festen Lande der Naturforschung in jedem Grashalm und Staubkorn mit Geistesaugen sahn und mit vollem Herzen verehrten«. Herder hält gleichwohl unbeirrt daran fest, dass der Mensch zur Humanität und damit zu Vernunft und Freiheit bestimmt ist und sie auch langsam realisiert.[9] Er verbindet, was sich später oft trennte: eine wissenschaftliche und eine humanistische Sicht auf die menschliche Geschichte. Er hat für das weite und zum Teil wüste Feld der Geschichte ein Beurteilungsprinzip, das Vielfalt ohne Konflikte fordert: die Humanität. Die Ausbildung und Anerkennung von Vielfalt hat für Herder eine wichtige Quelle im Mittelmeer, das die Kultur des klassischen Griechenland prägte.

Da der Begriff der Humanität inzwischen arg strapaziert wurde, sei zur Erläuterung ein rascher Sprung ins 20. Jahrhundert erlaubt. Albert Camus, über dessen Verehrung des Meeres und besonders des Mittelmeeres bereits berichtet wurde, sah im marxistischen Kampf für den endgültigen Sprung der Menschheit in das Reich kommunistischer Freiheit nur neues Unheil heraufziehen. Deshalb plädierte er für eine »maßvolle« Auflehnung gegen alle Unterdrückung und forderte statt der Revolution die »Revolte«. Die Philosophie, die das Maß wahrt und die es ablehnt, alles zwanghaft einem einzigen Prinzip und System zu unterwerfen, nannte er »das mittelmeerische Denken« und stellte es dem doktrinären Marxismus entgegen, wie ihn die KP und auch Sartre vertraten.[10] Indem das mediterrane Denken bei Camus der individuellen Freiheit Raum gibt, rückt es nahe an das heran, was bei Herder »Humanität« hieß. Diesen Begriff musste Camus natürlich meiden, da er in Frankreich anders gedeutet und vom Kommunismus in Anspruch genommen wurde. Aber mit Herders Gedanken im Kopf kann man Camus' »mittelmeerisches Denken« viel eher eine Form des Humanismus nennen als den damals sich ausbreitenden Marxismus.

Die bis heute berühmteste Geschichtsphilosophie dürften nach wie vor Hegels einschlägige Vorlesungen sein, die er zwischen 1822 und 1831 in Berlin hielt und die wir leider fast nur aus den Nachschriften seiner Hörer kennen. Hatte Herder die Geschichte des Menschen eine »reine Naturgeschichte« genannt und sich dadurch harte Kritik zugezogen, so erklärte Hegel die Geschichte zur »Arbeit des Geistes« und erntete dafür bald ebenfalls Kritik. Trotz der ganz anderen Grundlegung skizziert auch Hegel zunächst den »Schauplatz der Weltgeschichte«, d. h. die geografischen Bedingungen: »Die Weltgeschichte ist der Geist im Element der Weltlichkeit; also müssen wir auch das Natürliche und Leibliche darin kennen. Natürliches und Geistiges formiert eine Gestalt, und dies ist die Geschichte.« Er fügt sogleich hinzu, dass die Naturgrundlage keineswegs die menschliche Willensfreiheit beeinträchtige, sondern nur den Völkern einen jeweils anderen Charakter gebe.[11]

Hegel zeichnet den Schauplatz der Weltgeschichte sichtlich unter dem Einfluss Herders, tut das aber mit dem Zugriff des Systematikers, der alles zu strukturieren weiß. Drei verschiedene Typen des bewohnbaren Landes bedingen drei verschiedene Wirtschafts- und Gesellschaftsformen: a) Das wasserlose Hochland mit seinen Ebenen begünstigt Hirtenvölker, die patriarchalisch organisiert sind (Beispiel: Afrika). b) In den Talebenen mit ihren Strömen wird Ackerbau betrieben, und es entstehen große Reiche, die Grundeigentum und Rechtsregeln ausbilden (Beispiel: Asien). c) Für das »Uferland, das in unmittelbarem Verhältnisse zum Meere steht«, nennt Hegel keine bestimmte Sozialform, doch er beschreibt sehr genau, welch großen Einfluss das Meer auf das Leben und Denken der Bewohner hat:[12]

> Das *Meer* begründet überhaupt eine eigene Lebensweise. Das unbestimmte Element gibt uns die Vorstellung des Unbeschränkten und Unendlichen, und indem der Mensch sich in diesem Unendlichen fühlt, so ermutigt ihn dies zum Hinaus über das Beschränkte. Das Meer ist selbst das Grenzenlose und leidet keine ruhige Einschränkung in Städten wie das Binnenland. Das Land,

> die Talebene fixiert den Menschen an den Boden; er kommt dadurch in eine unendliche Menge von Abhängigkeiten. Aber das Meer erweckt den Mut; es lädt den Menschen zur Eroberung, zum Raub, aber auch zum Gewinn und Erwerb ein.[13]

Nietzsche empfand die Unendlichkeit des Meeres als bedrohlich, aber bei Hegel lockt sie die Menschen aus ihrer gewohnten Erwerbsarbeit heraus, in die sie sich »eingraben«. Während sie durch die Seefahrt ihren materiellen Interessen nachgehen, verwandeln sie sich, sie entwickeln Tapferkeit und ein Bewusstsein ihrer individuellen Freiheit.

> Die das Meer befahren, wollen und können wohl auch dort gewinnen, erwerben; aber das Mittel schließt unmittelbar das Gegenteil dessen, wozu es erwählt wird, in sich, nämlich die Gefahr: es ist in der Weise verkehrt, dass sie ihr Leben und Eigentum gerade in Gefahr des Verlustes setzen. Hierdurch wird das Einlassen mit diesem Mittel etwas Tapferes und gibt dem Individuum das Bewusstsein größerer Freiheit, Selbständigkeit. Das Meer erweckt den Mut; die es befahren, um Leben und Reichtum zu gewinnen, müssen durch das Mittel der Gefahr ihren Erwerb suchen, tapfer sein, Leben und Reichtum aufs Spiel setzen und verachten.

Die Natur, das Andere des Geistes, verhält sich also wie ein kluger Pädagoge. Das Meer erzieht den nur auf Gelderwerb bedachten Menschen zu etwas »Edlem«, zur Tugend der Tapferkeit. Da die Geschichte bei Hegel aber das Werk des Geistes ist, ergibt sich, dass das Meer mit dem menschlichen Geist im Bunde steht und als Werkzeug und Mittel für seine Entwicklung dient. Diese Fortentwicklung des Geistes treibt das Meer noch in anderer Weise voran. Durch seine abgründige Gefährlichkeit schult es den Verstand und die Findigkeit des Menschen. Er muss klug und schlau werden, wenn er sich in diesem Element behaupten will. In Hegels Geschichtsphilosophie sind die eigentlichen Helden der Geschichte die Ideen und Begriffe, die Idee des Staates und vor allem die Idee der Freiheit. Aber die Tücke des Meeres konnte auch er in seinen Vorlesungen nur ins richtige Licht rücken, indem er es wie Nietzsche mit seiner Sprache vermenschlichte, personifizierte:

> Dabei weckt das Meer die List, da der Mensch hier mit einem Element zu kämpfen hat, das sich allem ruhig zu unterwerfen scheint, sich in alle Formen fügt und doch so verderblich ist. Die Tapferkeit ist hier wesentlich mit dem Verstande, der größten List, verbunden. Gerade die Schwäche dieses Elementes, dies Nachgeben, diese Weichheit ist es, was die größte Gefahr birgt. Die Tapferkeit also gegen das Meer muss zugleich List sein, da sie es mit dem Listigen, dem unsichersten und lügenhaftesten Elemente, zu tun hat. Diese unendliche Fläche ist absolut weich, denn sie widersteht keinem Drucke, selbst dem Hauche nicht; sie sieht unendlich unschuldig, nachgebend, freundlich und anschmiegend aus, und gerade diese Nachgiebigkeit ist es, die das Meer in das gefahrvollste und gewaltigste Element verkehrt. Solcher Täuschung und Gewalt setzt der Mensch […] dann lediglich ein einfaches Stück Holz entgegen, besteigt es, sich bloß auf seinen Mut und seine Geistesgegenwart verlassend, und geht so vom Festen auf ein Haltloses über, seinen gemachten Boden mit sich führend. Das Schiff, dieser Schwan der See, der in behenden und run-

> den Bewegungen die Wellenebene durchschneidet oder Kreise in ihr zieht, ist ein Werkzeug, dessen Erfindung ebenso der Kühnheit des Menschen als seinem Verstande die größte Ehre macht.[14]

Wenn Hegel den Schiffbau lobt, so erkennt man den Philosophen, der nicht wie Rousseau das einfache Leben in der Natur preist, sondern den Menschen als denjenigen interpretiert, der sich durch Arbeit an der Natur von ihren Zwängen befreit und dadurch erst wirklich Mensch wird. Diese Befreiung gehört zu seiner Bildung. Und so wird verständlich, warum »das Prinzip des Meers«, von dem Hegel spricht,[15] auch die Bildung einschließt: Das Meer begünstigt Erfahrungen und Erfindungen, welche die Fähigkeiten des Menschen und seinen Horizont erheblich erweitern.

Deshalb ist das Meer bei Hegel auch so wichtig für das Verständnis Europas: »Ein europäischer Staat kann nur in Verbindung mit dem Meer groß sein. Das Meer trennt zwar das Land, aber es verbindet die Menschen. Im Meer liegt das ganz eigentümliche Hinaus, das dem asiatischen Leben fehlt.«[16] Es war laut Hegel für die Geschichte Europas von großer Bedeutung, dass man hier anders als in den asiatischen Reichen den Einladungen des Meeres folgte und seine Möglichkeiten nutzte. Das gilt schon und vor allem für das alte Griechenland, wo man sowohl auf dem Land als auch auf dem Meer zu Hause war und so eine »Amphibienexistenz« führte. Denn Griechenland »besteht aus einem Erdreich, das auf vielfache Weise im Meere zerstreut ist, aus einer Menge von Inseln und einem festen Lande, welches selbst inselartig ist«. Diese geografische Lage, das vielfältige Zusammenspiel von Land und Meer, hat Hegel zufolge die »Vielfältigkeit« und »Beweglichkeit des griechischen Geistes« begünstigt. Außerdem hatten – wiederum erleichtert durch das verbindende Meer – teilweise ganz fremde Volksstämme das Land besiedelt. Seine nationale Einheit gewann das griechische Volk deshalb durch die allmähliche Überwindung seiner Zerteilung und der »Fremdartigkeit«, die es in sich selbst trug. Erst dadurch hat sich »der schöne, freie griechische Geist« herausgebildet, aus dem »Zusammenfluss der verschiedensten Nationen«. Nicht also durch einen originären festen Nationalcharakter, sondern nur durch die Einschmelzung von Fremdeinflüssen ist die griechische Hochkultur entstanden. Darin zeigt sich für Hegel ein allgemeines Prinzip des Geistes, der sich aus seinem unmittelbar gegebenen Dasein herausarbeiten muss, in Auseinandersetzung mit dem, was anders ist: »Der wahrhafte Gegensatz, den der Geist haben kann, ist geistig; es ist seine Fremdartigkeit in sich selbst, durch welche allein er die Kraft, als Geist zu sein, gewinnt.«[17]

Wie in der Geschichtsphilosophie Herders, so spielt auch für Hegel die wichtigste Rolle in der Geschichte das Mittelmeer, jedoch nicht nur für Europa, sondern für die gesamte Alte Welt. Denn während in der Neuen Welt Nord- und Südamerika nur durch eine Landzunge äußerlich zusammenhängen, hat die Alte Welt für ihre drei Erdteile – Europa, Afrika und Asien – im Mittelmeer eine wirkliche Verbindung, ein leichtes Mittel der Kommunikation, da Ströme und Meere die Menschen nie trennen, sondern zusammenführen. »Für die drei Weltteile ist also das Mittelmeer das Vereinigende und der Mittelpunkt der Weltgeschichte.« Um das Mittelmeer herum liegen die kulturell einflussreichen Zentren: Delphi und Athen, Rom, Jerusalem, Mekka und Medina, Alexandrien, Karthago. Das sind weniger Macht- und Herrschaftszentren als Orte der Religion, der Kunst und der Wissenschaft – Weltgeschichte ist bei Hegel eben die Entwicklung des Geistes. Deshalb sein Resümee: »Das Mittelmeer ist so das Herz der Alten Welt, denn es ist das Bedingende und Belebende derselben. Ohne dasselbe ließe sich die Weltgeschichte nicht vorstellen, sie wäre wie das alte Rom oder Athen ohne das Forum, wo alles zusammenkam.«[18] Das Mittelmeer stiftete so die Einheit oder den Zusammenhalt der Weltgeschichte, deren wichtigste Phasen für Hegel hier ihren Anfang nahmen.

Herder und Hegel preisen das alte Griechenland: Herder sieht in ihm den Ursprung auch des geschichtlichen Denkens, das er selbst betreibt. Hegel beginnt seine Ausführungen mit einer ähnlichen Bemerkung: »Bei den Griechen fühlen wir uns sogleich heimatlich, denn wir sind auf dem Boden des Geistes.«[19] Für beide Philosophen liegt in Griechenland die Quelle der europäischen Kultur, die sich zuerst durch die Verbindung verschiedener Völker am Mittelmeer langsam herausbildete, wobei Herder eher die Unterschiede und Hegel stärker die entstehende Einheit betont. Die Reiche Asiens nahmen in den Augen beider eine ganz andere Entwicklung, weil es für sie kein Mittelmeer gab.

Dennoch ist für Herder und Hegel Griechenland noch nicht der Ort, an dem Europa zum Höhepunkt seiner Entwicklung gelangte. Für Herder hat sich erst später im nördlichen Europa die Form von Humanität entwickelt, die sich weltweit ausbreiten sollte. Und für Hegel repräsentiert das alte Griechenland nur die Jugend des Geistes, das Mannesalter aber erreichte er erst im Norden unter dem Einfluss des Christentums. Seinem schematischen Überblick gemäß war in Asien nur einer frei, in der antiken Welt waren es einige, und erst in der Moderne wurde der Mensch als Mensch frei – die Anerkennung der Freiheit aller ist eine Errungenschaft der Moderne. Hegel war ein eindeutiger Fortschrittstheoretiker und Herder ein vorsichtiger. Beide dachten – wie man heute sagt – eurozentrisch, da sie in Europa den Ursprung der weltgeschichtlichen Veränderungen sahen. Diese Perspektive war untrennbar mit dem Maßstab zur Beurteilung verbunden, den sie an die gesamte menschliche Geschichte anlegten: bei Herder die Humanität, bei Hegel die Freiheit. Deren Ausbildung sahen sie vor allem in Europa angebahnt, und die Weltgeschichte schien ihnen diese Prinzipien allmählich allgemein zur Geltung zu bringen.

In den geografischen Formationen eine wichtige Bedingung der menschlichen Geschichte zu sehen war auch für die empirischen Wissenschaften ein fruchtbarer Leitgedanke. Im Umkreis des sogenannten Deutschen Idealismus verfolgte man ihn umso leichter, als diese Philosophie die starre Entgegensetzung von Subjekt und Objekt, Geist und Natur aufheben und deren Zusammenspiel begreiflich machen wollte. Der philosophisch gebildete Geograf Carl Ritter entwickelte am Beginn des 19. Jahrhunderts eine Erdkunde, die planmäßig Natur und Menschenwelt verknüpft, ja die sogar der Selbsterkenntnis des Menschen dienen will, da dieser stets an eine bestimmte natürliche Umgebung gebunden ist. Hegel hat sich in seiner Geschichtsphilosophie auf das Werk von Ritter berufen.

Ritters neue Erdkunde erinnert noch immer an die antike *theoria*. Denn er fordert wie Humboldt, die Natur als einen großen Zusammenhang und alles Einzelne als Teil eines Ganzen zu begreifen, eines großen Ganzen, in welchem polare Kräfte und alle Gegensätze Harmonien ergeben oder nach Ausgleich suchen und alle Differenzen letztlich eine tiefe Einheit vermuten lassen. So und nur so betrachtet, strahle die Natur für den Menschen »Licht und Leben aus: ja, ihr Glanz wird dann ein blendendes Gestirn, dessen ganze Fülle er doch nicht aufzufassen vermag«.[20] Wird man das in der heutigen Geografie vermutlich als poetischen Überschwang belächeln, so erfährt man hier doch ein wichtiges Motiv für Ritters Forschungsarbeit:

Es ist die Bewunderung der großartigen Natur, deren Anblick schon ihren göttlichen Ursprung ahnen lässt und deren stillwirkende Gesetze es aufzuspüren gilt. Sodann wird das damals leitende Wissenschaftsideal deutlich, das man auch heute nicht verachten sollte: Nicht die Anhäufung von gesicherten Tatsachen galt als Wissenschaft, sondern die Einsicht in ihren Zusammenhang – und so auch in den Zusammenhang von Natur und Geschichte. Den Austausch zwischen den Dingen bewirken für Ritter in der zweckmäßig eingerichteten Welt vor allem die flüssigen, d. h. die stets bewegten Elemente: Luft, Wärme und Wasser, die sich leicht ausbreiten können. Besonders das Wasser sorge für Verbindung, nicht nur in der Natur, sondern auch in der Menschenwelt, bis hin zur »Weltverbindung durch Ozeane«, und überall bewirke das Wasser dadurch eine »Steigerung der Kultur«.[21] Da der Geograf Ritter die Natur im Hinblick auf den Menschen betrachtet, der die Meere als Verkehrswege nutzt, ist es für ihn schon ganz selbstverständlich, dass auch die Ozeane letztlich immer verbinden und nicht trennen.

Viel deutlicher noch versuchte 1845 Ernst Kapp in seiner philosophischen Erdkunde die Prägung der menschlichen Geschichte durch die verschiedenen Wassersysteme herauszuarbeiten. Seinen Grundgedanken entwickelt er in Anknüpfung an Ritter und an Hegel: Der menschliche Geist und die Natur verhalten sich wie Seele und Leib; jener ist das Innere der Natur, ihre Seele, und die äußere Natur ist der Leib oder das Wohnhaus des Geistes. Aufgrund dieses Leitgedankens lassen sich die menschliche Geschichte und die Natur zwar unterscheiden, aber nicht trennen. Eine Philosophie der Weltgeschichte darf die Natur nicht ausklammern, sondern muss das Wechselverhältnis von Natur und Menschenwelt zum Thema machen. Als »Entwicklung des Prozesses zwischen Natur und Geist«

schließt die Weltgeschichte »in vermittelnder Einheit das Leben der Menschheit und das Leben des Erdballs in sich«.[22]

Die Verknüpfung von philosophischer Erdkunde und Geschichtsphilosophie wird bei Kapp besonders deutlich, wenn er die große Bedeutung des Wassers hervorhebt: Es ist das belebende Element der Weltgeschichte und es gibt ihr die Entwicklungsrichtung vor.[23] Wie erwähnt, sah Hegel die Menschheit in drei großen Schritten von der Freiheit nur eines Menschen zur Freiheit aller voranschreiten. Diesen Gang fundiert Kapp ergänzend durch drei Wassersysteme: Die orientalische Welt war durch ihre Flüsse geprägt, und Kapp nennt sie deshalb »potamisch«; die griechisch-römische Antike stand unter dem Einfluss des Mittelmeeres, sie war die »thalassische«; schließlich gewann in der Moderne der Ozean den größten Einfluss, es entstand die »ozeanische Welt«. Die Ausbreitung des Prinzips der Freiheit verläuft demzufolge parallel zu der wachsenden Größe der jeweils relevanten Wassersysteme. Indem alle Flüsse und Meere verbindend und vermittelnd wirken, dienen sie der freien Bewegung und Kommunikation der Menschen und damit auch dem Abbau autokratischer Herrschaft.

Erinnert der Blick auf das Ganze von Natur und Geschichte bei Ritter und Kapp an die antike Philosophie, so hat ihre philosophische Geografie doch eine ganz andere, neue Ausrichtung: Im Zentrum steht nicht mehr die ewige Ordnung der Natur, sondern die ihrer Bestimmung folgende Entwicklung der Menschheit. Deshalb nennt Ritter die Natur auch das »Erziehungshaus« des Menschengeschlechts, in welchem es sich zur Sittlichkeit fortbilde, und für Kapp hat deshalb die Erde eine »ethische Bestimmung«: Sie hat ihren Sinn im Hinblick auf die werdende Freiheit des Menschen. Man sieht, dass diese kühne Philosophie die Natur zum Element der menschlichen Fortschrittsgeschichte erklärt. Für Aristoteles war der Kosmos sinnvoll in sich selbst, diese modernen Theoretiker aber erklären die Natur als sinnvoll für die Entwicklung des Geistes, da er das Innere der Natur ist. Deshalb bekommt wie bei Hegel, so auch bei Kapp die Schlüsselrolle für die Weltgeschichte das Mittelmeer zugewiesen: Es ist der Ort des ersten Durchbruchs zur Freiheit, das Ursprungsgebiet der okzidentalen Welt – bei Kapp aber auch das bleibende Zentrum der Weltgeschichte. Kapp zitiert mit großer Zustimmung den französischen Nationalökonomen Michel Chevalier, der einen Frieden zwischen den Völkern um das Mittelmeer sich anbahnen sah, der vorbildlich für die gesamte Menschheit werden könne.[24]

Wie manche Historiker vor ihm, so hatte auch Hegel in seiner Geschichtsphilosophie die im 15. Jahrhundert einsetzenden Entdeckungsreisen zusammen mit der aufblühenden Kunst und der Rückwendung zur antiken Philosophie zu den Boten einer neuen Zeit erklärt, der Neuzeit, wie man bald allgemein sagte. Es zeige sich in diesen mutigen Unternehmungen »der portugiesischen und spanischen Seehelden die Begierde des Menschen, seine Erde kennenzulernen«, eine Begierde, die Hegel dann auch in den aufblühenden empirischen Wissenschaften wirksam sah. Diese Entdeckungsreisen änderten das ganze Weltbild: »Der Mensch erkannte, dass die Erde rund, also ein für ihn abgeschlossenes« ist – für Hegel ein Gewinn, da die Erde nun für den Menschen in ihrer Gesamtheit erkennbar wurde und nicht mehr an den Grenzen ins Ungewisse und Ungeheure führte. Der Übergang zur Neuzeit war für Hegel also ein weiterer großer Fortschritt; ja er sagte, zusammen mit der Kunst und den Wissenschaften seien die Entdeckungen der neuen Seewege und Länder »der *Morgenröte* zu vergleichen, die nach langen Stürmen zum ersten Male wieder einen schönen Tag verkündet«.[25] Dennoch war für ihn der eigentliche Beginn der neuen Zeit die Reformation, erst mit ihr sah er ein ganz neues Bewusstsein und das Ende der alten Gesellschaft angebahnt. Kapp hat diese Ereignisse, die Entdeckungen und die Reformation, mit einem kühnen Gedanken in einen Zusammenhang gebracht. Der menschliche Geist habe um 1500 seine »Raumschranken« durchbrochen und überhaupt seine bisherigen Grenzen gesprengt. Das zeige sich an der Entdeckung der Neuen Welt ebenso wie an der Astronomie des Kopernikus und an der Reformation. Die Grundlage für diese gesamte Umwälzung bildet bei Kapp das weite Meer:

> Ohne den Ozean kein Kolumbus! Eine neue Hälfte der Erde wird aufgedeckt, die römische Welt ist nicht mehr der Erdkreis, Rom nicht mehr sein Mittelpunkt, die Erde nicht mehr das fixe Zentrum der Welt, – ohne Ozean kein neues Weltsystem, *ohne Ozean keine Reformation!*[26]

Liest man heute diese philosophischen Theorien der Weltgeschichte, schwankt man zwischen Bewunderung und Skepsis. Unbestreitbar sinnvoll ist der Versuch, die menschliche Geschichte und die Natur eng verknüpft zu denken. Auch die heutige Geografie kann vom Zivilisationsprozess nicht absehen, und die Geschichtswissenschaft hat in vielfältiger Weise die Bedeutung der Naturbedingungen und gerade auch des Meeres für die Welt des Menschen zum Thema gemacht.[27] Aber kaum jemand wird die Überzeugung vom Fortschritt der Menschheit zu Sittlichkeit und Freiheit teilen. Es wird sich gleich zeigen, wie sich der Blick auf Natur und Geschichte änderte, nachdem dieser Geschichtsoptimismus unglaubwürdig geworden und in die Krise geraten war.

Das Ende der Fortschrittsgeschichte

Im ersten Drittel des 20. Jahrhunderts, unter dem Eindruck des Ersten Weltkrieges, zog eine ganz andere Geschichtsphilosophie große Aufmerksamkeit auf sich: Oswald Spenglers einflussreiches Werk über den *Untergang des Abendlandes*. Hier war der Eurozentrismus aufgegeben, ebenso jeder Fortschrittsglaube, ja, Spengler bestritt sogar jeden großen historischen Zusammenhang: Nicht einmal Einflussnahmen verbinden nach seiner Einschätzung die verschiedenen Kulturen. Sein berühmtes Werk ist eine *Morphologie der Weltgeschichte*, wie es schon in dessen Untertitel heißt, eine Gestaltbeschreibung der acht Hochkulturen, die Spengler unterscheidet. Wie Pflanzen wachsen sie nacheinander auf, gelangen zur Blüte und gehen wie alle Organismen sämtlich wieder zugrunde. Wenngleich diese Sichtweise alles andere als idealistisch ist und die menschliche Geschichte als einen Naturvorgang betrachtet, spielen die natürlichen Bedingungen, Land und Meer, in ihr erstaunlicherweise so gut wie keine Rolle. Zwar sagt auch Spengler wie Herder und Hegel, das Meer habe die frühen Kulturen und Bevölkerungen immer verbunden, und auch er meint, dass die antike Kultur »um die Küsten eines Inselmeers gelagert war und ein Meer als eigentlichen Schwerpunkt umschloss«.[28] Aber das hat bei ihm keine Folgen. Der Grund: Was für Spengler die menschliche Geschichte bestimmt, ist nicht die äußere Natur, sondern das »Schicksal« und näher besehen das sogenannte Seelentum der Völker. Dieses war und ist so verschieden, dass die Kultur der klassischen Antike nicht auf das spätere Europa einwirkte.

Spengler vertraute seinen Intuitionen mehr als der Geschichtswissenschaft und war, angeregt von Nietzsche, zur Überzeugung gekommen: Die antike Kultur um das Mittelmeer war »apollinisch«, statisch, an den eigenen Heimathorizont gebunden; die antiken Menschen kannten kein Fernweh, und die Kaufleute trauten sich nicht aus dem Mittelmeer heraus. Die nordischen Völker hingegen, welche die Prägung Europas bestimmten, waren »faustisch«, voller Eroberungs- und Entdeckerlust. Sie waren »Herrenmenschen«, welche sich von den Bindungen an den Boden befreiten und die Bauern unterwarfen, und sie waren die eigentlichen »Seevölker«, die seit alters die Seefahrt entwickelten:

> Der Sinn dieser Seefahrt war damals der gleiche, der er immer geblieben ist: das selbstherrliche Umherschweifen, das Wandern auf den »feuchten Pfaden des ruhelosen Meeres« nach einem schöneren und reicheren Leben ohne sklavische Arbeit, die Wahl der Heimat, die für den Bauern die wahllos ererbte Scholle bleibt und die hier durch die freie Bewegung und den freien, größeren Horizont des Lebens erst gesucht und gefunden wird, bis zuletzt das Schiff, das Meer selbst zur Heimat wird. Hier meldet sich aus Urzuständen der menschlichen Seele die Tatsache, dass der Mensch von Natur ein schweifendes Raubtier war, ehe er sich in seiner eigenen Kultur verfing, wo jede neue Ausdrucksform des Lebens eine neue Fessel wurde. *Die Weltgeschichte ist von beweglichen Stämmen, nicht vom sesshaften Bauerntum, sondern gegen dieses gemacht worden.* Die freie Ebene und das freie Meer haben die Schöpfer der Völker und Staaten und die großen Täter hervorgebracht. Das *Bauerntum* erleidet Geschichte, die darüber hinweggeht, der Reiter und der Seefahrer machen sie und *verzehren sich*

> *an ihr.* Die Tragödie der menschlichen Geschichte wird von den Geschöpfen des freien Raumes gespielt, die sich der Sklaverei der fruchtbaren Erde entzogen haben.[29]

Wie bei Hegel dient das Meer der Freiheit, aber diese wird von Spengler ganz anders verstanden. Nun werden die »Herrenmenschen« gepriesen, welche die anderen unterworfen haben. Es geht in der Geschichte nicht mehr um die Freiheit aller, sondern um die Freiheit einiger, es geht um deren Macht. Kein Wunder, dass es für Spengler auch keine klare Unterscheidung von Seehandel und Seeraub mehr gibt: »Den Schwächeren überwältigt man; mit dem Starken muss man verhandeln.«[30]

Spengler hat sein Werk für das Abendland, für die letzte Hochkultur geschrieben, für den »faustischen« Menschentyp des Nordens, der im modernen Staat und vor allem in den Menschenmassen der Großstädte sein Wesen verliere, sodass nun auch seine Kultur in ihre Erstarrungsstufe, in die Zivilisation, übergehe, womit die »große Geschichte« an ihr Ende gelange. »Es ist ein Schauspiel, das in seiner Zwecklosigkeit erhaben ist, zwecklos und erhaben wie der Gang der Gestirne, die Drehung der Erde, der Wechsel von Land und Meer, von Eis und Urwäldern auf ihr. Man mag es bewundern oder beweinen – aber es ist da.«[31]

Diese einflussreiche Universalgeschichte, die auch Philosophen wie Martin Heidegger beunruhigte, zeichnet ein völlig anderes Bild von Natur und Geschichte als die klassische Geschichtsphilosophie. Das Meer hat bei Spengler weder die antike Kultur geprägt noch hat diese Europa beeinflusst, das erst um 900 im Norden entstanden sei. Es geht in der Geschichte auch nicht mehr um Humanität und Freiheit, sondern um die Entfaltung der Tatkraft und des »Seelentums« der Völker. Vielleicht stimmt noch heute mancher zu, dass die modernen Stadtmenschen ihre Heimat, die Stadt, mit sich in die Berge und an das Meer tragen (man denke an die Hotelklötze an den Küsten) und dass die menschliche Geschichte insgesamt sinnlos ist. Aber vermutlich werden jeden Zweifel ergreifen, wenn Spengler die antike Kultur vom Abendland ganz abtrennt und wenn er dem Mittelmeer keinerlei Bedeutung für Europa zumisst. Fast jede Stunde Philosophieunterricht widerlegt die erste These, und auch die zweite wurde sehr bald angegriffen, und zwar schon von Spenglers Bewunderern.

Die entsprechende Korrektur wurde in einer anderen Beschreibung der Kulturgestalten vorgenommen, von der Ethnologie oder – wie sie damals noch hieß – der Völkerkunde. Leo Frobenius, der Begründer einer ethnografischen »Kulturmorphologie«, erklärte 1923 in seinem Buch *Vom Kulturreich des Festlandes*, die moderne Technik, der weltweite Handel und der Verkehr hätten die »abendländische Weltgeschichte zerstört«, und nun brauche man eine neue Orientierung. Diese müsse aus den geografischen Bedingungen der Kultur gewonnen werden, aus der Unterscheidung von Land und Meer.[32] 1924 schloss Kurt von Boeckmann daran an und veröffentlichte als Ergänzung die Schrift: *Vom Kulturreich des Meeres.*[33] Land und Meer sind in dieser Denkweise Gegensätze, »Pole«, die verschiedene Kulturgestalten hervorbringen. Die gesamte menschliche Kultur wird aus dem Gegensatz von Land und Meer zu erklären versucht.

Nicht alles, was wir in dieser Völkerkunde über das Meer lesen, ist neu. Das Meer wird von Boeckmann als ein äußerst wandlungsfähiges Element voller Gegensätze charakterisiert, das sich dennoch überall selbst gleich bleibe. »Weite, Einheit und Gleichform« sind sein Wesen, und da es das Weiteste ist, das es auf Erden gibt, ist es auch ein »Gleichnis für die Unendlichkeit«, einer Unendlichkeit der Raumvorstellung. In dieser Weise steht das Meer in Spannung zum Festland, seinem Gegenpol:

> So ist das Meer dem Lande entgegengerichtet. Es ist Einheit in der Wandlung, Unendlichkeit, Ferne. Das Land ist Vielheit im Beständigen, Endlichkeit, Nähe. Alles Wesen des Meeres ist Raum. Auf dem Lande herrscht in den Untergründen der Erscheinungen die Zeit. Das Meer hat nur eine Zeit. Das Land hat Jahreszeiten.[34]

Das klingt alles etwas tiefsinniger, als es ist, man muss ja nur die Tropenwälder mit dem Polarmeer vergleichen. Bereits Carl Ritter hatte gesagt, die größte Polarität des Erdballs sei der Gegensatz zwischen »nordöstlicher Landhalbkugel und südwestlicher Wasserhalbkugel«, zwischen »Land-Welt« und »Wasser-Welt«.[35] Dieses Polaritätsdenken hat Boeckmann fortentwickelt. Polarität hält die gesamte Natur zusammen, der Gegensatz von Land und Meer ist nur ein Beispiel, aber für die Menschenwelt das wichtigste. So wie alle Pole ihren Spannungsausgleich suchen und finden, so verbinden sich Land und Meer an den Küsten. Nur in den Küstenregionen haben sich Hochkulturen entwickelt.

Um in diesem Spannungsfeld das jeweilige »Kulturreich des Meeres« beschreiben zu können, unterscheidet der Autor vier Anreize, mit denen das Meer den Menschen herausfordert und zur Entwicklung von kulturellen Grundformen motiviert: 1. Das Meer ermöglicht Fischfang, es dient als »Nahrungsquelle« – das ist die »Wirtschaft« der Küstenbewohner. 2. Das Meer bietet sich als »Weg« an, und so entsteht »Handel«. 3. Das Meer kann auch als »Machtmittel« genutzt werden, mag diese Macht sich auch hinter anderen Zielen verbergen, und so gehört es zur »Politik«. 4. Das Meer wird dem Menschen zum eigenen »Erlebnis«, und das ist die Quelle für bestimmte Formen von »Kunst«, »Wissen« und »Religion«.[36] Diese vier Sphären sind als eine Stufenleiter gedacht, sind laut Boeckmann aber nicht streng voneinander getrennt. Die Unterscheidung der Aspekte ist nützlich und zeigt zugleich, wie sich die Situation inzwischen geändert hat, indem das Meer nun auch zur Rohstoffressource wurde.

Fortschrittsphilosophien sind zumeist an den geschichtlichen Übergängen zu einem Entwicklungsziel interessiert. Die Ethnologie hingegen wendet sich eher dem zu, was durch die Zivilisationsentwicklung vergessen oder sogar ausgelöscht wurde, den sogenannten Primärkulturen. Boeckmann untersucht insgesamt drei Großräume, widmet den Hauptteil seines Buches aber dem Inselreich des größten Meeres der Erde, der Südsee, da die »pazifische Inselkultur« den stärksten Gegensatz zur Kultur des Festlandes bilde. Am Schiffs- und Häuserbau, an der Kunst und vor allem der Mythologie jener Inselwelt kann er in der Tat deutlich machen, dass der Ausdruck »Kulturreich des Meeres« sinnvoll ist. Aber auch die »mittelländische Küstenkultur« und die »atlantische Flusskultur« werden im Überblick zur Darstellung gebracht, sodass auch hier noch wie bei Kapp das Hegel'sche Dreistufenschema durchscheint. Die neue Völkerkunde will wie die ältere Geschichtsphilosophie Orientierungen im Feld der Weltgeschichte geben und gerät in ihre Spuren.

Aber ganz anders als in der klassischen Geschichtsphilosophie erscheint das moderne Europa nun keineswegs mehr wie noch bei Kapp als Quellgrund der sich weltweit ausbreitenden Freiheit, sondern als deformiert durch fortschreitenden Kulturverfall: Ein abstrakter Rationalismus und Intellektualismus haben überhandgenommen und das Meer zum bloßen Objekt degradiert, das durch politische und merkantile Interessen beherrscht werde, wobei der Handelsgeist der dominierende sei. Nur wirtschaftlichen Interessen dienstbar, wirkt das Meer jetzt mit an der »Entartung« Europas. »Und das kulturschaffende Meer wurde zum Fluch.«[37] Vor dem Hintergrund der polynesischen Inselkultur soll diese geistige Armut des modernen Europas besonders sinnfällig werden. Blickte die Geschichtsphilosophie optimistisch in die Zukunft, so interessiert sich diese Völkerkunde mehr für die alten Primärkulturen, um der modernen Zivilisation ihre Mängel bewusst zu machen.

Wenngleich der Autor Spenglers Denkweise lobt und mit ihm die seelenlose, technische Moderne beklagt, enthält sein Buch auch eine grundlegende Kritik an seinem Vorbild. Denn anders als bei Spengler sind nun Meer und Land die eigentlichen Helden der Geschichte geworden, und die Kulturräume bilden einen großen weltgeschichtlichen Zusammenhang. Deshalb wird die alte Mittelmeerkultur auch nicht vom späteren Abendland abgetrennt, vielmehr heißt es über den Mittelmeerraum: »Das stärkste, reichste und tiefste, was wir heute an Glauben und Wissen besitzen, ist dieser großen terrestrisch-marinen Aufprallfläche entquollen.«[38] Auch Boeckmanns Politikberatung am Schluss des Buches fällt ganz anders aus als bei Spengler: Es gäbe nur noch drei lebensfähige planetarische Kulturräume, nämlich Amerika, China und Russland. Wolle Deutschland seine Existenz sichern, müsse es sich mit dem großen Russland verbünden. Wenn es nur wolle – so der Schlussakkord –, habe es mit dem untergehenden Abendland gar nichts zu schaffen. Es fällt auf, dass für diese politische Orientierung im Dienst der nationalen Selbstbehauptung das »Kulturreich des Meeres« und jene marinen und terrestrischen Kräfte, denen das ganze Buch gewidmet ist, so gut wie keine Rolle spielen.

Schon dieses Ergebnis konnte für den Staatsrechtler Carl Schmitt ein Anlass sein, die Bedeutung des Meeres für die politische Situation seiner Zeit genauer darzulegen. Die »weltgeschichtliche Betrachtung«, die er 1942 unter dem Titel *Land und Meer* publizierte, beginnt sogleich mit einer zentralen These, die seine Perspektive deutlich macht. Es ist der Kampf der Nationen um die Vorherrschaft: »Die Weltgeschichte ist eine Geschichte des Kampfes von Seemächten gegen Landmächte und von Landmächten gegen Seemächte.«[39] Auch Spengler hatte in einem Vortrag schon von einem »alten Wettkampf um den Vorrang von Meer oder Land« gesprochen,[40] und wie Spengler bewundert auch Schmitt die siegreichen Entdecker und Eroberer. Doch trotz mancher Beispiele wird Schmitts erste Grundthese eigentlich nicht bestätigt, denn bald erfährt man, dass gerade die Seemächte sich untereinander bekämpften und der Sieg der englischen Flotte über die spanische Armada von 1588 sogar eine neue Epoche einleitete. Schmitts Essay ist eher eine kurzgefasste Geschichte der wachsenden und wechselnden Herrschaft der Nationen über das Meer, eine Bemächtigungs- und Eroberungsgeschichte. Deshalb findet man interessante Hinweise zum Schiffsbau, zur Seekriegsführung und zu den Formen der Piraterie.

So wie sich alle Geschichtsphilosophien auf Epochen und Umbrüche fokussiert haben, um die Vielfalt des geschichtlichen Geschehens zu zeigen und in Begriffe zu fassen, so meint auch Schmitt zwei epochale Weichenstellungen in der neueren Geschichte zu erkennen: Die elementare Wendung zum Meer sei zu Beginn der Neuzeit erfolgt, im 16. und 17. Jahrhundert, und zwar durch die Jagd nach Walen, die Entdeckung des Seewegs nach Indien und der Neuen Welt. In diese Wende – so Schmitt – griff der neue Gegensatz von Katholizismus und Protestantismus ein, sodass Spanien und Portugal auf der einen

Seite und Holland und England auf der anderen die »elementaren Kräfte und Gegensätze« der Weltgeschichte bildeten. Das protestantische England gewann diesen Kampf, eroberte den Ozean für sich und gründete von seiner Insel aus ein ganzes Weltreich. Die »britische Seenahme« entsprach den bisherigen »Landnahmen«, die laut Schmitt am Beginn aller Geschichtsepochen stehen, und sie bestimmte die »erste planetarische Raumordnung, deren Wesen in der Trennung von Land und Meer liegt«. In dieser neuzeitlichen Raumordnung dominierte England: »Das feste Land gehört jetzt einem Dutzend souveräner Staaten, das Meer gehört niemand oder allen oder in Wirklichkeit schließlich nur einem: England.«[41]

Die zweite Wende bahnte sich im 18. Jahrhundert an: England wurde im Zuge der Industrialisierung zugleich die größte Maschinenmacht – aber dieser Prozess hat laut Schmitt schließlich Englands Stellung als herrschende Seemacht untergraben und eine neue Epoche eingeleitet:

> Die Maschine veränderte das Verhältnis des Menschen zum Meer. Der verwegene Menschenschlag, der bisher die Größe der Seemacht bewirkt hatte, verlor seinen alten Sinn. [...] Die industrielle Revolution verwandelte die aus dem Element des Meeres geborenen Kinder der See in Maschinenbauer und Maschinenbediener.[42]

Durch die moderne Technik wird die Macht des Menschen über die Natur immer weiter ausgedehnt; schon auf dem Dampfschiff verhält man sich dem Meer gegenüber anders als auf dem Segelschiff; durch das Flugzeug wurde eine dritte Dimension, die Luft, erobert; und die moderne Nachrichtentechnik erleichtert auch die Kontrolle der Meere. Durch diese neuen Machtmittel und die neuen Waffen verliert die Schifffahrt ihre große Bedeutung, und der strikte Gegensatz von Land und Meer löst sich auf. England hat deshalb in Schmitts Augen den Höhepunkt seiner Machtentfaltung längst überschritten. – Boeckmann hatte das 1924 schon ähnlich formuliert, und Spengler hatte ergänzend den modernen Kriegsschiffen ihre große Bedeutung abgesprochen.

Bei Kapp hieß es, der menschliche Geist habe um 1500 die vormaligen »Raumschranken« durchbrochen. Diesen Gedanken entwickelt Schmitt fort zur These von zwei »Raumrevolutionen«. Sie bilden den geistigen Hintergrund für jene politisch-wirtschaftlichen Umbrüche: Die erste dieser Raumrevolutionen hat sich laut Schmitt im 16. und 17. Jahrhundert vollzogen, denn seit Giordano Bruno und Newton habe man sich erstmals einen leeren Raum vorstellen können. Diese Erklärung leuchtet allerdings nicht recht ein, denn schon Demokrit und Epikur waren von einem leeren Raum ausgegangen. Und weder die alten noch die neueren Theorien des leeren Raumes dürften das Lebensgefühl der Menschen beeinflusst haben. Viel plausibler ist, dass durch die Weltumsegelungen die Kugelgestalt und die Größe unserer Erde wirklich evident wurden. Die zweite Raumrevolution entdeckte Schmitt in seiner Gegenwart: »Raum ist uns ein Kraftfeld menschlicher Energie, Aktivität und Leistung geworden.« Diese Erkenntnis dürfte von Heidegger inspiriert sein, denn von ihm stammt der Satz: »Die Welt ist nicht im Raum, sondern der Raum ist in der Welt.«[43] Auch diese zweite Behauptung Schmitts erweckt unsere Skepsis. Denn da Newton sich mit dem physikalischen Raum beschäftigte, Heidegger aber mit dem Raum, in dem wir unser alltägliches Leben führen, kann man ihre Raumbegriffe nicht gut als Belege für epochale Umbrüche gegenüberstellen. Der elegant geschriebene Essay Schmitts stammt von einem kundigen Geist, der jedoch allzu schnell seinen politisch motivierten Einfällen vertraut. Vermutlich war es der Krieg zwischen Deutschland und England, der ihn den Schlüssel zur Weltgeschichte im Kampf zwischen See- und Landmächten finden ließ.

Unzutreffend ist, was der Staatsrechtler Schmitt über das europäische Völkerrecht schreibt. Denn nicht nur einige Mönche des 16. Jahrhunderts erhoben Einspruch gegen die Kolonialisierung und verteidigten die Rechte der Indianer,[44] sondern auch die bekannten Vertreter des neuzeitlichen Naturrechts wie Grotius und Pufendorf sowie Kant und Herder übten scharfe Kritik an der Kolonialpolitik der europäischen Staaten, wie schon gezeigt wurde.[45] Geradezu rätselhaft ist Schmitts »Nachbemerkung« von 1981, er habe mit dem Buch Hegels Aussage entfalten wollen, das Meer sei das belebende Element der Industrie.[46] Denn während laut Hegel durch die Industrie die Seefahrt erst richtig in Gang kam, behauptet Schmitt das Gegenteil: Industrialisierung und Technisierung seien für die englische Seemacht ruinös gewesen und hätten die große Wende zum Meer an ihr Ende gebracht. Überhaupt sind die beiden Sichtweisen schwer vereinbar. Hegels Theorie galt der weltweiten Ausbreitung der bürgerlichen Gesellschaft – Schmitt aber schreibt über den Aufstieg und Machtverfall des britischen Commonwealth. Wohl mit Recht wurde interpretiert, das Büchlein von Schmitt sei 1942, also mitten im Zweiten Weltkrieg, durch die Erwartung entstanden, die noch von der englischen Seemacht dominierte Ordnung würde bald durch eine neue »deutsche Raumordnung« ersetzt werden.[47]

Man sieht: Die Geschichtsbetrachtungen von Spengler, Boeckmann und Schmitt haben den Gedanken eines allgemeinen Fortschrittes zu Humanität und Freiheit fallen lassen und ganz andere Leitgedanken für die Auswahl des Stoffes und für dessen Darstellung gewählt. Bei Boeckmann sind es die maritimen und terrestrischen Kräfte und bei Spengler und Schmitt das Streben nach Selbsterhaltung und Machtgewinn. Deshalb kennen diese Autoren auch kein Entwicklungsziel für die gesamte Menschheit mehr, sie wollen allenfalls der eigenen Nation dienlich sein. Wer diese Zugangsweise für richtiger und realitätsnäher hält als jene der früheren Geschichtsphilosophie, sollte sich mit Kant auseinandersetzen. Da man so handele, wie man denke, forderte Kant, trotz aller Widrigkeiten an der Möglichkeit eines Fortschrittes zu weltweitem Frieden festzuhalten. Nur das führe zu verantwortungsvollem Handeln.[48] Aber so verschieden jene älteren und diese neueren Gedanken zur menschlichen Geschichte auch sind, sie entsprechen dem Bedürfnis, die gesamte menschliche Welt oder zumindest große Zusammenhänge in den Blick zu nehmen, und sie zeigen jeweils die Rolle, die das Meer auf der Bühne der Weltgeschichte gespielt hat.

Die Geschichtsphilosophie wollte nie die Forschung der Historiker ersetzen und die Geschichtsschreibung verdrängen, sondern sie wollte diese allenfalls ergänzen oder ihr Richtlinien geben. Die professionellen Historiker haben jedoch zuweilen ihrerseits philosophische Gedanken für ihre Arbeit entwickelt, gerade auch im Hinblick auf die Bedeutung des Meeres. Hier sticht das umfängliche Werk von Fernand Braudel über das Mittelmeer hervor, das zuerst 1947 erschien. Der Autor gehört einer Forschungsrichtung an, welche seit den Zwanzigerjahren die menschliche Welt neu und anders zu betrachten lehrte. Sie konzentriert sich weniger auf große Staatsaktionen und politische Entscheidungen als auf den soziokulturellen Boden solcher Ereignisse, nicht auf das Spektakuläre und Herausragende, sondern auf das in einer Zeit Übliche, Selbstverständliche, Unscheinbare, das dem Bewusstsein zumeist entgeht. Braudel rückte das Meer ins Zentrum.

Ungewöhnlich ist schon, dass ein Historiker an den Anfang seines gelehrten Werkes ein persönliches Bekenntnis stellt. Braudel beginnt: »Ich habe das Mittelmeer leidenschaftlich geliebt, vermutlich weil ich – wie so viele andere und nach so vielen anderen – aus dem Norden kam.«[49] Aber geradezu befremdlich ist es dann, wie sogar der Autor selbst schreibt, wenn im Mittelpunkt einer großen historischen Untersuchung eine »Wasserfläche« steht. Denn bei Braudel ist das Meer wie bei Boeckmann der eigentliche Held der Erzählung, der Akteur der Geschichte, und wie bei Jules Michelet wird ihm dabei zuweilen sogar der Charakter einer Person zugesprochen. Allenthalben agiert und leidet das Meer, strebt nach Autonomie und wird entmachtet, sodass es etwa heißt: »Jedes Meer strebt danach, auf sich selbst gestellt zu leben, den Kreislauf seiner Segelschiffe und Barken als System zu organisieren.«[50] Oft ist wirklich das physische Meer gemeint, das Meer im engeren Sinn, zumeist aber wird noch etwas weit Größeres, sein Kontext, angezielt: sein Klima, sein Himmel, seine Atmosphäre, aber auch der Lebensraum der Menschen, das »maritime System«, und dieses greift ohne scharfe Grenzen weit über die Meeresufer hinaus; man müsse es sich wie ein »Kraftfeld« vorstellen oder ein »erleuchtetes Zentrum«, dessen Licht nach außen immer schwächer wird. Deshalb widmet sich Braudel auch ausführlich den Folgen des Klimas und der Vegetation des Mittelmeerraumes. Das Klima sei es, das dem Raum seine Einheit verleihe, während sich das Mittelmeer schon physisch in zwei Becken teile, die ein je anderes Schicksal hätten. Das Meer als Raum ist also auch der Lebensraum, und diesen hat nicht allein die Natur geschaffen: »Das Mittelmeer (und damit auch das Erweiterte Mittelmeer) ist so beschaffen, wie die Menschen es gemacht haben.«[51] Wenngleich die Naturbedingungen stets gegenwärtig gehalten werden, hat Braudel also kein geografisches Werk verfasst, sondern eine Geschichte über den Lebensraum, genauer: über die Beziehung zwischen dem natürlichen Raum und der menschlichen Geschichte, über eine Beziehung, in welcher der Raum allerdings in seltener Weise dominant ist.

Nun gut, wird man sagen – aber was hat ein solches Werk mit dem Bereich der Philosophie, der Geschichtsphilosophie zu tun? Zu den unkonventionellen Ansichten Braudels gehört seine Auffassung, die »Geschichtserzählung« sei nicht, wie die meisten Historiker glaubten, eine »objektive Methode«, sondern »eine Geschichtsphilosophie«.[52] Die Begründung dafür deutet er allerdings nur kurz an: Jede Form der Geschichtsschreibung setzt eine bestimmte Perspektive voraus, die sich methodisch nicht finden lässt. Seine Arbeit gründe auf dem Bedürfnis, die »Dinge im Großen zu sehen«. Ohne solche Sichtweise könne es in seiner Zeit – also 1946 – keinen »Humanismus« mehr geben. Das muss man im Kontext seiner Darstellung etwas erläutern: Die Geschichtsphilosophen riskierten immer einen Blick aufs Ganze, und das tut auch Braudel. Mit einer Fülle an Informationen ruft er auch all das in Erinnerung, was die Historiker üblicherweise ausklammern: die Gegebenheit der Natur, den dadurch geprägten Umgang mit ihr und die eröffneten und versperrten Möglichkeiten für menschliches Handeln. Zwar gilt seine Forschung – wie schon der Titel sagt – räumlich nur dem Mittelmeer und zeitlich der Epoche des spanischen Königs Philipp II., also der zweiten Hälfte des 16. Jahrhunderts. Aber er stellt Raum und Epoche in so weite Zusammenhänge, dass sein Werk viel mehr bietet, als der Titel erwarten lässt. Braudel führt uns zuweilen zeitlich zurück bis zu den Anfängen der Besiedlung und bis weit ins 20. Jahrhundert, und räumlich lernen wir das Mittelmeer in seiner Stellung zum Rest der Erde und seinen weitreichenden Einfluss kennen. Dadurch dient das Werk – wie die Geschichtsphilosophie – einem besseren Verständnis der

Gegenwart: Das Mittelmeer und seine Kultur haben bis an die Schwelle der Neuzeit die gesamte Geschichte mitgeprägt, und wenn sein Einfluss dann schrumpfte, so verschwand es doch nie gänzlich von der Bühne der Weltgeschichte.

Die Geschichtsphilosophie dachte gleichsam großflächig und versuchte, die Bedeutung ganzer Epochen auf den Punkt zu bringen. Diese Denkweise hat Braudel sogar noch viel weiter vorangetrieben, aber in ganz neuer Weise. Er unterscheidet drei Ebenen der menschlichen Geschichte mit jeweils anderen Bewegungs- und Zeitformen: Die tiefste Ebene wird ganz vom Meer beherrscht und ist deshalb nahezu unbewegt; auf einer zweiten, mittleren Ebene vollziehen sich die sozialen Veränderungen, die sehr langsam vonstattengehen; nur die dritte, oberste Ebene, die Ereignisgeschichte, ist voller Unruhe und raschem Wechsel, wir erkennen dramatische Veränderungen, Revolutionen und Kriege. So gleicht die Geschichte selbst dem Meer, auf dessen tiefem Grund Ruhe herrschen kann, während auf der Oberfläche die Stürme hohe Wellen aufpeitschen und dazwischen recht gleichförmige Strömungen forttreiben. Die Darstellung des Mittelmeeres basiert also auf einer allgemeinen Geschichtstheorie, welche mit großem Recht langsame und schnelle Veränderungen unterscheidet. Darin ist eine Lehre vom Menschen eingeschlossen. Denn wir alle haben jene drei Schichten in uns, unser Leben ist von ihnen durchdrungen. Wir teilen noch immer einiges Verhalten unserer Vorfahren und nehmen dann in Abstufungen auch neuere Gewohnheiten an, bis zum Umgang mit den neuesten technischen Geräten.

Was hat das mit »Humanität« zu tun, also mit dem, was der Autor auch 1946 – aus deutscher Gefangenschaft kommend – nicht aufgeben wollte? Braudel macht deutlich, dass wir endliche Wesen sind, abhängig von natürlichen Bedingungen und eingelassen in langsam dahinströmende Entwicklungen, sodass unserem Bemühen, alles in den Griff zu bekommen, alles zu beherrschen, Grenzen gesetzt sind. Er trifft sich hier mit den meisten Philosophen, die von der »Geschichtlichkeit« des Menschen gesprochen haben, und fügt ergänzend die Natur hinzu, und zwar eine ganz bestimmte Natur, die eine bestimmte Kultur stets mitprägt. Das ausgebreitete, detailgenaue Wissen wurde also nicht nur zur Perfektionierung der historischen Wissenschaft aufgeschrieben, sondern Braudels Geschichte des Mittelmeerraumes dient letztlich der Selbsterkenntnis, und darin sahen auch Herder und Hegel die wichtigste Aufgabe ihrer Geschichtsphilosophie.

Wenn diese beiden Philosophen die Bedeutung des Mittelmeeres für Europa und die Weltgeschichte hervorhoben, so wurde das von der neueren Geschichtswissenschaft als richtig bestätigt. Im Zusammenhang der europäischen Einigung drängte sich erneut die Frage auf, was denn für Europa typisch sei, was seine Identität ausmache. Dazu nahm der französische Historiker Michel Mollat du Jourdin mit seinem lesenswerten Buch über *Europa und das Meer* Stellung, das zum Ergebnis kommt: »Europa verdankt seine politische Gestalt zum großen Teil der prägenden Kraft des Meeres.«[53] Der kundige Verfasser beklagt, dass die Europapolitik generell dem Meer zu wenig Beachtung schenke, was im Hinblick auf den Handel und viele Streitigkeiten höchst nötig sei, und er fügt hinzu: »Dabei beweisen Geschichte und Gegenwart, dass das Meer ein Teil der europäischen Identität ist.«[54] Ganz im Sinne Herders und Hegels endet auch David Abulafia sein umfängliches Mittelmeerbuch mit dem Resümee:

> So wurde der Mittelmeerraum zu der Region, in der es zu den weltweit wohl intensivsten Wechselwirkungen zwischen verschiedenen Gesellschaften kam. Und in der

> Geschichte der menschlichen Zivilisation spielte das Mittelmeer eine größere Rolle als jedes andere Meer.[55]

Dennoch erkennt man sofort den Unterschied dieser historischen Darstellungen zur älteren Geschichtsphilosophie. Diese wagte, der Gesamtgeschichte leitende Ideen wie Freiheit und Humanität zu unterstellen, die sie auch ausdrücklich als vernünftig verteidigte. Das aber verbietet der Geschichtswissenschaft heute offensichtlich die Weltlage ebenso wie ihr Anspruch auf Wissenschaftlichkeit.

Etwas anderes aber dürften die Historiker heute kaum noch ausklammern. Das Mittelmeer, das schon immer die Kontinente verband, wurde in jüngster Zeit zum wichtigsten Fluchtweg leidender Afrikaner nach Europa. Während die Europäer seit dem 15. Jahrhundert erobernd in die ganze Welt ausschwärmten, fließt der Bevölkerungsstrom nun auch in die Gegenrichtung. Noch folgenreicher dürfte aber die Veränderung des Meeres sein. Das Mittelmeer ist keineswegs mehr die fast ruhende Grundlage der bewegten Menschheitsgeschichte im mediterranen Lebensraum. Vielmehr hat der Zivilisationsprozess die Natur dieses Meeres so tiefgreifend verändert, dass es zuweilen als »Müllsuppe« bezeichnet wird und man in dreißig bis vierzig Jahren seinen Tod befürchtet. Die philosophischen Geografen Carl Ritter und Ernst Kapp nannten die äußere Natur, also Land und Meer, den Leib der Menschheit. Kann man da widersprechen?

Kurzer Reiserückblick

In unserer Einleitung hieß es, im Unterschied zu Kreuzfahrten mit dem Schiff hätten bei einer Gedankenreise im Ozean der Philosophie die angesteuerten Orte oft einen sachlichen Bezug zueinander. Ein kurzer Rückblick auf die sieben aufgesuchten Reisestationen soll diesen Zusammenhang noch einmal verdeutlichen, wenngleich ein solcher Rückblick natürlich nicht alle Erfahrungen der langen Reise in Erinnerung rufen kann.

Die ersten europäischen Philosophen, die griechischen Naturphilosophen in Kleinasien, sahen im Wasser – also gerade auch im Meer – etwas geradezu Göttliches: den Ursprungsort allen Lebens, ja zum Teil sogar das Prinzip aller Dinge, und das Wasser konnte zur Grundlage genommen werden, um die bewegte Wirklichkeit begreiflich zu machen.

Dem hat Platon widersprochen, da sich so kein sittliches Handeln begründen lasse und Naturphänomene nie letzte Prinzipien sein könnten. Das Meer hat für ihn eine Verbindung zur Unterwelt, bedroht die Sittlichkeit der Küstenstädte und dient göttlichen Strafmaßnahmen. Das erläutert Platon auch mit der Geschichte vom Untergang der Insel Atlantis. Am Beginn der Neuzeit stellte Francis Bacon dem ein stabiles, Neues Atlantis entgegen, das mit Wissenschaft und Technik wachsend die Natur beherrscht, und hier erkennen wir Grundzüge unserer modernen Zivilisation. Wie Bacon verlegten auch die meisten anderen Utopisten ihre Idealstaaten gern auf Inseln, da das Meer sie dann vom schlechten Rest der Welt abschirmte.

Während diese philosophischen Utopien gegen Missstände der realen Gesellschaft gerichtet waren, bezog die Philosophie auch Front gegen Besitzansprüche am Meer und an fremden Ländern. Das neuzeitliche Naturrecht stellte klar: Das Meer gehört allen, es kann die Völker zum Nutzen aller zusammenführen, es symbolisiert die Einheit der Menschheit. Diese schätzenswerten Gedanken wurden aber nicht realisiert, und sie werden auch gegenwärtig vom Verhalten der Nationen unterlaufen. Die Ressourcen der Meere gelangen in den Besitz einiger, während nur die Meerverschmutzung alle betrifft. Es fragt sich, ob daran auch das neuzeitliche Verhältnis zur Natur die Schuld trägt, wie man es schon bei Bacon erkennen kann.

Die antike Philosophie hatte tatsächlich ein ganz anderes Verhältnis zum Meer. Das verrät schon ihr Verständnis von »Theorie«: Als denkende Betrachtung des Kosmos von aller technischen Anwendung getrennt, war sie eine Form des Glücks und der Tugend und nur für die Lebensführung wichtig. Das Meer erhält hier mit seinem Nutzen und seinen Gefahren für den Menschen seinen festgelegten Ort in einer Natur, die als Organismus gedeutet werden kann. Doch auch in der Philosophie der Moderne wurde das Meer keineswegs nur zur toten, nützlichen Materie erklärt, sondern es galt in ihr noch und wieder als die Quelle allen Lebens. Nicht zuletzt deshalb entstanden die Bioethik und die Auflehnung gegen die fortschreitende Zerstörung der Meeresnatur.

Diese Kritik wird untergründig auch durch die philosophische Ästhetik gestützt, in welcher das Meer seit dem 18. Jahrhundert als ein Beispiel oder Symbol des Erhabenen und manchmal auch des Schönen erscheint. Diese Perspektive – die zuweilen sogar religiöse Züge trug – zeigt eine gewisse Ähnlichkeit mit der antiken Theorie, da sie als kontemplative Haltung keinerlei Praxis dient.

Das emotionale Verhältnis zum Meer, das die ästhetische Sichtweise bestimmt, ist allerdings viel älter. Die antike wie die moderne Philosophie haben deshalb aus der Erfahrung mit dem Meer oft die Bilder gewonnen, um die menschliche Seele verständlich zu machen. Auch das unberechenbare Schicksal wurde in dieser Weise verbildlicht. Das Meer dient hier als Spiegel der Welt- und Selbstdeutungen des Menschen. Erscheint das menschliche Leben so abgründig wie das Meer, so fehlt in der Moderne sogar der sichere Stand, von dem aus man den allgemeinen Wandel der Dinge gelassen beobachten könnte.

Solchen Wandel zu begreifen wurde Sache der Geschichtsphilosophie. Sie war zunächst an dem Gedanken des Fortschritts zu Humanität und Freiheit orientiert, deren Entwicklung das Meer begünstigt habe. Im 20. Jahrhundert aber konzentrierte sich das geschichtsphilosophische Denken oft auf die Macht der Nationen, auch über das Meer, womit der Gedanke eines Fortschritts der gesamten Menschheit beendet war. Die Geschichtswissenschaft geht weiterhin dem Einfluss des Meeres auf Verhalten und Handeln der Menschen nach, und wie in der älteren Geschichtsphilosophie können diese Forschungen dem Verständnis unserer Gegenwart und damit unserer Selbsterkenntnis dienlich sein.

Die zurückliegende Gedankenreise hat große Zeiträume durchmessen. Ihr Ziel war es nicht, eine eigene Philosophie zu entwickeln, sondern vielmehr, zumindest einen Teil der tradierten philosophischen Gedanken und ihren Zusammenhang mit dem Meer vorzustellen. Es mag manchen Leser überrascht haben, dass immer wieder auch zur alten Philosophie zurückgegangen wurde, ja dass die Philosophie des Meeres so sehr historisch gearbeitet ist. Aber das ist nötig, wenn man die moderne Philosophie und unser heutiges Denken verstehen und dazu Stellung nehmen will. Nietzsche hat diesen Umstand wiederum mit einem maritimen Gleichnis erläutert:

> Es hat große Vorteile, seiner Zeit sich einmal in stärkerem Maße zu entfremden und gleichsam von ihrem Ufer zurück in den Ozean der vergangnen Weltbetrachtungen getrieben zu werden. Von dort aus nach der Küste zu blickend, überschaut man wohl zum ersten Male ihre gesamte Gestaltung und hat, wenn man sich ihr wieder nähert, den Vorteil, sie besser im ganzen zu verstehen als die, welche sie nie verlassen haben.[1]

Wollen wir also wissen, wer wir sind und wie wir denken, müssen wir wissen, wer wir waren und wie wir gedacht haben. Doch das sollte nicht der einzige Ansporn für die Beschäftigung mit dem Denken der Vergangenheit sein. Die Museen bewahren alte Kunstwerke, weil sie ihren Reiz nicht verloren haben; die Pharmakologie sammelt vergessene Heilkräuter, weil sie noch immer helfen; und die alte Philosophie bietet oft Gedanken und Orientierungen, zu welchen die moderne kaum mehr fähig ist. Deshalb erklärte Nietzsche die Fragmente Heraklits zur Pflichtlektüre. Die Rückwendung zum Alten ist also nicht nur nützlich, um das Neue zu verstehen, sondern auch um von der alten Philosophie neu zu lernen.

Voraussetzung dabei ist, dass die Philosophie einem ständigen Wandel unterliegt, zusammen mit der ganzen menschlichen Welt. *Die* Philosophie: Das ist ihr Weg, nicht nur ihr Resultat. Ähnliches gilt auch für das Meer. Die Meeresgeologie zeichnet sein natürliches Werden nach. Und was für uns noch wichtiger ist: Die Ökologie zeigt seine Veränderungen durch den

Zivilisationsprozess. Die zurückliegende Reise hat uns wiederholt auch zu diesem veränderten, verschmutzten und ausgeraubten Meer geführt.

Was die Gedankenkomplexe zum Meer betrifft, so kann man auch in ihrer Geschichte jene drei Ebenen feststellen, die der Historiker Braudel in der Geschichte des Mittelmeeres unterschieden hat: Zunächst zeigen einige Gedanken eine große Konstanz und kehren immer wieder, wenn auch unterschiedlich gefärbt und formuliert: so der Gedanke vom Meer als Quell des Lebens; vom Meer als dem Unvergänglichen, das uns endliche Menschen überdauert; oder auch vom Meer als Spiegel der Seele und des Schicksals. Sodann gibt es Motive von sehr langer Geltung, die nur langsam durch andere ersetzt wurden, was also der zweiten Ebene Braudels entspricht. Dazu gehört die Angst vor dem Meer, welche die Tugend des Mutes verlangt. Sie wurde durch den modernen Schiffsbau und die Nachrichtentechnik sehr eingegrenzt, ergreift aber zuweilen wohl noch immer den einsamen Segler. Das trifft ähnlich für das Erlebnis des Meeres als Reich der Freiheit zu. Auch das Meer als Verkehrsweg und als Verbindungsmittel zwischen den Nationen hat durch den Flugverkehr inzwischen seine einzigartige Bedeutung verloren. Dafür sind andere langfristige Denkweisen entstanden: Vom 16. bis zum 18. Jahrhundert erträumte man eine Vielzahl von utopischen Inselstaaten, aber dann verlegte man die utopischen Gesellschaften in die Zukunft. Als Rechtsphilosophie mischte sich die Philosophie in den Streit um Besitzverhältnisse des Meeres ein, was dann Sache des Seerechts wurde, aber die moralphilosophischen Grundlagen blieben aktuell. Vom 18. bis ins 20. Jahrhundert wurde das Meer zum wichtigen Bezugspunkt in der ästhetischen Diskussion des Erhabenen, mag auch der psychologische Boden dafür viel älter sein. Schließlich erkennt man eine dritte Schicht mit rascherem

Wechsel: Schon Thales' Schüler haben das Wasser nicht mehr zum Weltprinzip erklärt. Platons moralische Ablehnung des Meeres hat schon sein Schüler Aristoteles nicht mehr geteilt. Seit dem 20. Jahrhundert betreibt man maschinellen Fischfang, bohrt man auf See nach Öl und anderen Bodenschätzen, verbraucht den Sand der Strände für den Häuserbau, benutzt das Meer als Mülldeponie, und das provozierte die Entstehung einer neuen Ethik, einer Bioethik, die sich auch mit dem Meer befasst. Dass die Ausbeutung des Meeres langfristig fortgehen wird, kann als gesichert gelten – das Schicksal der Bioethik, der philosophischen Antwort darauf, dürfte viel unsicherer sein. Denn die Umweltethik und ihr Erfolg sind abhängig von einem geistig-kulturellen Bewusstsein, das durch die heute dominierende naturwissenschaftliche Forschung nicht erzeugt oder stabilisiert werden kann.[2]

Anhang

ANMERKUNGEN

Einleitung
Eine Kreuzfahrt im Meer der Philosophie

1 Ralf Konersmann: Die Philosophen und das Meer. In: *Akzente. Zeitschrift für Literatur*, 50. Jg., Heft 3 (2003), S. 218–233. – Claus-Artur Scheier: Zwischen Land und Meer. Philosophische Bemerkungen zu einer Kulturgeschichte der See ausgehend von Carl Schmitt. In: *Abhandlungen der Braunschweigischen Wissenschaftlichen Gesellschaft*, Bd. LIV, Braunschweig 2005, S. 251–263. – Damit thematisch eng verwandt ist das Buch von Dieter Richter: *Das Meer. Geschichte der ältesten Landschaft*. Berlin 2014.

2 Georg Wilhelm Friedrich Hegel: Rede beim Antritt des philosophischen Lehramtes an der Universität Berlin (1818). *Theorie Werkausgabe*, hrsg. von Eva Moldenhauer und Karl Markus Michel. Frankfurt/M. 1970, Bd. 10, S. 416. – Hier und im Folgenden wurde zur besseren Lesbarkeit die Schreibweise in den Zitaten angeglichen.

1. Wasser als Grundprinzip

1 Aristoteles: *Metaphysik*, 983 b. Übersetzung von Hermann Bonitz. Vgl. Wolfgang Schadewaldt: *Die Anfänge der Philosophie bei den Griechen*. Frankfurt/M. 1978, S. 213–234.

2 Aristoteles: *Metaphysik*, 983 b. Homer: *Ilias*, XXI, 195–197.

3 Homer: *Ilias*, XIV, 201. *Odyssee*, X, 139.

4 Wilhelm Capelle (Hrsg.): *Die Vorsokratiker*. Stuttgart 1961, S. 72.

5 Platon: *Theaitetos*, 174 a. Siehe dazu Hans Blumenberg: *Das Lachen der Thrakerin. Eine Urgeschichte der Theorie*. Frankfurt/M. 1987.

6 Aristoteles: *Politik*, 1259 a.
7 Diogenes Laertius: *Leben und Meinungen berühmter Philosophen*, übers. von Otto Apelt. Hamburg 1967, S. 15.
8 *Goethes Werke. Hamburger Ausgabe in 14 Bänden*, Bd. 3, S. 238.
9 Helmut Hölder: *Kurze Geschichte der Geologie und Paläontologie.* Berlin u. a. 1989, S. 36 ff.
10 Goethe, a. a. O., S. 255.
11 G. W. F. Hegel: *Vorlesungen über die Geschichte der Philosophie. Theorie Werkausg.* Bd. 18, S. 195–209.
12 Friedrich Nietzsche: *Wissenschaft und Weisheit im Kampfe. Werke in drei Bänden*, hrsg. von Karl Schlechta, Bd. 3, S. 346 f.
13 Capelle, a. a. O., S. 87 f., 80.
14 Diogenes Laertius, a. a. O., S. 160.
15 Alle Zitate in der Übersetzung von W. Capelle, a. a. O., S. 151–157.
16 Capelle, a. a. O., S. 144. Siehe zum Folgenden S. 130–157.
17 Nietzsche: *Die Philosophie im tragischen Zeitalter der Griechen. Werke,* Bd. 3, S. 380. Siehe zum Folgenden S. 369 ff.
18 *Goethes Werke, Hamburger Ausgabe* Bd. 1, S. 247.

2. Das alte und das neue Atlantis

1 Platon: *Phaidon*, 98 c–d (Übersetzung von F. Schleiermacher).
2 Platon: *Politeia*, 611 e–d.
3 Platon: *Phaidon*, 108 c – 110 b.
4 Ebd. 114 d.
5 Ebd. 111 c – 114 c.
6 Platon: *Timaios*, 20 d – 25 e; *Kritias*, 108 e – 121 c.
7 Platon: *Kritias*, 109 c.
8 Ebd. 112 e.
9 Ebd. 114–119.
10 Es seien hier nur einige Beispiele genannt: J. V. Luce: *The End of Atlantis.* London 1969. Deutsch: *Atlantis. Legende und Wirklichkeit.* Gladbach 1969. – James W. Mavor Jr.: *Voyage to Atlantis.* 1969. Deutsch: *Reise nach Atlantis. Wissenschaftler lösen das Rätsel einer Weltkatastrophe.* Wien, München, Zürich 1969. – Otto H. Muck: *Alles über Atlantis. Alte Thesen – neue Forschungen.* Düsseldorf, Wien 1976. – Edwin S. Ramage (Hrsg.): *Atlantis. Fact or Fiction?* Indiana Univ. Press 1978. Deutsch: *Atlantis. Mythos, Rätsel, Wirklichkeit?* Frankfurt/M. 1979. – Heinz-Günther Nesserath: *Platon. Kritias.* Göttingen 2006, S. 248–450.
11 Platon: *Kritias*, 121 a.
12 Ebd. 121 b.
13 Platon: *Timaios*, b–c.
14 Ebd. 25 c–d.
15 Platon: *Nomoi*, 679 b.
16 Platon: *Nomoi*, 704 d – 705 a (Übersetzung von H. Müller).
17 Aristoteles: *Politik*, VII, 6.
18 Aristoteles: *Politik*, IV, 4. Platon: *Politeia,* 371 a–b.
19 Aristoteles: *Politik*, II, 10.
20 Francesco di Giorgio Martini: Città Ideale (Staatliche Museen Berlin).

21 Cicero: *De re publica / Über den Staat*, II, 5–10. Deutsch von Rainer Nickel. Vgl. Cicero: *De natura deorum / Vom Wesen der Götter*, II, 152; II, 161.

22 Alice Swift Riginos: *Platonica. The Anecdotes Concerning the Life and Writings of Plato*. Leiden 1976, S. 86–92.

23 Die folgenden Zitate in der Ausgabe von Klaus J. Heinisch: *Der utopische Staat*. Rowohlt 1966, S. 175–215.

24 Im Folgenden wird zitiert: Franz Bacon: *Neues Organ der Wissenschaften*, übers. und hrsg. von Anton Theobald Brück. Darmstadt 1981.

25 Siehe auch die genaue Beschreibung und Interpretation bei Ralf Konersmann: Die Philosophen und das Meer. In: *Akzente. Zeitschrift für Literatur*, 50. Jg., Heft 3 (2003), S. 228 f.

26 Titus Heydenreich: *Tadel und Lob der Seefahrt. Das Nachleben eines antiken Themas in der römischen Literatur*. Heidelberg 1970, S. 22 f.

27 *… venient annis / saecula seris, quibus Oceanus / vincula rerum laxet et ingens / pateat tellus Tethysque novos / detegat orbes nec sit terris / ultima Thule*. Seneca: *Medea*, 365–379. In: *Seneca, Sämtliche Tragödien*, lateinisch und deutsch, übersetzt und erläutert von Theodor Thomann. Bd. 1, Zürich 1961, S. 264–267.

28 Alfred Kohler: *Columbus und seine Zeit*. München 2006, S. 172.

29 Platon: *Gorgias*, 523 a–b, 524 a.

30 Tommaso Campanella: *Civitas solis idea reipublicae philosophicae*. Frankfurt 1623. Folgende Zitate aus der dt. Übersetzung von K. J. Heinisch: *Der utopische Staat*, a. a. O., S. 117–169.

31 Wilhelm Heinse: *Ardinghello und die glückseligen Inseln*. Kritische Studienausgabe, hrsg. von Max L. Baeumer. Stuttgart 1975.

32 James Harrington: *Works. The Oceana and Other Works with an Account of His Life by John Toland*. London 1771, Repr. Aalen 1963, S. 31. Dt. Ausgabe: James Harrington: *Politische Schriften*, hrsg. v. Jürgen Gebhardt. München 1973.

33 Kant: *Anthropologie*, Akad.-Ausg. Bd. 7, S. 219.

34 »The sea gives law to the growth of *Venice*, but the growth of *Oceana* gives law to the sea.« Harrington: *Oceana*, a. a. O., S. 34.

3. Die Freiheit der Meere

1 Stephanus Chauvin: *Lexicon philosophicum*. Leewarden [2]1713. Vgl. Johann Micraelius: *Lexicon philosophicum*. Stettin 1662.

2 Georg Walch: *Philosophisches Lexicon*. Leipzig 1733, Sp. 1761–1766, hier 764–766. Auch in der 4. Auflage von 1775 blieb der Artikel so bestehen.

3 Wilhelm Traugott Krug: *Allgemeines Handwörterbuch der philosophischen Wissenschaften*, Bd. 2. Leipzig 1827, S. 709 f.

4 Johann Samuel Traugott Gehler: *Physikalisches Wörterbuch*, Bd. 6. Leipzig 1837, S. 1585–1675.

5 *Bluntschli's Staatswörterbuch*, Bd. 3. Zürich 1872: Seegebiet S. 415–418, Seekrieg S. 418–423, Seerecht S. 423–431.

6 Michael Makropoulos: Meer. In: *Wörterbuch der philosophischen Metaphern*, hrsg. von Ralf Konersmann. Darmstadt ²2007, S. 236–248.

7 *Mare liberum sive de jure quod Batavis competit ad judicana commercia*. Lugdumi Batavokum 1609. Die Ausgabe von 1633 unter dem Namen von Grotius. Deutsche Ausgabe: Hugo Grotius: *Von der Freiheit des Meeres*, übersetzt und mit einer Einleitung, erklärenden Anmerkungen und Register versehen von Richard Boschan. Hamburg 1919.

8 Grotius: *Von der Freiheit des Meeres*, a. a. O., S. 53.

9 Cicero: *De officiis. Vom pflichtgemäßen Handeln*, übersetzt, kommentiert und hrsg. von Heinz Gunermann. Stuttgart 1976, S. 21, 23.

10 Hugo Grotius: *De jure belli et pacis libri tres*. Paris 1625, lib. II, cap. 3. Deutsch: *Des Hugo Grotius drei Bücher über das Recht des Krieges und des Friedens*, hrsg. von Julius Hermann Kirchmann. Berlin 1869, bes. S. 246 f., 264 ff.

11 Johann Seldenus: *De mari clauso*. London 1635.

12 Walch gibt schon einen Überblick über den Streit um die Besitzrechte des Meeres. Ebenso Johann Heinrich Zedler: *Großes vollständiges Universallexikon aller Wissenschaften und Künste*, Bd. 20. Halle, Leipzig 1739, Sp. 152–159, hier Sp. 156–159. Die Artikel bei Walch und Zedler sind so ähnlich, dass sie vermutlich vom selben Autor stammen.

13 Samuel von Pufendorf: *De jure naturae et gentium*. London 1672. Deutsch: *Vom Natur- und Völcker-Recht*, Buch V, Cap. V, Frankfurt/M. 1711, S. 891–905.

14 Immanuel Kant: *Metaphysik der Sitten*. Tl. I: *Metaphysische Anfangsgründe der Rechtslehre* (1797). Akad.-Ausg. Bd. 6, S. 267.

15 Ebd. S. 265.

16 Ebd. S. 264.

17 Kant: *Zum ewigen Frieden* (1795). Akad.-Ausg. Bd. 8, S. 157–360.

18 Ebd. S. 358.

19 Johann Gottfried Herder: *Briefe zur Beförderung der Humanität* (Zehnte Sammlung, 1797). *Herders Sämmtliche Werke*, hrsg. von Bernhard Suphan, Bd. 18. Berlin 1883, S. 271.

20 Ebd. S. 272.

21 G. W. F. Hegel: *Grundlinien der Philosophie des Rechts*, § 55. *Theorie Werkausgabe*, Bd. 7, S. 119 f.

22 Blaise Pascal: *Über die Religion und über andere Gegenstände (Pensées)*, hrsg. von Ewald Wachsmuth. Heidelberg ⁸1978, S. 139.

23 Jean-Jacques Rousseau: *Der Gesellschaftsvertrag*, hrsg. von Heinrich Weinstock. Stuttgart 1971, S. 60.

24 Hegel: *Grundlinien der Philosophie des Rechts*, § 247, a. a. O., S. 391: »Wie für das Prinzip des Familienlebens die Erde, fester *Grund* und *Boden*, Bedingung ist, so ist für die Industrie das nach

außen sie belebende natürliche Element das *Meer.* In der Sucht des Erwerbs, dadurch, dass sie ihn der Gefahr aussetzt, erhebt sie sich zugleich über ihn und versetzt das Festwerden an der Erdscholle und den begrenzten Kreisen des bürgerlichen Lebens, seine Genüsse und Begierden, mit dem Elemente der Flüssigkeit, der Gefahr und des Unterganges. So bringt sie ferner durch dies größte Medium der Verbindung entfernte Länder in die Beziehung des Verkehrs, eines den Vertrag einführenden rechtlichen Verhältnisses, in welchem Verkehr sich zugleich das größte Bildungsmittel und der Handel seine welthistorische Bedeutung findet.«

25 Georg Simmel: *Philosophie des Geldes* (1900). *Gesamtausgabe* Bd. 6. Frankfurt/M. 1989, S. 536.

26 Hegel: *Grundlinien der Philosophie des Rechts*, a. a. O. S. 392.

27 Hegel: *Vorlesungen über die Philosophie der Geschichte. Theorie Werkausg.*, Bd. 12, S. 132.

28 J. G. Herder: *Journal meiner Reise im Jahr 1769. Herders Sämmtliche Werke*, hrsg. von B. Suphan, Bd. 4, S. 348 f.

29 *Die Plünderung der Meere. Ein gemeinsames Erbe wird zerstückelt*, hrsg. von Wolfgang Graf Vitzthum. Frankfurt/M. 1981.

30 Grotius: *Von der Freiheit des Meeres*, a. a. O., S. 45.

31 *Goethes Werke, Hamburger Ausgabe*, Bd. 3, S. 337.

32 *World ocean review* 4 (2015): *Der nachhaltige Umgang mit den Meeren – von der Idee zur Strategie*, S. 76 ff.

33 Sebastian A. Gerlach, Wilfried Erbgut: Meeresverschmutzung. In: *Lexikon der Bioethik*, hrsg. im Auftrag der Görresgesellschaft von Wilhelm Korff, Lutwin Beck und Paul Mikat. Gütersloh 2000, Bd. 2, S. 665–668, 668–669.

34 Ebd. S. 667.

4. Die Theorie und das Meer

1 Aristoteles: *Nikomachische Ethik*, X, 7 (1177 a – 1178 a).

2 Aristoteles, *Physik*, IV, 3 (212 b). Übersetzung von Hans-Günter Zekl.

3 Aristoteles: *Meteorologie*, I, 14 (351 a–b), II, 1–3 (353 a – 359 b).

4 Aristoteles: Was das Salzwasser und das Meer betrifft. *Problemata physica*, übers. von Hellmut Flashar. Darmstadt 1962, S. 194–209.

5 Aristoteles: Über die Philosophie. *Werke in deutscher Übersetzung*, hrsg. von Hellmut Flashar, Bd. 20.1. Darmstadt 2006, S. 28–35.

6 Aristoteles: *Über die Welt* (= Die Lehrschriften herausgegeben, übertragen und in ihrer Entstehung erläutert von Paul Gohlke [griechisch-deutsch]). Paderborn 1949 (*Peri kosmou*, 391 a – 401 b).

7 Ebd. S. 16 (391 a).

8 Ebd. S. 24/26 (392 b).
9 Ebd. S. 44/46 (396 a).
10 Ebd. S. 46/48 (396 b).
11 Ebd. S. 52 (397 b), S. 70 (400 a).
12 Jean Paul: *Leben des Quintus Fixlein. Werke*, hrsg. von Norbert Miller. München 1962, Bd. 4, S. 10.
13 M. Tullius Cicero: *De natura deorum* II, 100. *Vom Wesen der Götter*, herausgegeben, übersetzt und erläutert von Wolfgang Gerlach, Karl Bayer. München 1978, S. 259.
14 Dante Alighieri: *Abhandlung über das Wasser und die Erde*, übersetzt, eingeleitet und kommentiert von Dominik Perler (= Philosophische Werke, Bd. 2). Hamburg 1994.
15 Lukrez: *De rerum natura*. Deutsch: *Von der Natur*, übersetzt von Hermann Diels. Berlin 1924.
16 Ebd. V, 380–393.
17 Ebd. V, 480–488, 495–500.
18 Ebd. VI, 608–639.
19 Albert Einstein: Einleitung zu Lukrez, a. a. O., S. VI a.
20 Lukrez, a. a. O., I, 1–9.
21 Ebd. V, 1226–1232.
22 Ebd. V, 999–1005.
23 Ebd. V, 1430–1435.
24 Ebd. III, 28–30.
25 Werner Heisenberg: *Der Teil und das Ganze. Gespräche im Umkreis der Atomphysik*. München [3]1976, S. 78.
26 Lukrez, a. a. O., II, 1–5.
27 Aristoteles: *Nikomachische Ethik*, III, 9–11 (1114 b – 1117 a).
28 Lukrez, a. a. O., II, 552 ff.
29 *Secundus the Silent Philosopher. The Greek Life of Secundus*. Critically Edited by Ben Edwin Perry. Ithaca, New York 1964, S. 86. Siehe auch Raimund Schulz: *Die Antike und das Meer*. Darmstadt 2005, S. 208 f.
30 Titus Heydenreich: *Tadel und Lob der Seefahrt. Das Nachleben eines antiken Themas in den romanischen Literaturen*. Heidelberg 1970.
31 Jean Delumeau: Die Angst der Seefahrer vor dem Meer. In: *Kulturen und Ideen*, hrsg. von Johannes Beck u. a. Reinbek bei Hamburg 1984, S. 51–67.
32 Karl Löwith: Das Verhängnis des Fortschritts. In: *Die Philosophie und die Frage nach dem Fortschritt*, hrsg. von Helmuth Kuhn, Franz Wiedemann. München 1964, S. 15–29.
33 G. W. Leibniz: *Monadologie*, § 67. Übersetzung von Artur Buchenau.
34 Ebd. § 69.
35 Johann Gottfried Herder: *Ideen zur Philosophie der Geschichte der Menschheit. Erster Theil* (1784). *Sämmtliche Werke*, hrsg. von Bernhard Suphan, Bd. 18, S. 168.
36 Benoît de Maillet: *Telliamed ou entretiens d'un philosophe indien avec un missionnaire françois, sur la diminution de la Mer, la formation de la Terre, l'origine de l'Homme*. 2 Bde. Amsterdam 1748.
37 Lorenz Oken: *Lehrbuch der Naturphilosophie*. Jena 1809, S. 151 f.
38 G. F. W. Hegel: *Enzyklopädie der philosophischen Wissenschaften*, § 341. *Werke*, Bd. 9, S. 360–367.
39 Siehe die lebendige Darstellung von Dagmar Röhrlich: *Urmeer. Die Entstehung des Lebens*. Hamburg 2012, S. 63 ff.

40 Alexander von Humboldt: *Kosmos. Entwurf einer physischen Weltbeschreibung*, hrsg. von Hanno Beck, Teilbd. 1. Darmstadt 1993, S. 27.
41 Ebd. S. 281.
42 Ebd. S. 282.
43 Ebd. S. 15 f.
44 *Goethes Werke, Hamburger Ausgabe*, Bd. 1, S. 367.
45 Deutsche Ausgabe: Jules Michelet: *Das Meer*, mit einem Vorwort von Michael Krüger. Übersetzt, herausgegeben und mit einem aktuellen Nachwort von Rolf Wintermeyer. Frankfurt/M., New York 2006. Diese Ausgabe ist leicht gekürzt. Copyright der im Folgenden aus dem Werk zitierten Stellen: © Campus Verlag, Frankfurt am Main, 2006.
46 Ebd. S. 52.
47 Ebd. S. 121.
48 Ebd. S. 90, 146.
49 Ebd. S. 186.
50 Ebd. S. 236 f.
51 Klaus Michael Meyer-Abich: Das Meer vor uns und das Meer hinter uns. In: *Die Plünderung der Meere. Ein gemeinsames Erbe wird zerstückelt*, hrsg. von Wolfgang Graf Vitzthum. Frankfurt/M. 1981, S. 21–34. Vgl. ders.: *Wege zum Frieden mit der Natur. Praktische Naturphilosophie für die Umweltpolitik*. München, Wien 1984, S. 189 f.
52 I. Kant: *Metaphysik der Sitten*. Tl. 2: *Metaphysische Anfangsgründe der Tugendlehre*, § 17. Akad.-Ausg. Bd. 6, S. 443.
53 Humboldt: *Kosmos*, Teilbd. 2, bes. S. 24 f.
54 Siehe dazu die Schriftenreihe *World Ocean Review*, hrsg. von maribus in Kooperation mit Ozean der Zukunft, Hamburg 2000 ff. Sowie: Wissenschaftlicher Beirat der Bundesregierung Globale Umweltveränderungen: *Hauptgutachten Welt im Wandel, Menschheitserbe Meer*. Berlin 2013 (auch online).
55 Einen Überblick über die neueren Positionen der Bioethik bietet der Sammelband, den Angelika Krebs herausgab: *Naturethik. Grundtexte der gegenwärtigen tier- und ökologischen Diskussion*. Frankfurt/M. ^{7}2014. Zu kritischen Reflexionen dieser Theorien siehe Konrad Ott: *Ökologie und Ethik. Ein Versuch praktischer Philosophie*. Tübingen ^{2}1994.

5. Der Anblick des Erhabenen

1 Kant: *Der einzig mögliche Beweisgrund zur Demonstration des Daseins Gottes* (1763). Akad.-Ausg. Bd. 2, S. 63–164.
2 Kant: *Allgemeine Naturgeschichte und Theorie des Himmels oder Versuch von der Verfassung und dem mechanischen Ursprunge des ganzen Weltgebäudes, nach Newtonischen Grundgesätzen abgehandelt* (1755). Akad.-Ausg. Bd. 1, S. 306.
3 Ebd. S. 312.

4 Kant: *Untersuchung der Frage, ob die Erde in ihrer Umdrehung um die Achse, wodurch sie die Abwechselung des Tages und der Nacht hervorbringt, einige Veränderung seit den ersten Zeiten ihres Ursprungs erlitten habe* [...] (1754). Akad.-Ausg. Bd. 1, S. 190, 187 f.

5 Kant: *Die Frage, ob die Erde veralte, physikalisch erwogen* (1754). Akad.-Ausg. Bd. 1, S. 209 f.

6 Kant: *Allgemeine Naturgeschichte*, a. a. O., S. 318.

7 Ebd. S. 319.

8 Ebd. S. 322.

9 Das erste Buch mit diesem Titel schrieb Alexander Gottlieb Baumgarten: *Aesthetica*. Frankfurt/Oder 1750.

10 Edmund Burke: *A Philosophical Enquiry into the Origin of our Ideas af the Sublime and Beautiful*, London 1757. Deutsch: *Philosophische Untersuchung über den Ursprung unserer Ideen vom Erhabenen und Schönen*, übersetzt von Friedrich Bassenge. Neu eingeleitet und herausgegeben von Werner Strube. Hamburg 1989.

11 Burke: *Philosophische Untersuchung*, S. 92.

12 Beispiele bei Sabine Mertens: *Seesturm und Schiffbruch. Eine motivgeschichtliche Studie.* Rostock 1987.

13 Kant: *Kritik der Urteilskraft* (1790), § 28. Akad.-Ausg. Bd. 5, S. 261.

14 Ebd. § 23, S. 245 f.

15 Ebd. § 26, S. 256.

16 Ebd. § 29, S. 270.

17 Ebd. § 25, S. 248, 250; § 26, S. 255.

18 Burke: *Philosophische Untersuchung*, a. a. O., S. 103 f.

19 Joseph Addison: The Spectator, No. 489, Saturday, September 20, 1712. *The Spectator*, vol. 4. London, Toronto 1917, S. 58 f.

20 Alain Corbin: *Le territoire du vide. L'Occident et le désir du rivage 1750–1840*. Paris 1988. Deutsch: *Meereslust. Das Abendland und die Entdeckung der Küste*. Aus dem Französischen von Grete Osterwald. Frankfurt/M. [2]1999, S. 162 ff.

21 Joachim Ritter: Landschaft. In: ders.: *Subjektivität. Sechs Aufsätze*. Frankfurt/M. 1989, S. 141–163.

22 *Fratris Felix Fabri Evagatorium in terrae sanctae, Arabiae et Egypti peregrinationem*, hrsg. von Konrad Dietrich Hassler. Stuttgart 1843, Bd. 1, S. 51 f.

23 Kants bilderreicher Vergleich regt zu genauerer Interpretation an, die hier nicht möglich ist. Er schreibt über das Gebiet, das dem menschlichen Verstand zugänglich ist: »Dieses Land aber ist eine Insel, und durch die Natur selbst in unveränderliche Grenzen eingeschlossen. Es ist das Land der Wahrheit (ein reizender Name), umgeben von einem weiten und stürmischen Ozeane, dem eigentlichen Sitze des Scheins, wo manche Nebelbank, und manches bald wegschmelzende Eis neue Länder lügt, und indem es den auf Entdeckungen herumschwärmenden Seefahrer unaufhörlich mit leeren Hoffnungen täuscht, ihn in Abenteuer verflechtet, von denen er niemals ablassen und sie

doch auch niemals zu Ende bringen kann.« Kant: *Kritik der reinen Vernunft*, B 294 f.

24 Siehe besonders Kant: *Kritik der Urteilskraft*, § 23. Akad.-Ausg. Bd. 5, S. 244–246.

25 Hegel: *Vorlesungen über die Ästhetik I. Theorie Werkausg.*, Bd. 13, S. 177.

26 Arnold Ruge: *Neue Vorschule der Aesthetik*. Halle 1837, S. 77.

27 J. G. Herder: *Journal meiner Reise im Jahre 1769. Sämmtliche Werke*, hrsg. von Bernhard Suphan, Bd. 4, S. 350.

28 Herder: *Kalligone*, Tl. III (1800). *Sämmtliche Werke*, Bd. 22, S. 233 f.

29 Ebd. S. 234.

30 Ebd. S. 244.

31 Friedrich Theodor Vischer: *Aesthetik oder Wissenschaft des Schönen*. 2. Thl., 1. Abt.: *Die Lehre vom Naturschönen*. Reutlingen, Leipzig 1847, S. 59–64.

32 Ebd. S. 61.

33 Ebd. S. 62.

34 Ebd. S. 63.

35 Ebd. S. 63.

36 Corbin: *Meereslust*, a. a. O., S. 83 ff.

37 Vischer: *Aesthetik oder Wissenschaft des Schönen*, 1. Thl.: *Die Metaphysik des Schönen*. Reutlingen, Leipzig 1846, S. 232.

38 Vischer: *Aesthetik*, 3. Thl., 1. Abt.: *Die Kunst und ihre Theilung in Künste*. Reutlingen, Leipzig 1851, S. 648.

39 Ebd. S. 655 f.

40 Moritz Carriere: *Aesthetik. Die Idee des Schönen und ihre Verwirklichung im Leben und in der Kunst*. 1. Tl. Leipzig [2]1873, S. 128.

41 Ebd. S. 129.

42 Ebd. S. 125.

43 Ebd. S. 126.

44 Vischer: *Aesthetik*, Thl. 1, S. 234.

45 Carriere: *Aesthetik*, S. 128, 133 f.

46 Ebd. S. 297.

47 Christian Herrmann Weisse: *System der Ästhetik als Wissenschaft von der Idee der Schönheit* (1830). 2 Bde. Hildesheim 1966, Bd. 1, S. 159 f.

48 Ebd. S. 161.

49 Arthur Schopenhauer: *Die Welt als Wille und Vorstellung* III, § 39. *Sämtliche Werke*, hrsg. von Arthur Hübscher, Bd. 1. Leipzig 1938, S. 241 f.

50 Johannes Volkelt: *System der Ästhetik*. Bd. 2: *Die ästhetischen Grundgestalten*. München [2]1925, S. 111. Nicolai Hartmann: *Ästhetik*. Berlin 1953, S. 365 ff. Weitere kritische Autoren bei Volkelt, S. 112, Fußnote.

51 Henri Vermorel, Madeleine Vermorel: *Sigmund Freud et Romain Rolland. Corespondance 1923–1936. De la sensation océanique au Trouble du souvenir sur l'Acropole*. Paris 1993.

52 Sigmund Freud: *Das Unbehagen in der Kultur* (1930). In: *Werke in zwei Bänden*. Bd. 2: *Anwendungen der Psychoanalyse*, hrsg. von Anna Freud, Ilse Grubrich-Simitis. Frankfurt/M. 1978, S. 367 f.

53 F. Th. Vischer: Kritik meiner Ästhetik. In: ders.: *Kritische Gänge*, hrsg. von Robert Vischer. München [2]1922, S. 227 ff.

54 Weisse: *System der Ästhetik*, a. a. O., Bd. 2, S. 439 f.

6. Der Spiegel der Seele und des Daseins

1 Karl Jaspers: Ein Selbstportrait. In: ders.: *Schicksal und Wille. Autobiographische Schriften*, hrsg. von Hans Saner. München 1967, S. 15–38. Copyright der zitierten Stellen: © 1967 Piper Verlag GmbH, München. Auch *anstelle eines Vorworts* in: K. Jaspers: *Was ist Philosophie? Ein Lesebuch*. München 1976.

2 Albert Camus: *La mer au plus près (Journal de bord)*. In: ders.: *L'été*. Paris 1954. Deutsch: *Das Meer (Bordtagebuch)* [übers. von Monique Lang]. In: A. Camus: *Literarische Essays*. Hamburg 1973, S. 192–203. Copyright: © 1957 by Arche Literatur Verlag AG, Zürich–Hamburg

3 Ebd. S. 202.

4 Ebd. S. 198.

5 Nietzsche: *Also sprach Zarathustra, III. Werke*, hrsg. von Karl Schlechta, Bd. 2, S. 436.

6 Nietzsche: *Die fröhliche Wissenschaft, III, 240. Werke*, Bd. 2, S. 154 f.

7 Nietzsche: *Menschliches, Allzumenschliches, II/1, 49. Werke*, Bd. 1, S. 761.

8 Ebd. II/2, 205, S. 957.

9 Nietzsche: *Also sprach Zarathustra*, a. a. O., S. 384, 405.

10 Nietzsche: *Morgenröte. Gedanken über die menschlichen Vorurteile*, V, 483. *Werke*, Bd. 1, S. 1242.

11 Nietzsche: *Morgenröte*, V, 423, a. a. O., S. 1219.

12 Nietzsche: *Also sprach Zarathustra*, a. a. O., S. 380, 414.

13 Charles Baudelaire: *Die Blumen des Bösen. Les Fleurs du Mal.* Vollständige zweisprachige Ausgabe. Deutsch von Friedhelm Kemp. München 1975, S. 38–39. © 1975 Carl Hanser Verlag München.

14 Siehe dazu und zum Folgenden Michael Durst: Meer (A). In: *Reallexikon für Antike und Christentum*, Bd. 24. Stuttgart 2012, Sp. 529 ff.

15 Giordano Bruno: *Von der Ursache / dem Anfangsgrund / und dem Einen*, übers. von Ludwig Kuhlenbeck. Jena 1906, S. 99.

16 Martin Fontius: Einfühlung/Empathie/Identifikation. In: *Ästhetische Grundbegriffe*, Bd. 2. Stuttgart, Weimar 2001, S. 130 ff.

17 Cicero: *Gespräche in Tusculum*, 4, 57 und 4, 47. Lateinisch–deutsch hrsg. von Olof Gigon. München [2]1970, S. 283, 293.

18 Seneca: *Vom glücklichen Leben*, c. 14. *Philosophische Schriften*, übers. von Otto Apelt. Hamburg 1993, Bd. 2, S. 22 f.

19 Seneca: *Von der Kürze des Lebens*, c. 2. *Philosophische Schriften*. Bd. 2, S. 115.

20 Seneca: *Von der Gemütsruhe*, c. 2. Ebd. S. 70.

21 *Goethes Werke, Hamburger Ausgabe*, Bd. 1, S. 242.

22 P. Probst: Seelenruhe. In: *Historisches Wörterbuch der Philosophie*, Bd. 9. Basel 1995, Sp. 94 f.

23 Cicero: *Gespräche in Tusculum*, V, 16, a. a. O., S. 331.

24 U. Dierse: Seelenruhe II. In: *Historisches Wörterbuch der Philosophie*, Bd. 9, Sp. 95–105.

25 Seneca: *Trostschrift an Polybius*, c. 9 (28.). *Philosophische Schriften*, a. a. O., Bd. 2., S. 167. – Siehe dazu und zum Folgenden auch: Christoph Hönig: *Die Lebensfahrt auf dem Meer der Welt. Der Topos. Texte und Interpretationen.* Würzburg 2000.
26 Seneca: *Trostschrift an Marcia*, c. 6. *Philosophische Schriften*, Bd. 1, S. 214.
27 Seneca: *Briefe an Lucilius*, 30. Brief: Gegen die Todesfurcht. *Philosophische Schriften*, Bd. 3, S. 110.
28 Seneca: *Vom glücklichen Leben*, c. 27, *Philosophische Schriften*, Bd. 2, S. 44 f.
29 Seneca: *Von der göttlichen Vorsehung*, c. 1. *Philosophische Schriften*, Bd. 1, S. 4.
30 Seneca: *Naturales quaestiones* III, 26. / *Naturwissenschaftliche Untersuchungen*, hrsg. und übers. von M. F. A. Brok. Darmstadt 1995, S. 220–222.
31 Ebd. III, 27–30, S. 223–241.
32 Boethius: *Trost der Philosophie. Consolatio philosophiae.* Lateinisch und deutsch, hrsg. und übers. von Ernst Gegenschatz und Olof Gigon. Düsseldorf, Zürich [6]2002, S. 13.
33 Ebd. S. 49.
34 Ebd. S. 55, 57.
35 Ebd. S. 89.
36 Augustinus: *De beata vita*, I, 1–4. Deutsch: *Vom seligen Leben*, übersetzt und erläutert von Johannes Hessen. Leipzig 1923, S. 1–5.
37 Durst: Meer (C), a. a. O., Sp. 591.
38 Siehe dazu Alain Corbin: *Meereslust. Das Abendland und die Entdeckung der Küste*. Frankfurt/M. [2]1999, S. 13–35.
39 Schopenhauer: *Die Welt als Wille und Vorstellung* IV, § 57, a. a. O., S. 368 f.
40 Ebd. § 63, S. 416 f.
41 Laut Blumenberg ist Schopenhauer mit dem genannten Zitat zur Position der Stoa zurückgekehrt (Hans Blumenberg: *Schiffbruch mit Zuschauer. Paradigmen einer Daseinsmetapher.* Frankfurt/M. [6]2014, S. 70). Aber was für die Stoa das Ideal war, der Rückzug auf das seiner selbst gewisse und beherrschte Ich, das ist für Schopenhauer nur eine Illusion unter dem Schleier der Maja.
42 Nietzsche: *Die fröhliche Wissenschaft*, V, 343. *Werke*, Bd. 2, S. 206; vgl. *Also sprach Zarathustra*, III, 28, ebd. S. 459 f.
43 Nietzsche: *Die fröhliche Wissenschaft*, III, 124, a. a. O., S. 126.
44 Nietzsche: *Die fröhliche Wissenschaft*. Anhang, a. a. O., S. 271.
45 Nietzsche: *Morgenröte*, V, 575, a. a. O., Bd. 1, S. 1279.
46 Nietzsche: *Die fröhliche Wissenschaft*, IV, 278, a. a. O., Bd. 2, S. 162 f.
47 Wilhelm Dilthey: Rede zum 70. Geburtstag. *Gesammelte Schriften*, Bd. 5, S. 9. Traum. Ebd. Bd. 8, S. 226.
48 Siehe oben Kapitel 4, S. 118.
49 J. G. Herder: *Kalligone. Sämtliche Werke*, Bd. 22, S. 244. Siehe oben Kapitel 5, S. 164.
50 H. Blumenberg: *Schiffbruch mit Zuschauer*, a. a. O., S. 74 ff.

7. Das Meer und die Weltgeschichte

1 J. G. Herder: *Ideen zur Philosophie der Geschichte der Menschheit* (1784–85). *Sämmtliche Werke*, hrsg. von B. Suphan, Bd. 13 und 14.
2 A. a. O., Bd. 14, S. 213.
3 A. a. O., Bd. 13, S. 37–39.
4 A. a. O., Bd. 13, S. 40.
5 A. a. O., Bd. 14, S. 92 f.
6 Ebd. S. 451.
7 Ebd. S. 487.
8 Ebd. S. 144–146.
9 Ebd. S. 207 ff.; Bd. 13, S. 154 ff.
10 Albert Camus: *Der Mensch in der Revolte. Essays* [1951]. Reinbek bei Hamburg 1994, S. 241 ff.
11 G. W. F. Hegel: *Vorlesungen über die Philosophie der Weltgeschichte*, hrsg. von Karl Heinz Ilting, Karl Brehmer, Hoo Nam Seelmann. Hamburg 1996 (= Hegel: *Vorlesungen*, Bd. 12), S. 101, 107.
12 G. W. F. Hegel: *Vorlesungen über die Philosophie der Geschichte. Theorie Werkausgabe*, Bd. 12, S. 115 ff.
13 Hegel: *Die Vernunft in der Geschichte*, hrsg. von Johannes Hoffmeister. Hamburg 1994 (*Vorlesungen über die Philosophie der Weltgeschichte*, Bd. 1), S. 197.
14 Ebd. S. 197 f.
15 *Theorie Werkausg.*, Bd. 12, S. 132.
16 *Vorlesungen*, Bd. 12, S. 111.
17 *Theorie Werkausg.*, Bd. 12, S. 277, 280.
18 *Theorie Werkausg.*, Bd. 12, S. 115.
19 Herder: *Ideen*, a. a. O., Bd. 14, S. 90 f. Hegel: *Philosophie der Geschichte, Theorie Werkausg.*, Bd. 12, S. 275.
20 Carl Ritter: *Die Erdkunde im Verhältniß zu Natur und Geschichte des Menschen, oder allgemeine, vergleichende Geographie, als sichere Grundlage des Studiums und Unterrichts in physikalischen und historischen Wissenschaften.* 1. Tl. Berlin 1817, S. 3.
21 Ebd. S. 17.
22 Ernst Kapp: *Philosophische oder vergleichende allgemeine Erdkunde als wissenschaftliche Darstellung der Erdverhältnisse und des Menschenlebens.* Braunschweig 1845, Bd. 1. S. 24.
23 Ebd. S. 29.
24 Ebd. S. 164 f. – Dass Chevalier in der Erfindung des Dampfschiffes den Weg zu diesem Frieden angebahnt sah, mutet inzwischen kurios an.
25 Hegel: *Philosophie der Geschichte*, S. 490 f.
26 Kapp, a. a. O., S. 262 f.
27 Einen knappen Überblick gibt Philip de Souza: *Seefahrt und Zivilisation. Wie die Beherrschung der Meere die Menschheitsgeschichte prägte*. Hamburg 2003.
28 Oswald Spengler: *Reden und Aufsätze*. München 1937, S. 98. Ders.: *Der Untergang des Abendlandes. Umriss einer Morphologie der Weltgeschichte*. München 1923, Bd. 1, S. 430.
29 Spengler: *Reden und Aufsätze*, S. 182.
30 Ebd.
31 Spengler: *Der Untergang des Abendlandes*, Bd. 2, S. 543.
32 Leo Frobenius: *Vom Kulturreich des Festlandes*. Berlin 1923 (*Dokumente der Kulturphysiognomik*).

33 Kurt von Boeckmann: *Vom Kulturreich des Meeres.* Berlin 1924 (*Dokumente der Kulturphysiognomik*).
34 Ebd. S. 16.
35 Carl Ritter: Ueber räumliche Anordnung auf der Außenseite des Erdballs und ihre Functionen im Entwicklungsgange der Geschichte (1850). In: ders.: *Einleitung zur allgemeinen vergleichenden Geographie, und Abhandlungen zur Begründung einer mehr wissenschaftlichen Abhandlung der Erdkunde.* Berlin 1852, S. 211.
36 Ebd. S. 19–27.
37 Ebd. S. 379.
38 Ebd. S. 230.
39 Carl Schmitt: *Land und Meer. Eine weltgeschichtliche Betrachtung.* Stuttgart [7]2011, S. 24. Copyright der hier aus dem Werk zitierten Stelle: © Klett-Cotta, Stuttgart, 1942, 1981.
40 Spengler: *Jahre der Entscheidung. Deutschland und die weltgeschichtliche Entwicklung.* München 1933, S. 35.
41 Schmitt: *Land und Meer,* S. 86.
42 Ebd. S. 98 f.
43 Schmitt, a. a. O., S. 106. Vgl. Martin Heidegger: *Sein und Zeit,* § 24. Tübingen [9]1960, S. 111.
44 Schmitt, a. a. O., S. 72 f.
45 Siehe oben, Kapitel 3, S. 80–84, 87–90.
46 Siehe zu Hegel oben Kapitel 3, S. 92 f., Fußnote 24.
47 Claus-Artur Scheier: Zwischen Land und Meer. Philosophische Bemerkungen zu einer Kulturgeschichte der See ausgehend von Carl Schmitt. In: *Abhandlungen der Braunschweigischen Wissenschaftlichen Gesellschaft,* Bd.
LIV., Braunschweig 2005, S. 257.
48 Kant: *Idee zu einer allgemeinen Geschichte in weltbürgerlicher Absicht* (1785). Akad.-Ausg. Bd. 8, S. 15–32.
49 Fernand Braudel: *La Méditerranée et le monde méditerranéen à l'époque de Philippe II.* Paris 1949. Deutsche Fassung: *Das Mittelmeer und die mediterrane Welt in der Epoche Philipps II.*, übersetzt von Grete Oswald, Günter Seib. 3 Bde. Frankfurt/M. 1994 (nach der 4. Aufl. von 1979), Bd. 1, S. 15.
50 Ebd. S. 193.
51 Ebd. S. 242.
52 Ebd. S. 21.
53 Michel Mollat du Jourdin: *Europa und das Meer.* München 1993, S. 282.
54 Ebd. S. 292.
55 David Abulafia: *The Great Sea. A Human History of the Mediterranean.* London 2011. Deutsch: *Das Mittelmeer. Eine Biographie.* Frankfurt/M. 2013, S. 820.

1 Nietzsche: *Menschliches, Allzumenschliches*, I, 616. *Werke*, Bd. 1, S. 718.

2 Siehe dazu auch Rudolf Holbach, Dietmar von Reeken: Das Meer als Geschichtsraum, oder: Warum eine historische Erweiterung der Meeresforschung unabdingbar ist. In: dies. (Hrsg.): *»Das ungeheure Wellenreich«. Bedeutungen, Wahrnehmungen und Projektionen des Meeres in der Geschichte*. Oldenburg 2014, S. 7–22.

REGISTER

Gunter Scholtz, geboren 1941, war bis zur Pensionierung Professor für Philosophie an der Ruhr-Universität Bochum. Seine Publikationen gelten der Theorie der Geisteswissenschaften sowie der Geschichts-, Religions- und Kunstphilosophie. Ein weiterer Schwerpunkt seiner Arbeit ist die Begriffsgeschichte. Er lebt in Bochum.